地质灾害治理工程施工技术手册

DIZHI ZAIHAI ZHILI GONGCHENG SHIGONG JISHU SHOUCE

马霄汉　徐光黎　彭书林　编著

中国地质大学出版社
ZHONGGUO DIZHI DAXUE CHUBANSHE

内 容 提 要

本书共分两篇。第一篇地质灾害治理工程施工技术要求,系统归纳、总结了预应力锚索、锚杆、注浆加固、抗滑桩、重力式挡土墙、加筋土挡土墙、悬臂式挡土墙、锚杆式挡土墙、锚喷护坡、格构护坡、砌石护坡、石笼护坡、抛石护坡、植被护坡、削方减载、土石压脚、截(排)水沟、支撑盲沟、排水隧洞、排水井、拦石网与拦石桩(柱)、防崩(落)石槽(台)、拦石坝(墙、堤)、支撑墩(柱)共24种治理工程措施的施工技术要求。每项施工措施中包括一般规定、施工前准备、材料及机具、施工、施工质量检验和施工注意事项等内容,并列出了参照的规范、术语。第二篇地质灾害治理工程施工合同,结合FIDIC的《土木工程施工合同条件》和我国《建设工程施工合同(示范文本)》,编制了地质灾害治理工程施工合同(示范文本)。同时,书末还给出了10个与施工相关的常用附录。编纂如此系统、全面的施工技术手册在国内外尚属首次,是从事地质灾害治理的施工、监理、业主和设计人员的必备工具手册。

图书在版编目(CIP)数据

地质灾害治理工程施工技术手册/马霄汉,徐光黎,彭书林编著. —武汉:中国地质大学出版社,2014.6(2024.1重印)

ISBN 978-7-5625-3369-6

Ⅰ.①地…

Ⅱ.①马…②徐…③彭…

Ⅲ.①地质-自然灾害-灾害防治-工程施工-技术手册

Ⅳ.①P694-62②TU7-62

中国版本图书馆 CIP 数据核字(2014)第 062727 号

地质灾害治理工程施工技术手册　　　　马霄汉　徐光黎　彭书林 **编著**

责任编辑:徐润英	责任校对:代 莹
出版发行:中国地质大学出版社(武汉市洪山区鲁磨路388号)	邮政编码:430074
电　　话:(027)67883511　　　　传真:67883580	E-mail:cbb@cug.edu.cn
经　　销:全国新华书店	http://www.cugp.cug.edu.cn
开本:880毫米×1 230毫米 1/16	字数:500千字　印张:15.5
版次:2014年6月第1版	印次:2024年1月第3次印刷
印刷:武汉中远印务有限公司	印数:2 501—3 000 册
ISBN 978-7-5625-3369-6	定价:88.00元

如有印装质量问题请与印刷厂联系调换

前 言

中国的滑坡、崩塌、泥石流等地质灾害多发。随着国民经济的快速发展，国家对地质灾害的治理越来越重视。地质灾害治理工程具有地质条件复杂、种类繁多、规模巨大、治理难度大等特点，每一个地质灾害治理工程人员都面临着前所未有的挑战。

我国的地质灾害治理工程涉及地质、矿山、铁路、公路、水利、电力、建筑、煤田、有色金属、核工业等十余个部门，有成千上万家单位从事地质灾害的勘查、设计、施工和监理工作。长期以来，特别是近十余年来，大量的滑坡、崩塌及塌岸等地质灾害治理工程得以实施，取得了显著的经济效益和社会效益，避免了大量的人员伤亡和经济损失，积累了丰富的地质灾害治理成功经验，也从中吸取了若干教训，形成了宝贵的科学财富。然而，迄今为止，国内尚无国家或行业的地质灾害治理工程施工的综合性规范和标准。由于参与地质灾害治理工程施工的行业、单位众多，各行业、单位的立足点不一、标准不一、认识不一，在具体工程施工过程中，在工程质量检验、检测中，在施工工艺、流程的具体操作上，在检验标准上，均缺乏统一的标准。

为了弥补国内地质灾害治理工程施工综合规范的空白，为制定地质灾害治理工程施工技术标准奠定基础，我们在对三峡库区地质灾害治理工程进行系统的科学总结和提炼，对地质灾害防治的主要工程类型、施工工艺进行规范化、标准化、优化集成研究的基础上，借鉴国内外已有的地质灾害治理工程施工相关规范、技术标准，着力编写了《地质灾害治理工程施工技术手册》一书。

本书分为地质灾害治理工程施工技术要求和地质灾害治理工程施工合同两篇。

第一篇地质灾害治理工程施工技术要求。在大量收集、分析国内外施工规程、规范和地质灾害治理工程资料的基础上，结合多年的工程实践经验，系统归纳、总结了预应力锚索、锚杆、注浆加固、抗滑桩、重力式挡土墙、加筋土挡土墙、悬臂式挡土墙、锚杆式挡土墙、锚喷护坡、格构护坡、砌石护坡、石笼护坡、抛石护坡、植被护坡、削方减载、土石压脚、截（排）水沟、支撑盲沟、排水隧洞、排水井、拦石网与拦石桩（柱）、防崩（落）石槽（台）、拦石坝（墙、堤）、支撑墩（柱）共24种治理工程措施的施工技术要求。每项施工措施中包括一般规定、施工前准备、材料及机具、施工、施工质量检验和施工注意事项等内容。同时还列出了参照的规范和术语。

第二篇地质灾害治理工程施工合同。地质灾害治理工程不同于一般土木工程，一是地质灾害治理工程大多属于隐蔽工程；二是地质灾害治理工程多是公益性的政府工程，因此不能直接采用土木工程现成的《施工合同示范文本》。本篇的施工合同参照FIDIC的《土木工程施工合同条件》和我国《建设工程施工合同（示范文本）》，编制了地质灾害治理工程通用合同条款和专用合同条款。

本书涵盖了24种地质灾害治理工程措施及施工技术参考性资料附录，系统性强，是地质灾害治理工程施工技术之大集成。迄今为止，我国尚未制定、颁布系统的地质灾害治理工程施工规范和治理工程质量检验标准，这无疑对我国相关规程、规范和技术标准的制定奠定了一定的基础,提供了一定的借鉴作用;为参建单位全面、快捷、科学、严谨地制定规范性施工合同提供了参考;为广大从事地质灾害治理的施工、监理、业主、监测和设计等人员提供了一部实用的案头工具。

本书是由三峡库区地质灾害防治工作指挥部组织,湖北省三峡库区地质灾害防治工作领导小组办公室承担,中国地质大学(武汉)、湖北省国土资源厅地质灾害应急中心、秭归县地质灾害防治中心和湖北地质科学研究所等单位参加的,在三峡库区三期地质灾害防治重大科研项目——《三峡库区地质灾害防治施工规范化标准化集成总结研究》(项目编号SXKY3-7-3)的基础上编著而成的,是长期以来从事地质灾害防治工作的总结成果之一。在编写过程中,得到了许多领导、专家以及勘查、设计和施工单位技术人员的大力支持,得到了三峡库区地质灾害防治工作领导小组办公室原主任李烈荣(教授级高工)、三峡库区地质灾害防治工作指挥部指挥长黄学斌、总工程师徐开祥、国土资源部地质灾害应急技术指导中心副主任刘传正(教授级高工)、湖北省三峡库区地质灾害防治领导小组办公室王国耀等领导的关怀和支持。重庆市国土资源与房屋管理局彭光泽处长、重庆市三峡库区地质灾害防治工作领导小组办公室马飞副主任等领导也给了我们大力支持与帮助,组织参与重庆市三峡库区地质灾害治理工程设计、施工单位的许多技术人员,通过座谈与讨论向我们提出建议,使我们受益匪浅,本书多处吸纳了他们的观点。第二篇地质灾害治理工程施工合同主要由秭归县地质灾害防治中心总工彭书林以及谭宏、周宗华、李源编写。本书的编写得到了程温鸣、付小林、李辉武、郭满长、杨建英、孙燕、肖波、陈国帅、陈文宝、王春艳、李丽平等的大力协助,杜琦、苑谊、龙悦、胡焕忠、郭淋、敖翔、赖方军、李维娜、胡小庆、刘亚薇、冯双、陈钰、吕家华、鞠红艳、夏琳等承担了大量的资料收集整理,参与了部分章节的编写、图件绘制、稿件校对等工作。在此,对付出辛勤劳动并给予协助的同志致以由衷的感谢!

还应该说明的是,书中参考或引用了一些非公开出版的地质灾害治理工程的施工总结或资料,且未列入参考文献中。借此,向拥有这些资料的单位和技术人员致歉,并深表感谢。

从着手准备到编写成书,历时多年,经过了无数次的讨论、征求意见、修改以及完善工作,目的是尽可能将此有意之举做到最好。本书若能对从事地质灾害治理的工作者起到一定的借鉴参考作用,对推动地质灾害治理工程的施工规范化、标准化进程,对促进地质灾害治理工程施工起到微小的作用,笔者将感到由衷的欣慰。

尽管我们在编写过程中付出了很大努力,但由于地质灾害治理工程措施的多样性、复杂性,加之水平有限,书中有不妥之处,恳请广大读者提出宝贵意见和建议,将不胜感激!

编著者
2013年12月

目　　录

第一篇　地质灾害治理工程施工技术要求 ……………………………………………………（1）
- **1　总　则** ……………………………………………………………………………………（1）
- **2　参照规范及参考文献** ……………………………………………………………………（2）
  - 2.1　国家标准 ………………………………………………………………………………（2）
  - 2.2　行业标准 ………………………………………………………………………………（2）
  - 2.3　地方标准 ………………………………………………………………………………（3）
  - 2.4　国外相关规程规范 ……………………………………………………………………（3）
  - 2.5　参考文献 ………………………………………………………………………………（4）
- **3　术　语** ……………………………………………………………………………………（5）
  - 3.1　通用工程 ………………………………………………………………………………（5）
  - 3.2　锚固工程 ………………………………………………………………………………（8）
  - 3.3　支挡工程 ………………………………………………………………………………（10）
  - 3.4　护坡工程 ………………………………………………………………………………（11）
  - 3.5　削方与压脚工程 ………………………………………………………………………（12）
  - 3.6　截排水工程 ……………………………………………………………………………（13）
  - 3.7　拦挡工程 ………………………………………………………………………………（13）
- **4　施工组织设计** ……………………………………………………………………………（16）
  - 4.1　一般规定 ………………………………………………………………………………（16）
  - 4.2　主要任务 ………………………………………………………………………………（16）
  - 4.3　编制原则 ………………………………………………………………………………（16）
  - 4.4　编制依据 ………………………………………………………………………………（16）
  - 4.5　编制内容 ………………………………………………………………………………（17）
  - 4.6　注意事项 ………………………………………………………………………………（19）
- **5　预应力锚索** ………………………………………………………………………………（20）
  - 5.1　一般规定 ………………………………………………………………………………（20）
  - 5.2　施工前准备 ……………………………………………………………………………（20）
  - 5.3　材料及机具 ……………………………………………………………………………（20）
  - 5.4　施　工 …………………………………………………………………………………（22）
  - 5.5　施工质量检验 …………………………………………………………………………（28）
  - 5.6　施工注意事项 …………………………………………………………………………（30）
- **6　锚　杆** ……………………………………………………………………………………（31）
  - 6.1　一般规定 ………………………………………………………………………………（31）
  - 6.2　施工前准备 ……………………………………………………………………………（31）
  - 6.3　材料及机具 ……………………………………………………………………………（31）
  - 6.4　施　工 …………………………………………………………………………………（32）
  - 6.5　施工质量检验 …………………………………………………………………………（35）

6.6 施工注意事项 …………………………………………………… (36)
7 注浆加固 ……………………………………………………………… (37)
　　7.1 一般规定 ………………………………………………………… (37)
　　7.2 施工前准备 ……………………………………………………… (37)
　　7.3 材料及机具 ……………………………………………………… (37)
　　7.4 施　工 …………………………………………………………… (38)
　　7.5 施工质量检验 …………………………………………………… (39)
　　7.6 施工注意事项 …………………………………………………… (39)
8 抗滑桩 ………………………………………………………………… (41)
　　8.1 一般规定 ………………………………………………………… (41)
　　8.2 施工前准备 ……………………………………………………… (41)
　　8.3 材料及机具 ……………………………………………………… (41)
　　8.4 施　工 …………………………………………………………… (42)
　　8.5 施工质量检验 …………………………………………………… (46)
　　8.6 施工注意事项 …………………………………………………… (47)
9 重力式挡土墙 ………………………………………………………… (48)
　　9.1 一般规定 ………………………………………………………… (48)
　　9.2 施工前准备 ……………………………………………………… (48)
　　9.3 材料及机具 ……………………………………………………… (48)
　　9.4 施　工 …………………………………………………………… (49)
　　9.5 施工质量检验 …………………………………………………… (50)
　　9.6 施工注意事项 …………………………………………………… (51)
10 加筋土挡土墙 ……………………………………………………… (53)
　　10.1 一般规定 ……………………………………………………… (53)
　　10.2 施工前准备 …………………………………………………… (53)
　　10.3 材料及机具 …………………………………………………… (53)
　　10.4 施　工 ………………………………………………………… (54)
　　10.5 施工质量检验 ………………………………………………… (58)
　　10.6 施工注意事项 ………………………………………………… (59)
11 悬臂式挡土墙 ……………………………………………………… (60)
　　11.1 一般规定 ……………………………………………………… (60)
　　11.2 施工前准备 …………………………………………………… (60)
　　11.3 材料及机具 …………………………………………………… (60)
　　11.4 施　工 ………………………………………………………… (61)
　　11.5 施工质量检验 ………………………………………………… (62)
　　11.6 施工注意事项 ………………………………………………… (63)
12 锚杆式挡土墙 ……………………………………………………… (64)
　　12.1 一般规定 ……………………………………………………… (64)
　　12.2 施工前准备 …………………………………………………… (64)
　　12.3 材料及机具 …………………………………………………… (64)
　　12.4 施　工 ………………………………………………………… (65)
　　12.5 施工质量检验 ………………………………………………… (68)
　　12.6 施工注意事项 ………………………………………………… (68)

13 锚喷护坡		(70)
13.1	一般规定	(70)
13.2	施工前准备	(70)
13.3	材料及机具	(70)
13.4	施 工	(72)
13.5	施工质量检验	(74)
13.6	施工注意事项	(74)
14 格构护坡		(76)
14.1	一般规定	(76)
14.2	施工前准备	(76)
14.3	材料及机具	(76)
14.4	施 工	(77)
14.5	施工质量检验	(78)
14.6	施工注意事项	(79)
15 砌石护坡		(80)
15.1	一般规定	(80)
15.2	施工前准备	(80)
15.3	材料及机具	(80)
15.4	施 工	(81)
15.5	施工质量检验	(85)
15.6	施工注意事项	(85)
16 石笼护坡		(87)
16.1	一般规定	(87)
16.2	施工前准备	(87)
16.3	材料及机具	(88)
16.4	施 工	(88)
16.5	施工质量检验	(89)
16.6	施工注意事项	(90)
17 抛石护坡		(91)
17.1	一般规定	(91)
17.2	施工前准备	(91)
17.3	材料及机具	(91)
17.4	施 工	(92)
17.5	施工质量检验	(93)
17.6	施工注意事项	(94)
18 植被护坡		(95)
18.1	一般规定	(95)
18.2	施工前准备	(95)
18.3	材料及机具	(95)
18.4	施 工	(96)
18.5	施工质量检验	(97)
18.6	施工注意事项	(98)
19 削方减载		(99)

19.1	一般规定	(99)
19.2	施工前准备	(99)
19.3	材料及机具	(99)
19.4	施 工	(100)
19.5	施工质量检验	(101)
19.6	施工注意事项	(102)

20 土石压脚 (103)

20.1	一般规定	(103)
20.2	施工前准备	(103)
20.3	材料及机具	(103)
20.4	水上土石压脚施工	(104)
20.5	水下土石压脚施工	(105)
20.6	施工质量检验	(106)
20.7	施工注意事项	(107)

21 截(排)水沟 (108)

21.1	一般规定	(108)
21.2	施工前准备	(108)
21.3	材料及机具	(109)
21.4	施 工	(109)
21.5	施工质量检验	(113)
21.6	施工注意事项	(114)

22 支撑盲沟 (115)

22.1	一般规定	(115)
22.2	施工前准备	(115)
22.3	材料及机具	(116)
22.4	施 工	(116)
22.5	施工质量检验	(118)
22.6	施工注意事项	(118)

23 排水隧洞 (119)

23.1	一般规定	(119)
23.2	施工前准备	(119)
23.3	材料及机具	(120)
23.4	施 工	(121)
23.5	施工质量检验	(124)
23.6	施工注意事项	(125)

24 排水井 (127)

24.1	一般规定	(127)
24.2	施工前准备	(127)
24.3	材料及机具	(127)
24.4	施 工	(128)
24.5	施工质量检验	(128)
24.6	施工注意事项	(129)

25 拦石网与拦石桩(柱) (130)

25.1	一般规定	(130)
25.2	施工前准备	(130)
25.3	材料及机具	(130)
25.4	施　工	(131)
25.5	施工质量检验	(132)
25.6	施工注意事项	(133)

26　防崩(落)石槽(台) (134)

26.1	一般规定	(134)
26.2	施工前准备	(134)
26.3	材料及机具	(134)
26.4	施　工	(134)
26.5	施工质量检验	(135)
26.6	施工注意事项	(136)

27　拦石坝(墙、堤) (137)

27.1	一般规定	(137)
27.2	施工前准备	(137)
27.3	材料及机具	(137)
27.4	施　工	(138)
27.5	施工质量检验	(139)
27.6	施工注意事项	(140)

28　支撑墩(柱) (141)

28.1	一般规定	(141)
28.2	施工前准备	(141)
28.3	材料及机具	(141)
28.4	施　工	(142)
28.5	施工质量检验	(142)
28.6	施工注意事项	(143)

第二篇　地质灾害治理工程施工合同 (144)

1　通用合同条款 (144)

1.1	一般约定	(144)
1.2	发包人义务	(147)
1.3	监理人	(148)
1.4	承包人	(149)
1.5	材料和工程设备	(151)
1.6	施工设备和临时设施	(152)
1.7	交通运输	(152)
1.8	测量放线	(153)
1.9	施工安全、治安保卫和环境保护	(154)
1.10	进度计划	(155)
1.11	开工和竣工	(155)
1.12	暂停施工	(156)
1.13	工程质量	(157)

1.14	试验和检验	(158)
1.15	变更	(158)
1.16	价格调整	(160)
1.17	计量与支付	(161)
1.18	竣工验收	(164)
1.19	缺陷责任与保修责任	(166)
1.20	保险	(166)
1.21	不可抗力	(167)
1.22	违约	(168)
1.23	索赔	(170)
1.24	争议的解决	(171)

2 专用合同条款 (172)

2.1	一般约定	(172)
2.2	发包人义务	(174)
2.3	监理人	(175)
2.4	承包人	(175)
2.5	材料和工程设备	(179)
2.6	施工设备和临时设施	(179)
2.7	交通运输	(180)
2.8	测量放线	(180)
2.9	施工安全、治安保卫和环境保护	(180)
2.10	进度计划	(184)
2.11	开工和竣工	(184)
2.12	暂停施工	(186)
2.13	工程质量	(186)
2.14	试验和检验	(188)
2.15	变更	(188)
2.16	价格调整	(189)
2.17	计量与支付	(190)
2.18	竣工验收	(191)
2.19	缺陷责任与保修责任	(192)
2.20	保险	(193)
2.21	不可抗力	(194)
2.22	违约	(194)
2.23	索赔	(195)
2.24	争议的解决	(195)

附录 (197)

附录A	施工组织设计编制提纲	(197)
附录B	地质灾害治理工程单位、分部、分项工程划分	(199)
附录C	通用材料选用要求	(201)
附录D	混凝土拌制、运输和拆模时限	(220)
附录E	钢筋连接方法	(222)

附录 F　通用制作与安装工程施工质量检验 …………………………………………………………（225）
附录 G　锚杆试验 ……………………………………………………………………………………（228）
附录 H　水泥砂浆强度评定 …………………………………………………………………………（231）
附录 I　水泥混凝土抗压强度评定 …………………………………………………………………（232）
附录 J　喷射混凝土抗压强度评定 …………………………………………………………………（233）

第一篇 地质灾害治理工程施工技术要求

1 总　则

1.0.1 本技术要求适用于滑坡、崩塌(危岩体)、塌岸等地质灾害治理工程施工。

1.0.2 地质灾害治理工程施工前,必须建立健全质量、环保、安全管理体系和质量检测体系,做好设计交底,编制施工组织计划,进行技术培训。

为确保施工安全顺利的进行,应落实加工地点、检查材料、器具等是否完好齐全,并开展开挖边坡、平整场地、修筑施工便道、搭设钻机平台等工作。

1.0.3 地质灾害治理工程采用信息法施工,应按规定的工艺流程进行作业,除应符合本标准的规定外,还应符合国家现行的有关标准、法律和法规。

1.0.4 施工过程中应推行全面质量管理,认真对材料、设备、施工效果等进行检验。

2 参照规范及参考文献

2.1 国家标准

2.1.1 《建筑用砂》(GB/T 14684—2011)
2.1.2 《建筑用卵石、碎石》(GB/T 14685—2011)
2.1.3 《通用硅酸盐水泥》(国家标准第1号修改单,GB 175—2007/XG 1—2009)
2.1.4 《钢筋混凝土用钢 第1部分:热轧光圆钢筋》(GB 1499.1—2008)
2.1.5 《钢筋混凝土用钢 第2部分:热轧带肋钢筋》(国家标准第1号修改单,GB 1499.2—2007/XG 1—2009)
2.1.6 《钢筋混凝土用余热处理钢筋》(GB 13014—1991)
2.1.7 《预应力混凝土用钢丝》(GB/T 5223—2002)
2.1.8 《预应力混凝土用钢绞线》(GB/T 5224—2003)
2.1.9 《预应力混凝土用钢棒》(GB/T 5223.3—2005)
2.1.10 《预应力筋用锚具、夹具和连接器》(GB/T 14370—2007)
2.1.11 《冷轧带肋钢筋》(GB 13788—2008)
2.1.12 《建筑结构用钢板》(GB/T 19879—2005)
2.1.13 《混凝土外加剂应用技术规范》(GB 50119—2003)
2.1.14 《混凝土外加剂》(GB 8076—2008)
2.1.15 《混凝土结构工程施工质量验收规范》(GBJ 50204—2011)
2.1.16 《锚杆喷射混凝土支护技术规范》(GB 50086—2001)
2.1.17 《岩土工程基本术语标准》(GB/T 50279—1998)
2.1.18 《道路工程术语标准》(GBJ 124—1988)
2.1.19 《地下工程防水技术规范》(GB 50108—2008)
2.1.20 《砌体结构工程施工质量验收规范》(GB 50203—2011)
2.1.21 《土工合成材料应用技术规范》(GB 50290—1998)
2.1.22 《建筑边坡工程技术规范》(GB 50330—2002)
2.1.23 《土方与爆破工程施工及验收规范》(GBJ 201—83)
2.1.24 《给水排水管道工程施工及验收规范》(GB 50268—2008)

2.2 行业标准

2.2.1 《滑坡防治工程设计与施工技术规范》(DZ/T 0219—2006)
2.2.2 《岩土锚杆(索)技术规程》(CECS 22:2005)
2.2.3 《普通混凝土用砂、石质量及检验方法标准》(JGJ 52—2006)
2.2.4 《建筑机械使用安全技术规程》(JGJ 33—2001)
2.2.5 《建筑施工土石方工程安全技术规范》(JGJ 180—2009)
2.2.6 《水利水电工程锚喷支护技术规范》(SL 377—2007)

2.2.7 《水利水电工程技术术语标准》(SL 26—2012)

2.2.8 《堤防工程施工规范》(SL 260—98)

2.2.9 《堤防工程施工质量评定与验收规程》(SL 239—1999)

2.2.10 《水工建筑物金属结构制造、安装及验收规范》(SLJ 201—80,DLJ 201—80)

2.2.11 《水工预应力锚固施工规范》(SL 46—94)

2.2.12 《碾压式土石坝施工规范》(DL/T 5129—2001)

2.2.13 《水电水利工程土建施工安全技术规程》(DL/T 5371—2007)

2.2.14 《水电水利工程施工测量规范》(DL/T 5173—2003)

2.2.15 《水电水利工程施工机械选择设计导则》(DL/T 5133—2001)

2.2.16 《水电水利工程锚喷支护施工规范》(DL/T 5181—2003)

2.2.17 《水电水利工程预应力锚索施工规范》(DL/T 5083—2010)

2.2.18 《水工建筑物地下开挖工程施工技术规范》(DL/T 5099—2011)

2.2.19 《水电水利岩土工程施工及岩体测试造孔规程》(DL/T 5125—2001)

2.2.20 《水工混凝土施工规范》(DL/T 5144—2001)

2.2.21 《水工建筑物水泥灌浆施工技术规范》(DL/T 5148—2001)

2.2.22 《水运工程爆破技术规范》(JTS 204—2008)

2.2.23 《公路路基施工技术规范》(JTG/F10—2006)

2.2.24 《公路桥涵施工技术规范》(JTG/T F50—2011)

2.2.25 《公路边坡柔性防护系统构件》(JT/T 528—2004)

2.2.26 《公路工程安全施工技术规程》(JTJ 076—95)

2.2.27 《水运工程土工织物应用技术规程》(JTJ/T 239—1998)

2.2.28 《公路隧道施工技术规范》(JTGF 60—2009)

2.2.29 《公路路基设计规范》(JTGD 30—2004)

2.2.30 《铁路沿线斜坡柔性安全防护网》(TB/T 3089—2004)

2.2.31 《混凝土小型空心砌块和混凝土砖砌筑砂浆》(JC 860—2008)

2.2.32 《三峡库区地质灾害治理工程质量检验评定标准》(国土资源部,2006.8)

2.3 地方标准

2.3.1 湖北省三峡库区滑坡防治地质勘察与治理工程技术规定(湖北省三峡库区地质灾害防治工作领导小组办公室,2003)

2.3.2 重庆市地质灾害治理工程施工技术指南(重庆市国土资源和房屋管理局,2006)

2.3.3 重庆市地质灾害治理工程施工质量验收规定(重庆市国土资源和房屋管理局,2006)

2.4 国外相关规程规范

2.4.1 BS 8004:Foundations(英国 地基基础规范)

2.4.2 BS6399(英国 荷载规范)

2.4.3 BS5400(英国 桥梁规范,含混凝土桥、钢桥、钢混桥)

2.4.4 BS7419:1991 Specification for Holding Down Bolts(英国 地脚锚杆规范)

2.4.5 BS8110(英国 混凝土规范)

2.4.6 BS5950(英国 钢结构规范)

2.4.7 Earthworks BS6031:1981(英国 土石方工程规范)

2.4.8　BS5395:2000(英国　楼梯及平台坡道规范)
2.4.9　BS6164—1990(英国　隧道工程施工规范)
2.4.10　BS6349(英国　海工规范系列)
2.4.11　AISC360—05(美国　钢结构建筑规范)
2.4.12　AISC-LRFD99(美国　钢结构学会　钢结构规范)
2.4.13　ACI318—08(美国　混凝土规范)
2.4.14　ACI318—05(美国　混凝土结构设计规范)
2.4.15　ACI313—97(美国　混凝土筒仓设计规范)
2.4.16　ACI215(美国　疲劳荷重设计指南)
2.4.17　ACI318M—05(美国　混凝土结构建筑规范和注释)
2.4.18　ASCE37—02(美国　结构施工荷载规范)

2.5　参考文献

2.5.1　工程地质手册编委会编,工程地质手册(第四版)。北京:中国建筑工业出版社,2007。

2.5.2　全国水利水电工程施工技术信息网组编,水利水电工程施工手册(第二卷)——土石方工程,北京:中国电力出版社,2002。

2.5.3　高速公路丛书编委会编,高速公路路基设计与施工。北京:人民交通出版社,1998。

2.5.4　中交第二公路勘察设计研究院有限公司主编,公路挡土墙设计与施工技术细则。北京:人民交通出版社,2008。

2.5.5　徐光黎等编著,现代加筋土技术理论与工程应用。武汉:中国地质大学出版社,2004。

2.5.6　赵明阶等编著,边坡工程处治技术。北京:人民交通出版社,2003。

2.5.7　陈洪凯等编著,危岩防治原理。北京:地震出版社,2006。

2.5.8　朱新实、蒋周平编著,公路排水设施。北京:人民交通出版社,2001。

2.5.9　王穗平编著,路基施工技术。北京:中国建筑工业出版社,2009。

3 术 语

3.1 通用工程

3.1.1 土料 earth material

可用于工程建筑的各类土。

3.1.2 石料 stone material

可用于工程建筑的岩石。

3.1.3 天然砂 natural sand

由自然风化、水流搬运和分选、堆积形成的,粒径小于 4.75mm 的岩石颗粒,但不包括软质岩、风化岩石的颗粒。

3.1.4 人工砂 manufactured sand

经除土处理的机制砂、混合砂的统称。

3.1.5 机制砂 artificial sand

由机械破碎、筛分制成的,粒径小于 4.75mm 的岩石颗粒,但不包括软质岩、风化岩石的颗粒。

3.1.6 混合砂 mixed sand

由机制砂和天然砂混合制成的砂。

3.1.7 卵石 pebble

由自然风化、水流搬运和分选、堆积形成的,粒径大于 4.75mm 以圆形及亚圆形为主的岩石颗粒。

3.1.8 碎石 crushed stone

天然岩石或卵石经机械破碎、筛分制成的,粒径大于 4.75mm 以棱角形为主的岩石颗粒。

3.1.9 砾石 gravel

风化岩石经水流长期搬运而形成的粒径为 2~60mm 的天然粒料。

3.1.10 块石 block stone

符合工程要求的岩石,经开采并加工而成的、形状大致方正的石块。

3.1.11 条石 strip stone

经加工成一定形状,表面大体平整但不磨光与抛光以供建筑与筑路用的石块。

3.1.12 片石 rubble

符合工程要求、经开采选择所得的形状不规则的、边长一般不小于 15cm 的石块。

3.1.13 二片石 doublet rubble stone

一般专指介于块石(10kg 以上)与碎石(2~8cm)之间的石料,通常用于这两类石料之间的过渡、块石的找平、碎石基础的垫层等。由于其大小通常在 20cm 左右,且通常的分层厚度往往在 40cm 左右,因此一般需要铺设两层左右,而称之为"二片"。

3.1.14 料石 dressed stone

按规定要求经凿琢加工而成的、形状规则的石块。

3.1.15 毛石 ashlar

由爆破直接获得的石块。依其平整程度可分为乱毛石与平毛石。

3.1.16 水泥 cement

加水搅拌成浆体后能在空气或水中硬化,用以将砂、石等散粒材料胶结成砂浆或混凝土的粉状水硬性无机胶凝材料。

3.1.17 钢筋 steel

配置在钢筋混凝土及预应力钢筋混凝土构件中的钢条或钢丝的总称。

3.1.18 箍筋 stirrup

沿混凝土结构构件纵轴方向按一定间距配置并箍住纵向钢筋的横向钢筋。分单肢箍筋、多肢箍筋、开口矩形箍筋、封闭矩形箍筋、菱形箍筋、多边形箍筋、井字形箍筋和圆形箍筋等。

3.1.19 砂浆 mortar

由胶凝材料(水泥、石灰、黏土等)和细骨料(砂)加水拌合调制而成的建筑材料。

3.1.20 混凝土 concrete

由胶凝材料(如水泥)、水和骨料等按适当比例配制,经混合搅拌,硬化成型的一种人工石材。

3.1.21 混凝土骨料 concrete aggregate

可用于配制混凝土的砂石料。

3.1.22 粗骨料 coarse aggregate

用于配制混凝土、粒径大于5mm的卵砾石或碎石料。

3.1.23 细骨料 fine aggregate

用于配制混凝土、粒径小于5mm的卵砾石或碎石料。

3.1.24 和易性 workability

混凝土拌合物在拌合、运输、浇筑过程中便于施工的技术性能。包括流动性、黏聚性和保水性等。

3.1.25 坍落度 slump

测定混凝土拌合物和易性(流动性)的一种指标,用拌合物在自重作用下向下坍落的高度,以厘米数表示。

3.1.26 配合比 mix proportion

配制混凝土时,粗细集料、水和水泥的配合比例。

3.1.27 混凝土振捣 concrete vibration

对卸入仓内的混凝土拌合物进行振动捣实的混凝土浇筑工序。

3.1.28 凝结时间 setting time

混凝土凝结时间分为初凝和终凝。当混凝土刚开始失去塑性称为初凝,当混凝土完全失去塑性就称为终凝。

3.1.29 掺合料 extender

用于拌制水泥混凝土和砂浆时,掺入的粉煤灰等混合材料。

3.1.30 拌合时间 mixing time

全部材料加入后经过拌合至出料开始的时间。

3.1.31 混凝土运输时间 concrete transportation time
从机口全部卸料完到混凝土卸入仓内的时间。

3.1.32 浇筑间歇时间 concreting intermission time
混凝土振捣作业完毕至覆盖上层混凝土的时间。

3.1.33 外加剂 admixture
为改善和调节混凝土或砂浆的功能，在拌制时掺加的有机、无机或复合的化合物。

3.1.34 土工合成材料 geosynthetics
工程建设中应用的土工织物、土工膜、土工复合材料、土工特种材料的总称。

3.1.35 土工织物 geotextile
透水性土工合成材料。按制造方法的不同分为织造土工织物和非织造（无纺）土工织物。

3.1.36 织造土工织物 woven geotextile
由纤维纱或长丝按一定方向排列机织的土工织物。

3.1.37 非织造土工织物 nonwoven geotextile
由短纤维或长丝随机或定向排列制成的薄絮垫，经机械结合、热黏或化黏而成的织物。

3.1.38 反滤 filtration
在使液体通过的同时，保持受渗透压力作用的土粒不流失。

3.1.39 加筋 reinforcement
利用土工合成材料的抗拉性能，改善土的力学性能。

3.1.40 压实度 compactness
碾压施工中，设计压实干密度与标准击实试验最大干密度的比值。

3.1.41 伸缩缝 expansion joint
为减轻材料膨胀对建筑物的影响而在建筑物中预先设置的间隙。

3.1.42 沉降缝 settlement joint
为减轻地基不均匀变形对建筑物的影响而在建筑物中预先设置的间隙。

3.1.43 泄水孔 weep hole
进口有一定淹没深度的泄水建筑物。可供泄洪、预泄水库、放空水库、排放泥沙或施工导流等。

3.1.44 放样点 setting out point
将建筑物设计轴线、特征点或轮廓点测设到实地上的点。

3.1.45 垫层 cushion
用砂、碎石或灰土铺填于软弱地基土上或置换地基表面一定厚度的软弱土的材料层。

3.1.46 灌浆 grouting
利用灌浆压力或浆液自重，经过钻孔将浆液压到岩石、砂砾石层、混凝土或土体裂隙、接缝或空洞内，以改善地基水文地质和工程地质条件，提高建筑物整体性的工程措施。

3.1.47 单位工程 engineering units
在治理工程项目中，具有独立施工条件或独立运行功能，可以单独作为成本核算的工程。

3.1.48 分部工程 subproject
在单位工程中，能组合发挥一种功能或根据施工任务划分的工程。

3.1.49 分项工程 item project

在分部工程中,按同期施工作业区、段、层、块等划分,通过若干工序完成的或由几个工种完成的最小综合体,是日常质量控制的基本工程单位。

3.2 锚固工程

3.2.1 预应力锚固 prestressed anchorage

通过对预应力锚索(杆)施加张拉力,使岩体或混凝土结构物达到稳定状态或改善其内部应力状况的技术措施。

3.2.2 预应力锚索(杆) prestressed anchor cable

由锚具、预应力钢材及附件组成,通过施加预应力,对被锚固体提供主动支护抗力的锚固结构。

3.2.3 有粘结预应力锚索(杆) bonded prestress tendons

锚索(杆)经张拉锁定、灌浆后,其张拉段与被锚固介质无相对滑动的预应力锚索(杆)。

3.2.4 无粘结预应力锚索(杆) unbonded prestress tendons

张拉锁定后,张拉段在被锚固介质内可相对滑动的预应力锚索(杆)。

3.2.5 张拉端 stretching end

实施预应力张拉与锚固的部位。张拉端也被称为"锚头"、"外锚头"。

3.2.6 张拉段 stretching section

张拉时可以自由弹性伸长的锚束长度。张拉段常被称为"自由段"。

3.2.7 锚固段 anchor end

锚束在锚孔底部的锚着长度。因锚着方式不同,可分为胶结式锚固段与机械式锚固段。锚固段也被称为"锚根"、"内锚头"。

3.2.8 预应力钢材 prestressed steel products

预应力筋的主要组成部分,用来对被锚固体施加预应力。

3.2.9 预应力钢绞线 prestressed steel strand

用于对岩体、混凝土结构物施加预应力的由多根高强钢丝捻制成的低松弛线束。

3.2.10 锚具 ground tackle

将预应力锚索(杆)的张拉力传递给锚固介质的装置。

3.2.11 涂层 coating

涂敷在预应力钢绞线(钢材)表面起防腐和润滑作用的材料。

3.2.12 套管 casing

套在预应力钢绞线(钢材)和有或无防腐油脂涂层的高密度聚乙烯(HDPE)管子。

3.2.13 承压垫座 pressure-bearing pedestal

将锚束张拉力均匀传递给被锚固体锚孔孔口的承压装置。

3.2.14 对中支架 alignment bracket

用于固定预应力锚索(杆)钢绞线束的构架,可避免钢绞线打缠和砂浆握裹效果降低。

3.2.15 设计张拉力 designed tensile force

按照锚固设计的要求,并预留一定安全系数及各种因素引起的预应力损失后,确定每束(根)锚索

（杆）应施加的张拉荷载。

3.2.16　超张拉力 super-tension
为消除各种因素所引起的预应力损失，锚索（杆）张拉时将设计张拉力提高一定比例后实际施加的张拉荷载。

3.2.17　补偿张拉 compensate pulling
在早期预应力损失发生后，按设计张拉力进行的第二次张拉。

3.2.18　有效预应力 effective prestress
预应力锚索（杆）张拉锁定后，受各种因素影响，预应力逐渐降低，降低至相对稳定后所提供的预应力值。

3.2.19　预应力损失 prestress loss
预应力锚索（杆）张拉锁定后的应力到建立有效预应力这一过程中所出现的应力减少。

3.2.20　封孔灌浆 hole filling
用浆材封灌全孔，对锚索（杆）进行永久性防护。

3.2.21　非预应力锚杆 non-prestressed bolt
不施加预应力的锚杆。

3.2.22　一次注浆 first fill grouting
为形成锚杆的锚固段而进行的注浆。注浆料有水泥系及合成树脂系两种。

3.2.23　二次充填注浆 post fill grouting
在锚固段形成并张拉锁定后，向杆体与钻孔间的空隙内进行的注浆。

3.2.24　二次高压注浆 post high pressure grouting
为提高锚杆承载力，对锚固段注浆体周边地层进行的高压劈裂注浆。

3.2.25　系统锚杆 systematic bolts
根据岩（土）体整体稳定要求，在整个开挖面上，按一定间距、一定规律布置的锚杆。

3.2.26　局部锚杆 local anchor bolt
为防止岩（土）体坍落或滑动，在局部布置的锚杆。

3.2.27　砂浆锚杆 grouted rock bolt
以普通钢材为杆体，在锚杆全孔充填水泥砂浆、快硬水泥砂浆或水泥药卷的锚杆。

3.2.28　端头锚固锚杆 end anchor bolt
采用胶结材料或机械装置，首先将锚杆内端固定的锚杆。

3.2.29　缝管式锚杆 split bolt
将沿纵向开缝的薄壁钢管强行推入比其外径小的钻孔中，借助钢管对孔壁的径向压力产生阻力而起锚固作用的锚杆。

3.2.30　花管注浆锚杆 multihole grouting bolt
以在管壁布置一定数量小孔的钢管为杆体插入钻孔后，通过杆体空腔的小孔向锚杆孔注浆的砂浆锚杆。

3.2.31　水胀式锚杆 water swelling anchor
将用薄壁钢管加工成的异型空腔杆件送入比其略大的钻孔中，通过向该杆件空腔高压注水，使杆件膨胀与孔壁产生摩阻力而起到锚固作用的锚杆。

3.2.32 自钻式锚杆 self boring anchor bolt

具有造孔功能,将造孔、注浆和锚固结合为一体的砂浆锚杆。

3.2.33 超前锚杆 advance bolt

在地下硐室掌子面,向下一掘进段周边围岩施作的锚杆。

3.2.34 浆液 slurry

是由主剂、固化剂以及溶剂、助剂经混合所配成的液体。

3.3 支挡工程

3.3.1 抗滑桩 anti-slide pile

穿过滑坡体深入于滑床的柱形构件,通过桩身将上部承受的坡体推力传给桩下部的侧向土体或岩体,依靠桩下部的侧向阻力来承担边坡的下推力,而使边坡保持平衡或稳定,适用于浅层和中厚层的滑坡,是一种抗滑处理的主要措施。

3.3.2 护壁 shaft protection

防止抗滑桩孔壁坍塌而采用的一种支护措施,主要有砂浆护壁和泥浆护壁。

3.3.3 挡土墙(挡墙) retaining wall

在开挖明堑、填方陡坎边界地段,为支挡土体,保证其稳定而修筑的结构物。

3.3.4 重力式挡土墙 gravity retaining wall

依靠墙体本身重量抵抗土压力的挡土墙。

3.3.5 砌体挡土墙 masonry retaining wall

以堆砌或浆砌石或砖块等构筑的挡土墙。

3.3.6 悬臂式挡土墙 cantilever retaining wall

通常由钢筋混凝土墙板组成,靠自重与底板上土重抵抗土压力,断面常呈T型或L型挡土墙。

3.3.7 扶壁式挡土墙 counterfort retaining wall

断面呈倒T型或L型,墙背面纵向按一定间距设置支垛的挡土墙。

3.3.8 加筋土挡土墙 reinforced earth retaining wall

利用土内拉筋与土之间的相互作用,限制墙背填土侧胀,或以土工织物层层包裹土体以保持其稳定的由土和筋材建成的挡土墙。

3.3.9 锚杆挡土墙 anchored retaining wall

用水泥砂浆把钢杆或多股钢丝索等锚固在岩土中作为抗拉构件以保持墙身稳定,支挡土体的挡土墙。

3.3.10 前趾 foretoe

为调整挡土构筑物重心,其底板向墙前挑出一定长度的部分。

3.3.11 砌体结构 masonry structure

由块体和砂浆砌筑而成的墙、柱作为建筑物主要受力构件的结构,是砖砌体、砌块砌体和石砌体结构的统称。

3.3.12 坐浆法 bed-mortar method

在砌块上涂一层砂浆,然后放石块,辅以人工敲击,使砂浆灰缝平实。

3.3.13 挤浆法 crowding mortar method
先铺浆,再将石块放入挤紧,垂直缝中最少挤入二分之一的砂浆,然后填满砂浆。

3.3.14 反滤层 filter
设在土、砂与排水设施之间,或细、粗土料之间,旨在防止细土料流失,又保证排水畅通的,通常以符合要求级配的砂砾料或土工织物做成的料层。

3.3.15 防渗层 impermeable layer
防治水渗漏及渗透稳定的隔水设施。

3.3.16 蜂窝 honeycomb
混凝土结构局部出现酥散,无强度状态的现象。

3.3.17 麻面 pitting surface
混凝土局部表面出现缺浆和许多小凹坑、麻点,形成粗糙面,但无钢筋外露的现象。

3.4 护坡工程

3.4.1 锚喷支护 anchoring and shotcreting support
应用锚杆(索)与喷射混凝土形成复合体以加固岩(土)体的措施。

3.4.2 喷射混凝土 shotcrete
拌合后的水泥、砂、石和速凝剂的混合料,通过喷射机射向受喷面,同围岩紧密结合的混凝土护面。

3.4.3 水泥裹砂喷射混凝土 cement paste wrapping sand shotcrete
先用部分水泥和少量水使砂、石表面造壳,然后将混合料和剩余的水泥混合,喷射至受喷面而形成的喷射混凝土护面。

3.4.4 钢纤维喷射混凝土 steel fibre reinforced shotcrete
在水泥、砂、石、速凝剂的混合料中加入3%~6%的钢纤维,再喷射至受喷面的喷射混凝土护面。

3.4.5 细度模数 fineness module
表征天然砂粒径的粗细程度及类别的指标。

3.4.6 干喷法 dry shotcreting method
混合料搅拌时不加水,只在喷头处加水的喷射混凝土施工方法。

3.4.7 湿喷法 wet shotcreting method
混合料搅拌时加入全部用水(配制液态速凝剂的用水除外)的喷射混凝土施工方法。

3.4.8 喷射距离 shotcreting distance
喷射混凝土施工时,为保证最小的回弹率(量)和最高的强度,喷嘴与受喷面的最佳距离。

3.4.9 素喷 plain concrete spray
不在水泥、砂、石、速凝剂的混合料中再加任何其他材料的混凝土喷射。

3.4.10 回弹率 spring rate/percentage of rebound
指在喷射混凝土的过程中,经喷射到工作面所回弹脱落损失量与总量之比。

3.4.11 土工布 earthwork cloth
由合成纤维通过针刺或编织而成的透水性土工合成材料。

3.4.12 石笼 gabion
为防止河岸或构筑物受水流冲刷或用于护坡而设置的装填石块的笼子。

3.4.13 格宾 gabion technique
将抗腐耐磨高强的低碳高镀锌钢丝、5%或10%铝-锌稀土合金镀层钢丝(或同质包覆聚合物钢丝),由机械将双绞合编织成六边形网目的网片组合成的生态格网结构。

3.4.14 三维植被网 three-dimensional vegetation net
利用活性植物并结合土工合成材料等工程材料,在坡面构建一个具有自身生长能力的防护系统,通过植物的生长对边坡进行加固的一门新技术。

3.4.15 间铺法 internal pave turf methods
将草皮割成较小块状,铺装时各块草皮间间距适当留大些的施工方法。

3.4.16 条铺法 strips pave turf methods
是草皮在土壤中铺装只作条状铺装的施工方法。

3.4.17 木纤维 wood fiber
指由木质化的增厚的细胞壁和具有细裂缝状纹孔的纤维细胞所构成的机械组织,是构成木质部的主要成分之一。

3.4.18 保水剂 super absorbent polymer
一种吸水能力特别强的功能高分子材料。

3.4.19 肥料 fertilizer
提供一种或一种以上植物必需的营养元素,改善土壤性质、提高土壤肥力水平的一类物质。

3.4.20 客土 carrying soil
非当地原生的、由别处移来用于置换原生土的外地土壤,通常是指质地好的壤土(砂壤土)或人工土壤。

3.5 削方与压脚工程

3.5.1 削方减载 landslide scaling
通过清除建筑边坡推力区的岩土体达到减少边坡推力,使拟加固的既有边坡工程满足预定功能的一种间接加固法。

3.5.2 土石压脚 earth-rock foot pressing project
将土石等材料堆填在滑坡体前缘的压脚方法,通过提高滑坡前缘阻滑力,设置反滤层和进行防冲刷护坡,实现提高滑坡稳定性、保护库岸的功能,适用于滑坡前缘有阻滑段的滑坡治理。

3.5.3 运土法 earth-moving method
在坡面较缓、削方区和回填区相距较远时采用,削方区挖土机或装载机挖土,汽车运土至回填区。

3.5.4 挖推法 digging and pushing method
运距不大、坡面较陡时采用,用挖土机开挖坡面及坡面整形,推土机推运土。

3.5.5 爆破法 blasting method
坡面较陡的基岩削方时采用,主要用于高边坡的危岩削方,爆破方法视基岩强度及危岩体体积而定,一般有整体爆破、松动爆破、光面爆破等。

3.5.6 光面爆破 smooth blasting

沿开挖周边线按设计孔距钻孔,采用不耦合装药毫秒爆破,在主爆孔起爆后起爆,使开挖后沿设计轮廓获得保留良好边坡壁面的爆破技术。

3.5.7 预裂爆破 presplit blasting

沿开挖轮廓线按设计孔距钻孔,不耦合装药,在主爆孔起爆前分段一次起爆,形成一定宽度的贯穿裂缝的爆破技术。

3.5.8 最优含水量 optimum moisture content

在一定的压实能量下使土最容易压实,并能达到最大密实度时的含水量,称为土的最优含水量(或称最佳含水量)。

3.5.9 超挖 overbreak

开挖时,超过设计开挖界限之外的开挖部分。

3.6 截排水工程

3.6.1 截水沟 cutoff ditch

拦截坡面地表径流的排水沟。

3.6.2 排水沟 drainage ditch

将边沟、截水沟和路基附近低洼处汇集的水引向路基以外的水沟。

3.6.3 跌水 drop

连接两端高程不同的渠道,使水流直接跌落的阶梯式落差构筑物。

3.6.4 急流槽 chute

在陡坡或深沟地段设置的坡度较陡、水流不离开槽底的沟槽。

3.6.5 隔水层 impervious layer

指渗透率小到可以忽略不计的岩土层。

3.6.6 排水隧洞 drainage tunnel

为排除围岩渗水、减少衬砌承受的扬压力或外水压力(对有压隧洞)而在衬砌或衬砌背面设置的排水孔洞及排水沟等排水设施。

3.6.7 围岩压力 surrounding rock pressure

隧道开挖后,因围岩变形或结构松散等原因,作用于洞室周边岩体或支护结构上的压力。

3.6.8 衬砌 lining

为控制和防止围岩的变形或坍落,确保围岩的稳定,或为处理涌水和漏水,或为隧道的内容整齐或美观等目的,将隧道的周边围岩被覆起来的结构体。

3.7 拦挡工程

3.7.1 拦石网 passive net

采用锚杆、钢柱、支撑绳和拉锚绳等固定方式将金属柔性网以一定的角度安装在坡面上,形成栅栏形式的拦挡结构,从而实现对落石和泥石流体中固体物质拦截的一种防护网。

3.7.2 钢丝绳网 wire rope net
用钢丝绳编制并在交叉结点处用专用"十"字卡扣固定的成品网,为防护网的主要特征构件之一。

3.7.3 钢丝绳锚杆 wire rope anchor
将单根钢丝绳从中点处弯折,在弯折处嵌入鸡心环并用绳卡或铝合金紧固套管固定的防护网专用柔性锚杆。在被动网中特称为拉锚锚杆。

3.7.4 支撑绳 support rope
用以实现金属柔性网按设计形式铺挂、对金属柔性网起支撑加固作用的钢丝绳。

3.7.5 缝合绳 sewing rope
将金属柔性网间或其与支撑绳缝合联结的钢丝绳。

3.7.6 减压环 brake ring
穿挂于被动网支撑绳和上拉锚绳上的由钢管弯制加工而成的环状构件,当支撑绳和上拉锚绳所受拉力达到设定值时,减压环通过产生变形位移吸收能量,避免其他构件发生破坏,对系统起到过载保护的作用。

3.7.7 钢柱 post
对拦石网起直立支撑的构件。

3.7.8 基座 base plate
钢柱的定位座。

3.7.9 钢柱连接件 joint
实现钢柱和基座间铰连接的构件。

3.7.10 挂座 hanging pedestal
钢柱顶部和基座上用于穿挂固定支撑绳的部分。

3.7.11 挂环 hanging hoop
拦石网中的支撑绳和拉锚绳一端预先用绳卡或铝合金紧固套管固定制作的环套,施工安装时该挂环直接挂到挂座上。

3.7.12 防倾倒螺杆 anti-collapse bolt
将基座与钢柱底部连接,用于防止落石冲击被动网时因系统的回弹作用而发生顺坡向上的反向倾倒的螺杆。

3.7.13 拉锚绳 anchor rope
连接于钢柱顶部与钢丝绳锚杆间的钢丝绳,根据其位置和作用的不同分为上拉锚绳、下拉锚绳、侧拉锚绳和中间加固拉锚绳。

3.7.14 拉锚系统 anchor system
拉锚绳和钢丝绳锚杆的组合简称为拉锚系统。

3.7.15 环形网 ring net
用数股钢丝盘结成环相互套接而形成的网。

3.7.16 钢丝格栅 steel wire mesh
用强度低于600MPa的钢丝编织的格栅网。

3.7.17 高强度钢丝格栅 high strength steel wire mesh
用强度高于1000MPa的钢丝编织的格栅网。

3.7.18 锚垫板 spike plates

是设计成肋骨状的菱形压板,用于将高强度钢丝格栅紧压在受保护的斜坡上,保证系统受到的力以最优化的方式尽快传递到锚杆上。两侧有垂直于板体的楔形体以保证其压紧作用。

3.7.19 联结卡环 compression claws

易于安装的、使高强度钢丝格栅网块实现联接的一种构件形式。

3.7.20 卡扣 cross clip

是一种实现两根钢丝绳交叉节点紧固的特殊扣件。其对钢丝绳施加一定的载荷,避免节点处钢丝绳发生错动和分离。

3.7.21 土坝 earth dam

以土、砂、砾石为主要建筑材料填筑的坝。

3.7.22 土石坝 earth-rock dam

用土、石等当地材料填筑的坝。

3.7.23 堆石坝 rockfill dam

用块石、砂砾石等作为主体材料,经碾压或抛填筑成的土石坝。

3.7.24 碾压土坝 rolled fill earth dam

用土料以分层碾压方法筑成的坝。

3.7.25 混凝土面板堆石坝 concrete face rockfill dam

上游坝坡浇筑钢筋混凝土面板作为防渗盖面的堆石坝。

3.7.26 砌石坝 stone masonry dam

采用水泥砂浆或一、二级配混凝土做胶凝材料的砌石坝,其主要坝型有砌石重力坝和砌石拱坝两种。

3.7.27 坝高 dam height

建基面的最低点(不包括局部深槽、井或洞)至坝顶的高度。

4 施工组织设计

4.1 一般规定

4.1.1 为了确保地质灾害治理工程的安全顺利实施,开工前必须编制切实可行的施工组织设计。

4.1.2 应当将治理工程的实施作为再勘查过程,并在施工组织设计中采取有效的措施来保证实施。

4.1.3 对于重要的单元工程应编制单元工程施工组织设计。

4.1.4 地质灾害治理工程的施工,应根据施工的难度分段安排施工,并根据气候条件、库水位涨落安排施工季节。避开汛期及严寒冬季施工,对于夏季、雨季施工要做好防范措施。

4.1.5 施工安全、环境保护和职业健康应有保障措施和紧急预案,并明确质量保证体系和施工安全保证体系的机构和职责范围。

4.2 主要任务

4.2.1 从施工全局出发,做好施工部署,选择施工方法和机具。

4.2.2 合理安排施工程序和交叉作业,从而确定施工进度计划。

4.2.3 合理确定各种物资资源和劳动资源的需用量,以便组织供应。

4.2.4 合理布置施工现场的平面和空间。

4.2.5 提出组织、技术、质量、安全、节约等措施。

4.2.6 规划作业条件方面的施工准备工作。

4.3 编制原则

4.3.1 贯彻执行国家和当地政府制定的方针、政策及相关的工程施工规范、规定等。

4.3.2 按照基本建设施工程序,合理安排施工进度;按照地质环境条件,合理部署施工场地,注重安全生产,确保工期。

4.3.3 贯彻技术与经济统一、科技优先的原则,积极采用适合工程的新技术、新工艺、新材料、新设备,不断提高施工技术水平和施工机械化、工厂化、装配化水平,以提高施工进度和工程质量。

4.3.4 应进行多方案的技术经济比较,选择最佳方案。

4.3.5 发挥专业优势,组织文明施工、科学施工、均衡生产,按经济规律搞好企业管理。

4.3.6 符合国家环境、水土资源、文物保护及节能的要求。

4.4 编制依据

4.4.1 招投标文件、中标通知书、施工合同及其附件。

4.4.2 计划文件,包括国家批准的项目计划文件、单位工程项目情况、治理工程初步设计批复文件及施工任务书等。

4.4.3 技术文件,包括本工程的全部施工图纸、说明书,以及所需的标准图等。
4.4.4 工程预算中的分部、分项工程量等。
4.4.5 本工程勘查报告以及施工测量控制网。
4.4.6 与工程有关的国家和地方法规、规定、规范、规程、预算定额和当地材料价格等。

4.5 编制内容

4.5.1 根据工程的性质、规模、结构特点、技术复杂程度和施工条件,施工组织设计的内容和深度可以有所不同。

4.5.2 主要内容包括编制依据、工程概况、施工部署和施工方案、施工进度计划、施工准备及各项资源需要量计划、施工保证措施、技术经济指标、施工平面图等。可参考"附录A 施工组织设计编制提纲"进行编写。

4.5.3 地质灾害体概况

4.5.3.1 灾害体所处的地理位置、规模及特征。
4.5.3.2 灾害体稳定性状态及分析结果。
4.5.3.3 施工扰动对灾害体稳定性影响分析。

4.5.4 工程概况

4.5.4.1 工程概况应包括工程主要情况、主要工程措施设计简介和工程施工条件等。
4.5.4.2 工程主要情况应包括下列内容:
(1)工程名称、性质、地理位置及交通条件;
(2)工程的建设、勘查、设计、监理和总承包等相关单位的情况;
(3)工程承包范围和分包工程范围;
(4)施工合同、招标文件或总承包单位对工程施工的重点要求;
(5)其他应说明的情况。
4.5.4.3 工程概况的内容应尽量采用图表进行说明。

4.5.5 施工部署

4.5.5.1 施工部署包括工程施工目标、进度安排、空间组织等。
4.5.5.2 工程施工目标应根据施工合同、招标文件以及本单位对工程管理目标的要求确定,包括进度、质量、安全、环境和成本等目标。各项目标应满足施工组织总设计中确定的总体目标。
4.5.5.3 施工部署中的进度安排和空间组织应符合下列规定:
(1)工程主要施工内容及其进度安排应明确说明,施工顺序应符合工序逻辑关系;
(2)施工流水段应结合工程具体情况分阶段进行划分,并应说明划分依据及流水方向,确保均衡流水施工;
(3)对工程施工的重点和难点应进行分析,包括组织管理和施工技术两个方面;
(4)总承包单位应明确工程管理组织机构形式,并采用框图表示;
(5)对工程施工中使用的新技术、新工艺应作出部署,对新材料和新设备的使用应提出技术及管理要求;
(6)对主要分包工程施工单位的选择要求及管理方式应进行简要说明。

4.5.6 施工进度计划

4.5.6.1 单位工程施工进度计划应按照施工部署的安排进行编制。
4.5.6.2 施工进度计划可采用网络图或横道图表示,并附必要文字说明;对规模较大的工程或较复杂的工程,宜采用网络图表示。

4.5.7 施工准备与资源配置计划

4.5.7.1 施工准备应包括技术准备、现场准备和资金准备等。

(1)技术准备应包括施工所需技术资料的准备、施工方案编制计划、试验检验及设备调试工作计划、样板制作计划等；

(2)现场准备应根据现场施工条件和实际需要，准备现场生产、生活等临时设施；

(3)资金准备应根据施工进度计划编制资金使用计划。

4.5.7.2 资源配置计划应包括劳动力计划和物资配置计划等。

(1)劳动力配置计划应包括确定各施工阶段用工量，根据施工进度计划确定各施工阶段劳动力配置计划。

(2)物资配置计划应包括主要工程材料和设备的配置计划。其中主要工程材料和设备的配置计划应根据施工进度计划确定，包括各施工阶段所需主要工程材料、设备的种类和数量；主要周转材料和施工机具的配置计划应根据施工部署和施工进度计划确定，包括各施工阶段所需主要周转材料、施工机具的种类和数量。

4.5.8 施工保证措施

4.5.8.1 技术组织措施。技术组织措施主要是指在技术、组织方面对保证质量、安全、节约和季节施工所采用的方法。

4.5.8.2 进度保证措施。项目施工进度管理应按照项目施工的技术规律和合理的施工顺序，保证各工序在时间上和空间上的顺利衔接。应包括下列内容：

(1)对项目施工进度计划进行逐级分解，通过阶段性目标的实现保证最终工期目标的完成；

(2)建立施工进度管理的组织机构并明确职责，制定相应的管理制度；

(3)针对不同施工阶段的特点，制定进度管理的相应措施，包括施工组织措施、技术措施和合同措施等；

(4)建立施工进度动态管理机制，及时纠正施工过程中的进度偏差，并制定特殊情况下的赶工措施；

(5)根据项目周边环境特点，制定相应的协调措施，减少外部因素对施工进度的影响。

4.5.8.3 质量保证措施。质量保证措施主要包括：

(1)按照项目具体要求确定质量目标并进行目标分解，质量指标应具有可测量性；

(2)建立项目质量管理的组织机构并明确职责；

(3)制定符合项目特点的技术保障和资源保障措施，通过可靠的预防控制措施，保证质量目标的实现；

(4)建立质量过程检查制度，并对质量事故的处理作出相应的规定。

4.5.8.4 安全施工措施。保证安全的关键是贯彻安全操作规程，对施工中可能发生的安全问题提出预防措施，并加以落实。主要包括以下几个方面。

(1)确定项目重要危险源，制定项目职业健康安全管理目标。

(2)建立有管理层次的项目安全管理组织机构并明确职责。

(3)根据项目特点，进行职业健康安全方面的资源配置。

(4)建立具有针对性的安全生产管理制度和职工安全教育培训制度。

(5)针对项目重要危险源，制定相应的安全技术措施；对达到一定规模的、危险性较大的分部(分项)工程和特殊工种的作业应制定专项安全技术措施的编制计划。

(6)根据季节、气候的变化制定相应的季节性安全施工措施。

(7)建立现场安全检查制度，并对安全事故的处理作出相应的规定。

4.5.8.5 环境保护措施。一般来说，建筑工程常见的环境因素包括大气污染，垃圾污染，建筑施工中建筑机械发出的噪声和强烈的振动，光污染，放射性污染，生产、生活污水排放。

应根据工程各阶段的特点进行环境因素的识别和评价,并制定相应的管理目标、控制措施和应急预案等。主要包括:

(1)确定项目重要环境因素,制定项目环境管理目标;
(2)建立项目环境管理的组织机构并明确职责;
(3)根据项目特点进行环境保护方面的资源配置;
(4)制定现场环境保护的控制措施;
(5)建立现场环境检查制度,并对环境事故的处理作出相应的规定。

4.5.9 施工平面布置图

施工平面布置图应包括下列内容:
(1)项目施工用地范围内的地形状况;
(2)拟建的建(构)筑物和其他基础设施的位置;
(3)项目施工用地范围内的加工设施、运输设施、存储设施、供电设施、供水供热设施、排水排污设施、临时施工道路和办公生活用房等;
(4)施工现场必备的安全、消防、保卫和环境保护等设施;
(5)相邻的地上、地下既有建(构)筑物及相关环境。

4.6 注意事项

4.6.1 编制施工组织设计,应在认真研究工程地质条件、施工条件、水文气象条件及周围环境等影响因素和有关试验资料的基础上,提出相应的施工方案。

4.6.2 施工机械的性能对施工方法、施工程序以及施工进度的安排影响较大,应选择与工程施工进度、施工条件相适宜且配套合理的施工机械。

4.6.3 设计中应遵循国家有关环境保护法令,制定专项环保措施。

4.6.4 施工中若采用新技术、新材料、新工艺,必须制定不低于常规的质量标准和工艺要求,以确保工程质量。

4.6.5 地质灾害治理工程施工中所采用的施工方法及施工程序,应能保证不致引发或加剧地质灾害的发生或发展。

5 预应力锚索

5.1 一般规定

5.1.1 预应力锚索可用于加固土质、岩质地层的边坡(滑坡),其锚固段置于稳定岩(土)层内,通过预应力的施加,改善岩土应力状态,提高岩土抗剪强度,增强岩土体的稳定性,是一种主动防护技术。

5.1.2 按造孔→锚束制作→锚束运输、安装→张拉→防护的顺序进行施工。

5.1.3 预应力锚索长度、预应力吨位、锚头混凝土强度等应进行检测检验,达到设计要求。

5.2 施工前准备

5.2.1 取得有关被锚固岩(土)体和混凝土结构的设计图纸、技术文件及施工条件等资料。

5.2.2 根据锚固工程的设计条件、场地地层条件和环境条件编制施工组织设计,并根据不同的锚索类型制定施工工艺细则。

5.2.3 操作人员应经过技术培训,持证上岗。未经培训或考核不合格者不得上岗操作。

5.2.4 根据设计要求做好钢筋、水泥、砂子的备料工作,并进行进场产品质量送检。

5.2.5 合理选用钻机机具、机器配套设备。严格检查预应力钢材、灌浆材料、防护套管、造孔设备、灌浆设备、锚具、张拉设备等材料与器具,必须符合相关规范。

5.2.6 按设计要求进行锚固性能基本试验,如砂浆试验、强度试验、张拉锁定试验等,以验证设计参数,完善施工工艺。

5.2.7 对削方后的岩体表面进行活石和风化层清理,然后依附山体搭设脚手架施工作业平台。

5.2.8 了解地下水赋存状况及其化学成分,以确定排水、截水措施,以及防腐措施。

5.2.9 查明施工区范围内地下埋设物的位置状况,预测锚索施工对其影响的可能性与后果。

5.3 材料及机具

5.3.1 预应力钢材

5.3.1.1 根据设计要求所选用的预应力钢材必须符合下列标准:
(1)钢丝:《预应力混凝土用钢丝》(GB/T 5223—2002);
(2)锚索钢绞线:《预应力混凝土用钢绞线》(GB/T 5224—2003)。

5.3.1.2 供货商(厂家)应提供预应力钢材的材质证明书、产品合格证、试验检验报告。

5.3.1.3 预应力钢材使用前必须经抽样检查,合格后方可使用。

5.3.1.4 预应力钢材在起吊、运输、储存过程中不得冲撞、受损,并应有防雨、防晒、防污染及防腐蚀等措施。

5.3.1.5 在同一部位的预应力工程施工中,宜采用同一品种、型号、规格和同一生产工艺制作的预应力钢绞线钢材。若需要替换预应力钢材,必须进行试验和论证。

5.3.1.6 当进行确定锚固段变形参数和应力分布的试验时,锚固段长度应取设计锚固长度;每种试验锚索数量不得少于3根。

5.3.1.7 预应力锚索设置对中支架(架线环),避免钢绞线打缠和砂浆握裹效果降低。对中支架可用钢板或硬塑料加工,每间隔1.5~3.0m设置一个对中支架。

对中支架大样如图5-1所示,预应力锚索结构如图5-2所示。

5.3.1.8 预应力锚束的隔离架与绑扎丝均不得使用有色金属材料的镀层或涂层。

5.3.2 灌浆材料

5.3.2.1 预应力锚索注浆水泥应采用硅酸盐水泥或普通硅酸盐水泥,其石膏、活性混合材料含量必须满足要求,不溶物、烧失量、氧化镁、细度、安定性、强度等必须满足相关规范要求。水泥在运输与储存时不得受潮和混入杂物,不同品种和强度等级的水泥在储运中应避免混杂。

5.3.2.2 预应力锚固施工用的砂、石子均应符合附录C的规定。

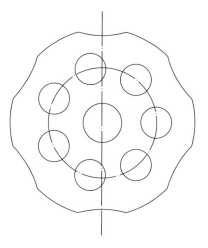

图 5-1 对中支架结构示意图

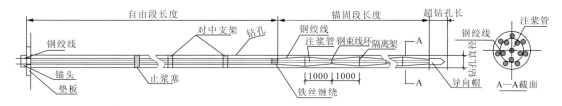

图 5-2 预应力锚索结构示意图

5.3.2.3 为了加速内锚固段的固结强度,可在砂浆中掺入无腐蚀性外加剂。外加剂必须符合《混凝土外加剂应用技术规范》(GB 50119—2003),氯离子含量不得大于水泥重量的0.02%,并不得产生气泡或降低浆材的pH值。

5.3.2.4 防护涂层材料。防护涂层材料具有以下特点:
(1)对钢材具有防腐蚀作用;
(2)对钢材有牢固的黏结性,且无有害反应;
(3)能与钢材同步变形,在高应力状态下不脱壳、不裂;
(4)具有较好的化学稳定性,在强碱条件下不降低其耐久性;
(5)便于施工操作。

5.3.3 防护套管

5.3.3.1 采用埋管法成孔的套管,其质量必须符合设计要求。

5.3.3.2 套管内径应大于锚索直径4mm以上,有隔离架的锚索其套管内径应大于隔离架直径2mm;钢管管壁厚度不应小于3mm,金属螺旋管壁厚不应小于0.3mm,径向变形量不得大于内径的15%。

5.3.3.3 套管宜采用缩节管连接,应确保接头严密。金属管、高密度聚乙烯(HDPE)波纹管如采用焊(熔)接,必须严格控制焊缝质量。

5.3.3.4 永久性防护所用的金属和非金属套管,均应具有化学稳定性和耐久性,套管壁厚应能承受施工外力冲击和摩擦损伤。

5.3.4 造孔设备

5.3.4.1 钻机。岩锚造孔设备应根据工程规模、环境条件、岩石特性、预应力锚索设计参数和施工工艺要求,选用技术先进、整机性能稳定可靠、安装定位方便、能适应复杂地质条件的钻机。

5.3.4.2 钻具。钻具应配有导向机构,运转平稳,易于控制钻孔精度。机械式锚固段宜选用金刚石钻头钻孔。

5.3.4.3 测斜仪器。测斜仪器应能满足造孔精度的要求。

5.3.5 灌浆设备

5.3.5.1 选用的灌浆设备须与预应力锚索孔道灌浆的浆液类型、浓度及施灌强度相适应,并能保证稳定、均匀、连续灌浆。

5.3.5.2 制浆设备应采用高速搅拌机,以提高浆液的均匀性,增加其流动度和可灌性。

5.3.5.3 灌浆泵的排浆量应能满足锚索孔道灌浆强度的需要,压力稳定,允许工作压力应是最大设计灌浆压力的1.5倍,压力波动范围宜小于灌浆压力的20%。

5.3.5.4 灌浆泵配套的压力表须经校验合格,其量程应与设计最大灌浆压力相适应。输浆管宜采用耐压橡胶管或耐压PE管,其管径应满足灌浆强度的要求。

5.3.6 锚 具

5.3.6.1 预应力锚索所用锚具应符合国家现行《预应力筋用锚具、夹具和连接器》(GB/T 14370—2007)的规定。锚具所用的材料应符合设计要求,制造工艺、外观、尺寸、硬度须符合相关规定,锚具、夹具、连接器须符合基本的性能要求。

5.3.6.2 锚具的强度、精度及材质硬度匹配均应符合设计要求。

5.3.6.3 厂家应提供产品证书及进场检验所必需的技术参数。

5.3.6.4 锚具的运输、储存、防护条件与预应力钢材相同。

5.3.6.5 与锚具相配套的锚垫板、螺旋筋、承压板的材质及加工尺寸应符合设计要求。

5.3.7 张拉机具

5.3.7.1 选用的张拉机具应与锚具类型、锚索的设计张拉力相匹配。

5.3.7.2 与张拉机具配套的压力表精度不应低于1.5级,张拉时压力表读数不超过表盘刻度的75%。宜选用抗震数显压力表。

5.3.7.3 测力计应与锚具、张拉千斤顶相匹配,且性能稳定、温度稳定性好。永久观测使用的测力计,其耐久性应符合设计要求。

5.3.7.4 张拉机具、器具应由专人保管,定期维护、标定,标定期一般为6个月,如经检修必须重新标定。

5.3.7.5 预应力钢绞线锚具组装件试验的专用张拉机具,若标定后使用次数较少(少于20次),或未经检修或无异常,其标定期可适当延长,但不应超过10个月。

5.4 施 工

5.4.1 造 孔

5.4.1.1 钻孔的孔深、孔径均不得小于设计值,钻孔的倾角、方位角应符合设计要求。其允许误差值如下:

(1)有效孔深的超深不得大于20cm;
(2)机械式锚固段的超径不得大于孔径的3%,最大不得大于5mm;
(3)孔斜误差不得大于1%,凡有特殊要求时其孔斜误差不宜大于0.8%;
(4)孔口坐标误差不得大于10cm。

5.4.1.2 当孔位受建筑物或地形条件限制无法施工时,应会同设计人员拟定新孔位。

5.4.1.3 严格校验开孔时钻具的倾角及方位角,不得对设计的倾角作任何修改。

5.4.1.4 钻孔过程中,应加强钻具的导向作用,及时检测孔斜误差,并做好测斜记录,视钻孔需要合理采用纠偏措施。

5.4.1.5 钻孔应穿过滑裂面,锚固段应设在较新鲜的岩层中。施工中发现与上述要求不符时,应会同设计人员商定修正。

5.4.1.6 钻孔过程中,遇岩层岩性变化,发生掉钻、坍孔、钻速变化、回水变色、失水、涌水等异常情况,应详细进行记录。

5.4.1.7 当施工作业暂时中断时,各类钻孔孔口应妥加保护,防止流进污水和落入异物。

5.4.1.8 钻孔结束后,拔出钻杆和钻具,测量孔深,做好孔深记录。

5.4.1.9 用高压风吹孔或用高压水洗孔。待孔内粉尘吹洗净,且孔深达到要求时,应立即进行下道工序——锚索入孔。

5.4.2 预留孔

5.4.2.1 对于新浇混凝土结构内的锚孔宜采用预留孔。预留孔可按现场条件选用埋管法或拔管法。

5.4.2.2 埋管的管模必须架立牢靠,并妥善保护。施工中应严防碰撞、折损,如发现有位移、损伤,应及时校正,待修复合格后才能继续浇筑混凝土。

5.4.2.3 拔管时间应通过现场试验确定。

5.4.2.4 拔管的管模支撑及固定措施均不得妨碍拔管操作。

5.4.2.5 埋管及拔管的管模敷设均应防止接头处发生折线或错动,并妥善保护接头,防止漏浆。

5.4.2.6 预留成孔后,必须进行通畅孔道的检查,如发现问题应及时处理。通孔检查后应做好孔口保护,防止异物、污水进入孔道。

5.4.2.7 预埋管模及支架的安装精度必须符合设计有关要求。

5.4.3 锚束制作

5.4.3.1 不同类型的锚束应按不同的施工方法与质量要求进行制作。制作过程中应填写班报表及质量检测记录。

5.4.3.2 锚束制作宜在加工车间或厂棚内进行。

5.4.3.3 锚束钢绞线的加工长度应严格按照锚索对应孔号设计长度和实际孔深确定,包括内锚段(L_1)、张拉段(L_2)和外锚段(L_3)三部分。为便于千斤顶张拉,外锚段(L_3)长度宜大于1.2m。钢绞线用无齿锯(砂轮锯)截断,不得使用电焊或氧炔焰切割,避免烧伤钢绞线。

5.4.3.4 在外锚段端头注上醒目的锚索编号。在平整场地上架设高约0.5m、宽1.5m的工作台架,将截好的钢绞线平顺放在架上,逐根检查,凡有损伤的钢绞线均应剔除。

5.4.3.5 锚束制作所采用的隔离架、支撑环装置及绑扎方式均不得妨碍张拉与灌浆的施工操作,并应预留灌浆管、排气管道。

5.4.3.6 预应力钢材编束应排列平顺,绑扎牢固。

5.4.3.7 锚束制作完成后,应进行外观检验,并签发合格证。应按锚孔编号挂牌堆放成品锚束,并注明完成日期。无合格证及孔号牌的锚束不得使用。

5.4.3.8 锚束应堆放在干燥、通风的支架上,并分层平铺,不得叠压。支架支点间距不宜大于2m。

5.4.3.9 按照设计要求安装注浆管和排气管。

5.4.4 锚束运输、安装

5.4.4.1 锚束的运输与吊装应因地制宜地拟定方案。

5.4.4.2 锚束的运输应按下列规定执行:

(1)水平运输中,各支点间距不得大于2m,转弯半径不宜过小,以不改变锚束结构为限;

(2)垂直运输中,除主吊点外,其他吊点应能在锚束入孔前快速、安全脱钩;

(3) 运输、吊装过程中,应细心操作,不得损伤锚束及其防护涂层;

(4) 由车辆串联的水平运输车队应另设直接受力的连接杆件,锚束不得直接受力。

5.4.4.3 镦头作业环境温度宜在 5℃ 以上,镦头必须经检验合格后方能进行编束。

5.4.4.4 锚束入孔前必须进行下列各项检验,合格后方能进行吊装安放。

(1) 锚孔内及孔口周围杂物必须清除干净,用导向探头探孔,无阻时方可进行锚束入孔;

(2) 锚束的孔号牌与锚孔孔号必须相同,并应核对孔深与锚束长度;

(3) 锚束应无明显弯曲、扭转现象;

(4) 锚束防护涂层无损伤,凡有损伤,必须修复;

(5) 锚束中的进浆、排气管道必须畅通,阻塞器必须完好;

(6) 承压垫座不得损坏、变形。

5.4.4.5 胶结式锚固段的施工,应符合下列规定:

(1) 向下倾斜的锚孔,当孔内无积水,并能在 30min 内完成放束时,可采用先填浆后放锚束的施工方法;当孔内积水很难排尽时,可采用先放锚束后填浆的施工方法,放束后应及时填浆。

(2) 水平孔及仰孔安放锚束时,必须设置阻塞器,并采用先放束后灌浆的施工方法,阻塞器不得发生滑移、漏浆现象。

5.4.4.6 机械式锚固段的锚束安放前,应检测孔径与锚具外径匹配程度。放束时锚束应顺直、均匀用力。锚束就位后应先抽动活结,使外夹片弹开,嵌紧孔壁。

5.4.4.7 在穿放锚束时,必须对锚具螺纹妥善保护,严防损伤;张拉端孔口应增设防护罩,固定端活动锚具内外螺纹应衔接完好。

5.4.4.8 分束张拉的锚束,吊装时应确保锚束平顺,全束不得扭曲,各分束不得相互交叉。钢绞线端部应绑扎牢固,锚束或测力装置应紧贴孔口垫板。

5.4.5 锚孔注浆

5.4.5.1 预应力锚孔注浆应按设计要求执行。

5.4.5.2 锚孔围岩灌浆应分段进行,段长不宜大于 8m,注浆应按分序加密的原则进行,可分为一次注浆法和二次注浆法。

5.4.5.3 同一地段的注浆必须按先围岩注浆固结、后锚固注浆的顺序进行。

5.4.5.4 围岩注浆固结不宜简单重复,若效果不能达到设计要求时,应采取其他补救措施。

5.4.5.5 锚孔注浆应采用单钻单灌,如发现严重串孔,应会同设计人员采取有效补救措施。

5.4.5.6 一次注浆法。一次注浆时,将一根钢管和胶皮管作为导管,一端与压浆泵相连,另一端与锚索束正中间预留的注浆管连接。随着水泥砂浆的注入,应逐步把注浆管往外拔出,但管口要始终埋在砂浆中。当用压缩空气注浆时,注浆压力为 0.4MPa 左右,至注满锚固段。

5.4.5.7 二次注浆法。二次注浆法用两根注浆管,先注入锚固段,待浆液初凝后,对锚固段进行张拉,然后再注入自由段,使锚固段与自由段界限分明。重复高压注浆锚索的注浆还应符合下列规定:

(1) 二次注浆材料宜选用水灰比 0.45~0.50 的纯水泥浆;

(2) 止浆密封装置的注浆应待孔口溢出浆液后进行,注浆压力不宜低于 2.0MPa;

(3) 一次注浆结束后,应将注浆管、注浆枪和注浆套管清洗干净;

(4) 对锚固体的二次高压注浆,应在一次注浆形成的水泥结石体强度达到 5.0MPa 后进行。注浆压力和注浆时间可根据锚固段的体积确定,并分段一次由下至上进行。

5.4.5.8 注浆材料应根据设计要求确定,不得对锚索产生不良影响。注浆材料强度必须达到经锚固性能基本试验所确定的设计值,必要时可加入一定量的外加剂或掺合料。

5.4.5.9 注浆材料强度检测,每 2 根锚索必须送检一组。

5.4.5.10 注浆作业开始和中途停止较长时间,再作业时宜用水或稀水泥浆润滑注浆泵及注浆管路。

5.4.5.11 注浆浆液应搅拌均匀,随搅随用,并在初凝前用完。严防石块、杂物混入浆液。

5.4.5.12 注浆管制作应符合下列要求:

(1)注浆管接头宜采用外缩节,注浆管应固定;

(2)注浆管管口 1.0～1.5m 长度内宜做成梅花管,其孔眼间距宜为 100～120mm。

5.4.6 孔口承压垫座(锚墩)

5.4.6.1 锚孔孔口必须设有平整、牢固的承压垫座(锚墩)。

5.4.6.2 承压垫座的几何尺寸、结构强度必须满足设计要求。

5.4.6.3 垫座混凝土浇筑前应将坡面清理干净,对孔口套管、锚垫板、受力钢筋进行检查,浇筑时必须保证预埋套管(壁厚≥3mm)与钻孔同轴对中,承压面与锚孔轴线应保持垂直,误差不得大于 0.5°,垫座孔道中心线应与锚孔轴线重合。若钢垫板面与锚孔轴线不垂直,孔口外侧可用快凝砂浆找平,砂浆强度应满足12h承载15t张拉力的要求。

5.4.6.4 承压钢垫板底部混凝土或水泥砂浆必须充填密实,钢垫板必须安装牢固。

5.4.6.5 锚墩有多种形式,如现浇混凝土锚墩、预制混凝土锚墩以及钢锚墩,应根据工程实际情况选择适合的锚墩。

5.4.6.6 现浇混凝土锚墩应符合以下规定:

(1)浇筑前,先清除孔口周围及建基面上的碎石及泥土,然后绑扎钢筋、立模,并同时安装钢筋、定位管及固定锚垫板(图 5-3)。锚垫板可作为外锚墩端面模板固定在定位管端部,锚垫板与定位管轴线垂直。

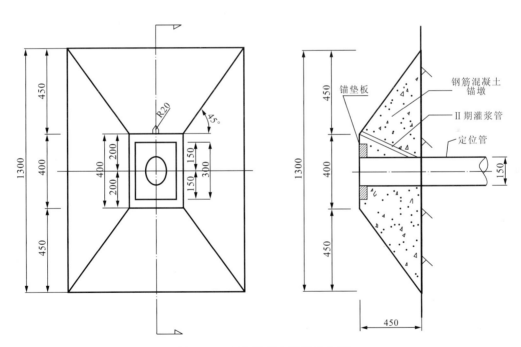

图 5-3 现浇混凝土锚墩结构图

(2)采用早强混凝土浇筑,强度等级为 C30。

(3)浇筑时加强振捣,以确保混凝土的均匀密实,并注意养护,一般浇筑12h后即可拆模。如发现蜂窝、麻面,应报监理批准后用早强水泥砂浆进行修补。

5.4.6.7 预制混凝土锚墩应符合以下规定:

(1)混凝土墩头提前在加工场地绑扎钢筋立模,并同时安装钢筋、定位管及固定锚垫板;

(2)加工厂机械设备辅助混凝土入仓,振捣密实,预制后养护至设计强度;

(3)尺寸根据岩面承载力确定;

(4)锚索造孔完成后,清除孔口周围及建基面上的碎石及泥土,同时施工大吨位吊点及固定锚杆。使用大型汽车吊或大吨位手动葫芦将预制混凝土墩头吊装并调整到位,与周边锚杆焊接牢固,用高强砂浆找平。

5.4.6.8 钢锚墩应符合以下规定:

(1)钢锚墩头尺寸根据岩石面承载力确定;

(2)锚索造孔完成后,清除孔口周围及建基面上的碎石及泥土,同时施工吊点及固定锚杆。使用汽车吊或手动葫芦将钢锚墩头吊装并调整到位,与周边锚杆焊接牢固,用高强砂浆找平。

5.4.7 张拉准备

5.4.7.1 张拉设备必须配套标定,并绘制压力表读数-张拉力关系曲线,以指导现场张拉作业。

5.4.7.2 施工量测用的压力表精度应不低于1.5级。级配套标定张拉设备用的测力装置及压力试验机,其误差不得大于±2%。压力表常用读数不宜超过表盘刻度的75%。

5.4.7.3 预应力锚固用的张拉机具、设备和仪表应由专人保管、使用,并定期维护和标定。未经标定或标定不合格的张拉设备不得使用。

5.4.7.4 张拉设备的标定间隔期不宜超过6个月,经拆卸检修的张拉设备或经受强烈撞击的压力表都必须重新标定。

5.4.7.5 胶结式锚固段、承压垫座混凝土、混凝土柱状锚头等承载强度未达到设计要求时,不得进行张拉。

5.4.7.6 张拉前要求锚索、千斤顶、锚具均与锚孔中心线对中安装(图5-4)。

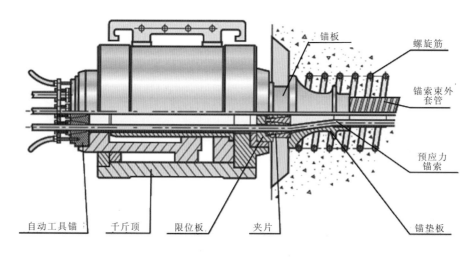

图5-4 千斤顶、锚具与锚索安装示意图

5.4.8 张 拉

5.4.8.1 采用现浇混凝土锚墩的锚索张拉,在外锚墩混凝土强度达到C30、内锚固段水泥浆强度达到设计强度的85%后方可进行张拉;采用预制混凝土锚墩或钢锚墩的锚索,当内锚固段砂浆和找平砂浆均达到设计强度后,方可进行张拉。

5.4.8.2 设计张拉力、超张拉力、超张拉持荷稳压时间及超载安装力均应与设计要求相符。

5.4.8.3 凡具备补偿张拉条件者,宜在部分预应力损失完成后进行补偿张拉;凡不具备补偿张拉条件者,宜改用超载安装。

5.4.8.4 采用应力控制及伸长值校核操作方法,当实际伸长值大于计算伸长值10%或小于5%时,应暂停张拉,查明原因并采取措施予以调整后,方可继续张拉。

5.4.8.5 采用超张拉方法施工时,张拉程序应由零逐级到超张拉力,并经持荷稳压后才可卸荷到设计张拉力进行安装。最大超张拉力不得超过预应力钢材强度标准值的75%。其张拉程序如下:

$$0 \rightarrow m \cdot \sigma_{con} \xrightarrow{\text{持荷稳压 } t_{min}} m\sigma_{con} \rightarrow \sigma_{con}$$

式中：m——超张拉系数,要求 $m\sigma_{con}$ 不得大于钢材强度标准值的75%,参考值为1.05～1.10;

t——稳压持荷时间,应不少于2min;

σ_{con}——设计张拉力。

5.4.8.6 采用超载安装施工方法,其张拉程序如下:

$$0 \rightarrow n\sigma_{con}$$

式中：n——超载安装系数,参考值为1.05;

σ_{con}——设计张拉力。

5.4.8.7 使用多台轻型千斤顶整体张拉同一锚束时,应保证各台千斤顶同步工作。各台千斤顶的合力点应与锚束轴线重合。

5.4.8.8 使用一台轻型千斤顶分束张拉同一锚束时,必须通过试验确定其张拉顺序和各分束超载安装系数。

5.4.8.9 张拉时,升荷速率每分钟不宜超过设计应力的1/10,卸荷速率每分钟不超过设计应力的1/5。

5.4.8.10 胶结式锚固段必要时可作反复张拉,机械式锚固段严禁反复张拉。

5.4.8.11 预应力锚束张拉结束后,须经抽样验收检查,才能切割预应力钢材的超长部分。预应力钢材切割后在锚具外的外露长度不宜小于20mm。

5.4.8.12 各种锚夹具的内缩量,除设计明确给出外,可参照表5-1的规定选用。

表5-1 张拉端预应力筋的内缩量限值

锚 具 类 别		内缩量限值(mm)
支承式锚具(镦头锚具等)	螺帽缝隙	1
	每块后加垫板的缝隙	1
锥塞式锚具		5
夹片式锚具	有顶压	5
	无顶压	6～8

5.4.8.13 锚索承载力检验：在锚索锁定前,应随机抽取锚索束总数的10%～20%且不少于3束,进行设计锚固力120%的超张拉检测。重大工程可对所有锚索进行相应的超张拉检测。

5.4.9 临时防护

5.4.9.1 预应力钢材在锚束的永久防护完成前,都应做好临时防护。

5.4.9.2 临时防护应符合以下规定：

(1)切断腐蚀源,避免与有害物质直接接触;

(2)防止受潮、受腐蚀气体侵蚀;

(3)禁止将预应力钢材及锚束直接堆放在地面或露天储存;

(4)锚束安放后,应保持围岩孔内水质的pH值大于10。

5.4.9.3 锚束安放后,应及时进行张拉和作永久防护。张拉前,对临时防护措施应定期检查,并确保锚束得到可靠的防护。

5.4.9.4 埋管预留孔所采用的管模焊缝必须完好无损,并经渗漏检查合格后方可敷设、埋入。对管模接头的抗渗要求与管模焊缝相同。

5.4.10 永久防护

5.4.10.1 永久性防护措施可分为有黏结型与无黏结型,且均必须符合设计要求。

5.4.10.2 预应力长期观测孔及其他有特殊要求的锚孔,不得采用有黏结型的永久防护措施。

5.4.10.3 黏结型永久防护的封孔灌浆必须留有排气孔道,以保证封孔灌浆不出现连通气泡、脱空现象。

5.4.10.4 封孔灌浆所用的纯水泥浆,水灰比宜采用0.3~0.4,水泥砂浆水灰比宜采用0.5。

5.4.10.5 封孔灌浆所需水泥浆材,应采用高速搅拌机制浆,集中供浆。

5.4.10.6 向下倾斜锚孔封孔灌浆时,进浆管必须插至孔底,要求以浆排水,不扰动浆液;水平孔与仰孔封孔灌浆时,排气管必须插至孔底,全孔封灌密实。浆液内应掺有微膨胀剂,其掺量应通过试验确定。

5.4.10.7 水平孔及仰孔封孔灌浆时,应密封孔口,浆液不得漏出孔外。

5.4.10.8 采用有压灌浆,最后5m孔段应进行循环灌浆,要求回浆浓度与进浆浓度相同后方能结束灌浆。

5.4.10.9 封孔灌浆必须形成密实完整的保护层。隔离架间距不宜大于2m,隔离架支板外露高度不得小于5mm。

5.4.10.10 封孔灌浆应在锚索张拉锁定后3d内进行。

5.4.10.11 进行封孔灌浆后,用C25混凝土注筑外锚墩,封闭锚头(图5-5),对外锚墩进行保护和永久防锈、防腐处理。

5.4.10.12 无黏结型永久防护涂层与套管材料的技术特性应符合设计要求。

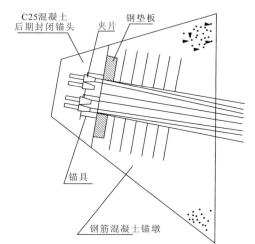

图5-5 混凝土锚墩封闭锚头示意图

5.4.10.13 无黏结型永久防护措施必须可靠、耐久,并且有良好的化学稳定性,孔口应加设防护罩,必须做好防护体系搭接部位的防护,预应力钢材、涂层或套管应伸入锚固段浆体内,其埋入长度不宜小于0.5m。

5.4.10.14 预应力钢材不得与有色金属材料长期接触。

5.4.10.15 临时性工程的防护措施应按设计要求执行。

5.5 施工质量检验

5.5.1 基本要求

5.5.1.1 锚孔的孔位、孔径、孔深、孔斜度、方位角必须符合设计要求。

5.5.1.2 锚索体质量、制作、防护(防腐等)与安入等必须符合设计要求。锚索的制作按附录F.1检查评定。

5.5.1.3 砂浆、混凝土的配合比、强度和注浆管插入深度等应符合设计要求。

5.5.1.4 张拉和锁定荷载必须符合设计要求。锚索的张拉按附录F.1检查评定。

5.5.1.5 锚头墩混凝土强度应符合设计要求。

5.5.1.6 当设计对锚索有特殊要求时,应增做相应的检查验收试验。

5.5.2 检验项目

预应力锚索质量检验项目及标准如表5-2所示。

表 5-2 预应力锚索质量检验标准

序号	类型	检查项目	规定值或允许偏差	检查方法和频率	规定分
1	锚孔	锚孔深度	符合设计要求	实测,全部	3
2		锚孔孔径	符合设计要求	查施工、监理记录	3
3		锚孔孔位与高程(cm)	±10	用经纬仪、水准仪测,查施工、监理记录,全部	4
4		锚孔倾斜度(‰)	±1	查施工时用钻孔测斜仪测量记录,全部	4
5		锚孔方位角	符合设计要求	实测,全部	4
6		内锚段长度	不小于设计值	查施工监理记录	4
7	锚索与锚具	钢绞线	符合设计要求	查质量合格证	3
8		锚具、夹具	符合设计要求	查质量合格证	3
9		钢绞线品种、级别、规格、数量	符合设计要求	查合格证,尺量,全部	3
10		锚索编束的规格、组合形式	符合设计要求	观察,尺量,全部	3
11		锚索长度(mm)	±50	尺量,全部	3
12		自由段防腐处理	符合设计要求	锚索下入前观察,全部	2
13		对中支架、隔离架间距(mm)	±20	观察,尺量,全部	2
14		灌浆管深入长度(mm)	−100	尺量,全部	2
15		钢垫板的品种、规格、质量	符合设计要求	观察,查出厂质量证明书,尺量,全部	2
16	灌浆	浆液原材料	符合设计要求	查质量合格证	7
17		砂浆强度等级	在合格标准内	根据附录H,查试验报告	7
18		灌浆量	不小于理论计算量	观察,查施工记录,全部	9
19		注浆压力	符合设计要求	观察,查施工记录,全部	7
20	张拉锁定	锚索张拉锁定力	符合设计要求	检查预应力张拉施工记录、读压力表压力,业主代表和监理旁站,全部	5
21		分级张拉	符合设计要求	检查预应力张拉施工记录、读压力表压力,业主代表和监理旁站,全部	5
22		锚索伸长率(%)	−5~10	尺量,检查预应力张拉施工记录,全部	5
23		预应力损失(%)	5	复拉读数、应力传感器读数,观察	5
24		锚索回缩量及夹片外露量	符合设计要求	尺量,全部	5

5.5.3 外观鉴定

外锚墩混凝土密实,表面平整,规格一致。不符合要求的扣 2~5 分。

5.6 施工注意事项

5.6.1 预应力锚索定位、成孔、张拉、锁定、注浆等为重要施工工序,监理单位必须旁站监理,必须在监理日志中记录锚孔深度、锚孔孔径、锚孔孔位与高程、锚孔倾斜度、锚孔方位角、内锚段长度等内容。

5.6.2 对于危岩体治理工程,锚索穿过危岩拉张裂缝时,应慎重采用超张拉方法施工。

5.6.3 预应力锚索施工前,必须制定各工序的安全操作规程。

5.6.4 张拉操作人员未经考核不得上岗,张拉时必须按规定的操作程序进行,严禁违章操作。

5.6.5 锚束吊装放束的作业区,严禁其他工种立体交叉作业。

5.6.6 各类锚具在张拉和锚固过程中不得敲击或猛烈振动,严防锚具失效而飞出伤人。

5.6.7 张拉时,千斤顶出力方向的作业区严禁人员进入。

5.6.8 供钻孔、放束、张拉操作的脚手平台必须牢固可靠,并经检查验收后方可使用。

5.6.9 水泥在运输过程中不得受潮。

6 锚　杆

6.1　一般规定

6.1.1　锚杆可用于加固土质、岩质地层的边坡(滑坡),其锚固段置于稳定岩(土)层内,是一种被动防护结构,适用于下滑力较小的情况。

6.1.2　锚杆工程施工前,应严格检查钢材、灌浆材料、防护套管、造孔设备、灌浆设备等材料与器具,必须符合相关规范。

6.1.3　按钻孔→锚杆制作、安放→锚杆运输→安装→注浆→防护的顺序进行施工。

6.1.4　锚杆变形量等应进行检测检验,达到设计要求。

6.2　施工前准备

6.2.1　锚杆工程施工前,应取得有关被锚固岩(土)体和混凝土结构的设计图纸、技术文件及施工条件等资料。

6.2.2　应根据锚固工程的设计条件、场地地层条件和环境条件编制施工组织设计,并根据不同的锚杆类型制定施工工艺细则。

6.2.3　应按设计要求进行锚固性能基本试验,如砂浆试验、强度试验等,以验证设计参数,完善施工工艺。

6.2.4　锚杆工程施工前,操作人员应经过技术培训,持证上岗,未经培训、考核不合格者不得上岗操作。

6.2.5　锚杆工程施工前,应根据设计要求做好钢筋、水泥、砂子的备料工作,并进行进场产品质量送检。同时合理选用钻机机具、机器配套设备。

6.2.6　锚杆工程施工前,应对削方后的岩体表面进行活石和风化层清理,然后依附山体搭设脚手架施工作业平台。

6.2.7　锚杆工程施工前,应了解地下水赋存状况及其化学成分,以确定排水、截水措施以及防腐措施。

6.2.8　锚杆工程施工前,应查明施工区范围内地下埋设物的位置状况,预测锚杆施工对其影响的可能性与后果。

6.3　材料及机具

6.3.1　预应力钢材

6.3.1.1　根据设计要求所选用的预应力锚杆钢筋必须符合《预应力混凝土用钢棒》(GB/T 5223.3—2005)。

6.3.1.2　供货商(厂家)应提供预应力锚杆钢筋的材质证明书、产品合格证、试验检验报告。

6.3.1.3　预应力锚杆钢筋使用前必须经抽样检查,合格后方可使用。

6.3.1.4　预应力锚杆钢筋在起吊、运输、储存过程中不得冲撞、不应受损,并有防雨、防晒、防污染及防腐蚀等措施。

6.3.1.5 在同一部位的预应力工程施工中,宜采用同一品种、型号、规格和同一生产工艺制作的预应力锚杆钢筋。若需要替换预应力锚杆钢筋,必须进行试验和论证。

6.3.1.6 当进行确定锚固段变形参数和应力分布的试验时,锚固段长度应取设计锚固长度;每种试验锚杆数量不得少于3根。

6.3.2 灌浆材料

同 5.3.2。

6.3.3 造孔设备

同 5.3.4。

6.3.4 灌浆设备

同 5.3.5。

6.3.5 锚 具

同 5.3.6。

6.3.6 张拉机具

同 5.3.7。

6.4 施 工

6.4.1 钻 孔

6.4.1.1 施工前,应清除岩面松动石块,整平墙背坡面。

6.4.1.2 根据设计要求和土层条件,定出孔位,作出标记。锚孔轴线应准确,孔口位置允许偏差为$-50\sim+50$mm,钻孔轴线与设计轴线的偏差应小于3%孔长,孔深允许偏差为$+200$mm;相邻锚孔间距应符合设计规定。

6.4.1.3 钻机就位后,应保持平稳,导杆或立轴与钻杆倾角一致,并在同一轴线上。

6.4.1.4 根据土层条件可选择岩心钻进,也可选择无岩心钻进;为了配合跟管钻进,应配备足够数量的长度为0.5～1.0m的短套管。

6.4.1.5 在钻进过程中,应精心操作,合理掌握钻进参数,合理掌握钻进速度,不应损伤岩体结构,以免岩层裂隙扩大造成坍孔和注浆困难,防止埋钻、卡钻等各种孔内事故。一旦发生孔内事故,应争取一切时间尽快处理,并备齐必要的事故打捞工具。

6.4.1.6 为增强锚杆的抗拔能力,在钻孔过程中可将锚固部分或锚孔底部用小量爆破成葫芦状。

6.4.1.7 钻孔完毕后,应将孔内岩粉碎屑等杂物排除干净,保持孔内干燥及孔壁干净粗糙,用清水把孔底沉渣冲洗干净,直至孔口清水返出。

6.4.2 锚杆制作、安放

6.4.2.1 钢筋锚杆杆体的制作应符合下列规定:
(1)土层锚杆用的拉杆一般为粗钢筋;
(2)制作前钢筋应平直、除油和除锈;
(3)当HRB钢筋接长采用焊接时,双面焊接的焊缝长度不应小于5d。精轧螺纹钢筋、中空钢筋接长应采用专用联接器。

6.4.2.2 沿锚杆杆体轴线方向每隔1.5～2.0m应设置一组定位支架。定位支架用钢筋加工,每组由焊接在锚杆杆体上的3个相互之间夹角为120°的细钢筋构成。锚杆定位支架大样如图6-1所示。

6.4.2.3 注浆管、排气管应与锚杆杆体绑扎牢固。

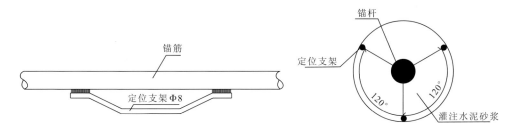

图 6-1　锚杆定位支架布置示意图

6.4.2.4　可重复高压注浆锚杆杆体的制作,还应符合下列规定:
(1)应安放可重复注浆套管和止浆密封装置;
(2)止浆密封装置应设置在自由段与锚固段的分界处,密封装置两端应牢固绑扎在锚杆杆体上,在被密封装置包裹的注浆套管上至少应留有一个进浆阀。

6.4.2.5　锚杆杆体的安放应符合下列规定:
(1)在杆体放入钻孔前,应检查杆体的加工质量,确保满足设计要求。
(2)安放杆体时,应防止扭压和弯曲。注浆管宜随杆体一同放入钻孔。杆体放入孔内应与钻孔角度保持一致。
(3)安放杆体时,不得损坏防腐层,不得影响正常的注浆作业。
(4)全长黏结型杆体插入孔内的深度不应小于锚杆长度的 95%。杆体安放后,不得随意敲击,不得悬挂重物。

6.4.3　锚杆运输、安装

同 5.4.4。

6.4.4　锚孔注浆

6.4.4.1　根据锚孔部位和方向,可采用先注浆后插杆或先插杆后注浆的施工方法。采用后一种方法施工时,在插杆的同时应安装排气管,排气管距孔底 50~100mm。

6.4.4.2　注浆管制作应符合下列要求:
(1)当采用一次注浆时,注浆管长度应比锚杆长度长 500mm;当采用二次注浆时,二次注浆管长度应比一次注浆管长度短 500mm。
(2)注浆管接头宜采用外缩节,注浆管与锚杆应固定。
(3)注浆管管口 1.0~1.5m 长度内宜做成梅花管,其孔眼间距宜为 100~120mm。

6.4.4.3　在注浆锚孔孔口加一段长度不小于 30cm 的 Φ100mmPVC 管。将 PVC 管插入孔口,并高出地面 20cm。注浆至孔口时,让浆液注满 PVC 管,以保证露出地面的锚杆有足够的砂浆保护层。

6.4.4.4　土层锚杆注浆可采用水泥浆或水泥砂浆。水泥宜采用普通硅酸盐水泥。当地下水有腐蚀性时,应在水质化验后确定注浆材料。

6.4.4.5　注浆材料应根据设计要求确定,不得对杆体产生不良影响。宜选用灰砂比 1∶0.5~1∶1 的水泥砂浆或水灰比 0.45~0.50 的纯水泥浆,必要时可加入一定量的外加剂或掺合料。

6.4.4.6　锚孔围岩灌浆应分段进行,段长不宜大于 8m,注浆应按分序加密的原则进行,可分为一次注浆法和二次注浆法。

6.4.4.7　同一地段的注浆必须按先围岩注浆固结、后锚固注浆的顺序进行。

6.4.4.8　围岩注浆固结不宜简单重复,若效果不能达到设计要求时,应采取其他补救措施。

6.4.4.9　锚孔注浆应采用单钻单灌,如发现严重串孔,应会同设计人员采取有效补救措施。

6.4.4.10　一次注浆法。一次注浆时,将一根钢管和胶皮管作为导管,导管一端与压浆泵相连,另一端与拉杆同时送入孔底,注浆管端保持距孔底 150mm。随着水泥砂浆的注入,应逐步把注浆管往外拔出,但管口要始终埋在砂浆中。当用压缩空气注浆时,注浆压力为 0.4MPa 左右,至注满锚固段。

6.4.4.11 二次注浆法。二次注浆法用两根注浆管,先注入锚固段,待浆液初凝后,对锚固段进行张拉,然后再注入自由段,使锚固段与自由段界限分明。可重复高压注浆锚杆的注浆还应符合下列规定:

(1)二次注浆材料宜选用水灰比 0.45～0.50 的纯水泥浆;

(2)止浆密封装置的注浆应待孔口溢出浆液后进行,注浆压力不宜低于 2.0MPa;

(3)一次注浆结束后,应将注浆管、注浆枪和注浆套管清洗干净;

(4)对锚固体的二次高压注浆,应在一次注浆形成的水泥结石体强度达到 5.0MPa 后进行。注浆压力和注浆时间可根据锚固段的体积确定,并分段一次由下至上进行。

6.4.4.12 注浆作业开始和中途停止较长时间,再作业时宜用水或稀水泥浆润滑注浆泵及注浆管路。

6.4.4.13 锚杆注浆应遵守下列规定:

(1)使用能够连续注浆的锚杆注浆机或砂浆泵,出口压力应能达到 1.0MPa,输送能力应大于 0.7m^3/h;

(2)采用先注浆后插杆的施工方法时,注浆管应插到孔底,然后退出 50～100mm 开始注浆,注浆管随砂浆的注入缓慢匀速拔出,使孔内填满砂浆;

(3)采用先插杆后注浆的方法时,待排气管出浆时方可停止注浆;

(4)如遇塌孔或孔壁变形,注浆管插不到孔底时,应对锚杆孔进行处理,使注浆管能顺利插到孔底,必要时应补打锚孔或使用自钻式锚杆;

(5)注浆工艺须经注浆密实性模拟试验,密实度检验合格后方能在工程中实施。

6.4.4.14 注浆浆液应搅拌均匀,随搅随用,并在初凝前用完。严防石块、杂物混入浆液。

6.4.4.15 浆体强度检验用的试块每 30 根锚杆不应少于一组,每组不应少于 6 个试块。

6.4.5 特殊型式锚杆施工

6.4.5.1 缝管式锚杆的施工应遵守下列规定:

(1)钻孔前应检查钻头规格,确保孔径符合设计要求;

(2)可使用风动凿岩机和专用联接器将杆体推入钻孔中,并保证杆体和钻孔同轴、托板和岩面紧密接触。

6.4.5.2 水胀式锚杆的施工应遵守下列规定:

(1)孔径与孔深必须满足锚杆的安装要求;

(2)检查注水设备使其处于正常工作状态;

(3)装好注水管并用安装棒将锚杆送入钻孔中,使托板贴紧岩面;

(4)向杆体注水时应保证注水压力值稳定。

6.4.5.3 花管注浆锚杆的施工应遵守下列规定:

(1)杆体长度应符合设计要求,管径及管壁厚度可由计算决定,钻孔深度应超过杆体长度 100mm。

(2)花管段长度可取杆长的 1/3～1/4。在花管段沿管轴线方向每隔 10cm 打一对穿孔,孔径为 6～8mm,相邻两对穿孔轴线应旋转 90°。

(3)花管段端部宜做成锥角不大于 45°的尖端。杆体的外露段可有 100～150mm 的管螺纹。

(4)托板尺寸应满足设计要求,托板上锚杆孔附近应设置直径 12mm 的排气孔。

(5)宜采用添加早强剂、减水剂、膨胀剂的水泥浆,水泥浆的性能应满足设计要求。由杆体内注浆,待排气管出浆时封堵排气管,并继续灌注至注浆泵压力为 0.2MPa 时稳压 3min 后停止灌注,封堵钢管口。

6.4.5.4 自钻式注浆锚杆施工时应遵守下列规定:

(1) 在易于卡钻或塌孔的地质地段,宜使用自钻式注浆锚杆;

(2) 自钻式注浆锚杆使用前应检查钻头、钻杆排水或排气是否通畅,如有堵塞应处理通畅后方可使用;

(3) 自钻式注浆锚杆注浆应遵守本技术要求的规定。

6.4.6 预应力锚杆

6.4.6.1 锚固体与台座混凝土强度均大于15MPa时(或注浆后至少有7d的养护时间),方可进行张拉。

6.4.6.2 张拉前要校核千斤顶,清擦孔内油污、泥砂。

6.4.6.3 张拉力要根据实际所需的有效张拉力和张拉力的可能松弛程度而定,一般按设计轴向力的75%～85%进行控制。

6.4.6.4 锚杆张拉前至少先施加一级荷载(即1/10的锚拉力),使各部位的接触紧密,杆体完全平直,保证张拉数据准确。

6.4.6.5 锚杆张拉时,分别在拉杆上、下部位安设两道工字钢或槽钢横梁,与护坡墙(桩)紧贴。

6.4.6.6 张拉用穿心式千斤顶。宜先用小吨位千斤顶拉,使横梁与托架伏贴,然后再换大千斤顶进行整排锚杆的正式张拉。宜采用跳拉法或往复式拉法。

6.4.6.7 锚杆张拉至1.1～1.2倍设计轴向拉力值时,土质为砂土时保持10min,为黏性土时保持15min,然后卸荷至锁定荷载进行锁定作业。

6.4.6.8 当张拉到设计荷载时,拧紧螺母(图6-2),完成锚定工作。

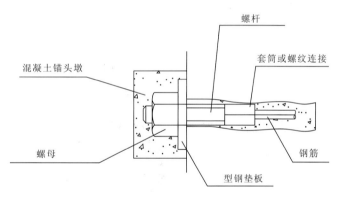

图6-2 预应力锚杆连接形式示意图

6.4.6.9 锚杆锁定应采用符合规范的锚具。

6.4.6.10 锚杆锁定后,若发现有明显预应力损失时,应进行补偿张拉。

6.4.6.11 永久性锚杆张拉后,应对锚头和锚杆自由段间的空隙进行补浆。

6.4.6.12 按照设计混凝土强度和锚头墩尺寸浇注防护锚墩。

6.5 施工质量检验

6.5.1 基本要求

6.5.1.1 锚孔的孔位、孔径、孔深、孔斜度、方位角必须符合设计要求。

6.5.1.2 锚杆杆体质量、制作、防护(防腐等)与安入等必须符合设计要求。

6.5.1.3 砂浆、混凝土的配合比,强度和注浆管插入深度等应符合设计要求。

6.5.1.4 当设计对锚杆有特殊要求时,应增做相应的检查验收试验,验收试验参照附录G.3执行。

6.5.1.5 当检查验收时,验收锚杆有不合格的,则应按锚杆总数的30%重新抽检;若再有锚杆不合格时,应全数进行检验。

6.5.1.6 锚杆总变形量应满足设计允许值,且应与地区经验基本一致。

6.5.2 检验项目

锚杆质量检验项目及标准如表6-1所示。

表6-1 锚杆质量检验标准

序号	类型	检查项目	规定值或允许偏差	检查方法和频率	规定分
1	材料	钢筋原材料	符合设计要求	根据附录C,查质量合格证,复验报告	7
2		砂浆原材料	符合设计要求	根据附录C,查质量合格证,复验报告	7
3		砂浆强度等级	在合格标准内	根据附录H,查砂浆强度试验报告	8
4		锚固段岩体完整性和强度	符合设计要求	见证取样检测,查岩土力学性能报告,同场地取样不少于3组	6
5	锚孔	锚杆孔深(mm)	0~100	尺量,全部	5
6		锚杆孔径	不小于设计要求	尺量,检查钻头直径	5
7		孔位(mm)	±100	尺量,全部	6
8		锚孔倾斜度(%)	±1	查施工时钻孔测斜记录,全部	6
9		锚孔方位角	符合设计要求	实测,全部	6
10	锚杆	锚杆抗拔力	符合设计要求	查拉拔试验报告,锚杆数3%且不少于3根	7
11		锚杆锚定力	平均拔力≥设计值,最小拔力≥0.9倍设计值	查实验报告,锚定数量1%且不少于3根	7
12		锚固段长度	符合设计要求	尺量,全部	6
13		锚杆长度(mm)	±30	尺量,全部	6
14		锚杆插入深度(mm)	−30	尺量,全部	6
15		锚杆实际注浆量	大于理论计算浆量	观察,查施工记录,全部	6
16		锚垫板	与岩面紧贴	观察,全部	6

6.5.3 外观鉴定

锚杆端头砂浆应密实、平整,规格一致。不符合要求的扣2~5分。

6.6 施工注意事项

6.6.1 锚杆定位、成孔、锚杆制作、安放、运输、安装、注浆等为重要施工工序,监理单位必须旁站监理,需在监理日志中记录锚孔深度、锚孔孔径、锚孔孔位与高程、锚孔倾斜度、锚孔方位角、内锚段长度等内容。

6.6.2 锚杆施工前,必须制定各工序的安全操作规程。

6.6.3 锚杆吊装放杆的作业区,严禁其他工种立体交叉作业。

6.6.4 供钻孔、放杆操作的脚手平台,必须牢固可靠,并经检查验收后方可使用。

7 注浆加固

7.1 一般规定

7.1.1 注浆加固适用于以岩石为主的滑坡、崩塌堆积体、岩溶角砾岩堆积体以及松动岩体,通过对其压力注浆,以固结围岩或堆积体,从而改善岩土体结构及性能,提高其稳定性。

7.1.2 注浆加固工程施工前,应严格检查注浆材料、造孔设备、注浆设备等材料与器具,必须符合相关规范。

7.1.3 按钻孔→插管→配置浆液→封孔、注浆→注浆效果检验的顺序进行施工。

7.1.4 注浆材料的品种、性能、浆液配合比,注浆钻孔的布置、孔径、孔深、偏斜率以及注浆压力等应进行检测检验,以达到设计要求。

7.2 施工前准备

7.2.1 注浆加固工程施工前,应备齐有关加固工程的设计图纸、技术文件及施工条件等资料。

7.2.2 应根据注浆加固工程的设计条件、场地地层条件和环境条件编制施工组织设计,并根据不同的注浆技术制定施工工艺细则。

7.2.3 注浆前必须进行注浆试验,检验并修正施工技术参数,如注浆半径、水灰比等。

7.2.4 注浆工程施工前,操作人员应经过技术培训,持证上岗。未经培训、考试不合格者不得上岗操作。

7.2.5 注浆工程施工前,应根据设计要求做好原材料、溶剂、外加剂等注浆材料的备料工作,并进行进场产品质量送检。根据施工现场地质情况,合理选用钻机机具、机器配套设备,并检查所选钻机、搅拌机、注浆泵等设备是否正常。

7.2.6 注浆工程施工前,根据测量放样结果进行钻机定位,对场地稍作平整(不改变原自然坡度),搭设脚手架施工作业平台。

7.2.7 根据设计图纸测量放样,确定注浆范围和注浆孔位置,测出各注浆孔处地表标高,计算各注浆孔深度,并对每个注浆孔编号,编号应与图纸、记录一一对应。

7.2.8 注浆施工前,应了解地下水赋存状况及其化学成分,以确定排水、截水措施以及防腐措施。

7.2.9 注浆工程施工前,应查明施工区范围内地下埋设物的位置状况,预测注浆加固施工对其影响的可能性与后果。

7.3 材料及机具

7.3.1 注浆材料

7.3.1.1 注浆材料由主剂、溶剂、外加剂混合而成。

7.3.1.2 主剂。主剂分为粒状材料和化学材料,其中粒状材料包括水泥浆、黏土浆、水泥黏土浆等,化学材料包括水玻璃类、丙烯酰胺类、聚氨酯类、丙烯酸盐类、木质素类、尿醛树脂类、环氧类树脂等。

7.3.1.3 溶剂。溶剂分为水或其他溶剂。

7.3.1.4　外加剂。外加剂包括固化剂、稳定剂等。

7.3.2　造孔设备

7.3.2.1　钻机。造孔设备应根据工程规模、环境条件、岩石特性、注浆设计参数和施工工艺要求，选用技术先进、整机性能稳定可靠、安装定位方便、能适应复杂地质条件的钻机。

7.3.2.2　钻具。钻具应配有导向机构，运转平稳，易于控制钻孔精度。

7.3.2.3　测斜仪器。测斜仪器应能满足造孔精度的要求。

7.3.3　注浆设备

7.3.3.1　注浆设备主要包括搅拌机、混合器、注浆泵、止浆塞和配套仪表等，它是制备和输送浆液的系统，是使浆液进入围岩的动力源。

7.3.3.2　选用的注浆设备须与注浆的浆液类型、浓度及施注强度相适应，并能保证稳定、均匀、连续注浆。

7.3.3.3　制浆设备应采用高速搅拌机，以提高浆液的均匀性，增加其流动度和可注性。

7.3.3.4　混合器是双液注浆中使两种浆液混合的器具。经混合器混合，浆液发生物理化学反应。

7.3.3.5　注浆泵的排浆量应能满足注浆强度的需要，压力稳定。

7.3.3.6　止浆塞通常分为机械式止浆塞、水力膨胀式止浆塞两类，是实现分段注浆、合理使用注浆压力、有效控制浆液分布范围和保证注浆质量的必备附属装置。

7.3.3.7　注浆泵配套的压力表须经校验合格，其量程应与设计最大注浆压力相适应。

7.4　施　　工

7.4.1　钻　孔

7.4.1.1　钻孔深度取决于滑体的厚度以及所要求的斜坡稳定性。以提高滑带抗剪强度为目的的灌浆钻孔应穿过滑带。

7.4.1.2　钻孔的孔深、孔径均不得小于设计值，钻孔的倾角、方位角应符合设计要求。

7.4.1.3　当孔位受建筑物或地形条件限制无法施工时，应会同设计人员拟定新孔位。

7.4.1.4　严格校验开孔时钻具的倾角及方位角，不得对设计的倾角作任何修改。

7.4.1.5　钻孔过程中应加强钻具的导向作用，及时检测孔斜误差，并视钻孔需要合理采取纠偏措施。

7.4.1.6　造孔采用机械回转或潜孔锤钻进，严禁采用泥浆护壁。土体宜干钻，岩体可采用清水或空气钻进。

7.4.1.7　钻孔设计孔径为91～130mm，宜用130mm开孔。

7.4.1.8　做好地质编录，尤其是遇洞穴、塌孔、掉块、漏水等情况时应进行详细编录。

7.4.2　插管

钻孔钻至设计深度，钻杆不取出，利用它作为注浆管。

7.4.3　配置浆液

7.4.3.1　按设计配合比配置浆液，充分搅拌均匀，分别储存，及时注入。

7.4.3.2　可根据实际情况调整配合比。具体参数通过现场注浆试验确定。

7.4.4　封孔、注浆

7.4.4.1　按岩土地层揭露先后进行注浆施工，可采用预注浆或后注浆。

7.4.4.2　注浆压力以不掀动岩体为原则。一般采用1.0～8.0MPa，并按1.0、2.0、2.5、3.0、3.5、4.0、5.0、6.0、8.0不同级别压力逐级增大。

7.4.4.3 当注浆在规定压力下,注浆孔(段)注入率小于 0.4L/min 并稳定 30min 时即可结束。

7.4.4.4 双管法灌浆:浆液从内管压入,外管返浆。浆液注入后,通过返浆管检查止浆效果、测压及控制注浆压力,通过胶塞挤压变形止浆。

7.4.4.5 单管法灌浆:利用高压灌浆管直接向试段输浆,可利用胶塞止浆。

7.4.4.6 采用自上而下分段注浆法:每段 4m,孔口至地下 1~2m 留空。

7.4.5 注浆效果检验

7.4.5.1 设置测试孔,用声波法对注浆前后的岩土体性状进行检测,作垂向单孔和水平跨孔检测。要求如下:

(1)用作检测注浆效果的观测孔跨孔间距宜为注浆孔间距的 1~2 倍;

(2)注浆前须对岩土体进行声波测试,提供加固前波速;灌浆后 28d,应对岩土体进行波速测试,提供灌浆后波速的增加值。根据需要,亦可增加灌浆后 7d 声波测试。

7.4.5.2 注浆养护期满后,在建筑物修建前,应对灌浆岩体进行静载试验,提供岩土体的极限和允许承载力指标,必要时可进行岩土体变形试验。

7.4.5.3 用钻探取样进行室内岩土体力学参数试验。

7.5 施工质量检验

7.5.1 基本要求

7.5.1.1 注浆范围(平面、垂向)、注浆钻孔的孔位、孔径、孔深和偏斜率等必须符合设计要求。

7.5.1.2 注浆材料的品种、性能、浆液配合比及注浆压力等应符合设计要求。

7.5.1.3 注浆加固后岩土体质量检测孔(点)数为注浆孔总数的 5%~10%,且不少于 5 孔(点)。检测方法用钻取芯样法或其他有效的方法。

7.5.2 检验项目

注浆加固质量检验项目及标准如表 7-1 所示。

表 7-1 注浆加固质量检验标准

序号	类型	检查项目	规定值或允许偏差	检查方法和频率	规定分
1	材料	原材料质量	符合设计要求	查质量证明书及复验报告	15
2		水泥浆水灰比	符合设计要求	观察,查监理、施工记录	15
3	注浆孔	孔位(cm)	±10	用经纬仪测,抽查 2%	12
4		孔深(cm)	±20	查施工、监理记录	12
5		钻孔偏斜率(%)	≤3	查施工、监理记录	9
6	注浆	灌浆饱满度	溢浆	观察	12
7		注浆压力	符合设计要求	查施工、监理记录	25

7.5.3 外观鉴定

加固范围内,注浆孔口部位回填处理效果好。有缺陷的扣 3~5 分。

7.6 施工注意事项

7.6.1 注浆加固施工中配制浆液、封孔、注浆为重要施工工序,监理单位必须旁站监理,需在监理日志中记录注浆压力、孔位、孔深、钻孔偏斜率等内容。

7.6.2 提高封孔质量,保证注浆时不跑浆。

7.6.3 钻孔过程中遇到破碎带、钻杆难以拔出、极易塌孔时,应采用水泥砂浆固结破碎带。

7.6.4 地表注浆是一项复杂、技术要求高的工艺,应选用钻孔、注浆技术熟练的工人和技术管理干部从事施工和管理,以保证施工质量。

7.6.5 对钻孔和注浆施工应采取动态管理,严格按照要求和地质情况实施钻孔、注浆、检查、记录,并及时分析、反馈。

8 抗滑桩

8.1 一般规定

8.1.1 抗滑桩可用于增加滑坡体的稳定性、加固斜坡。一般布置于滑坡体厚度较薄、推力较小,且嵌岩段地基强度较高的地段。抗滑桩分为悬臂式抗滑桩和锚拉式抗滑桩。悬臂式抗滑桩属于被动支护结构,适用于弯矩较小的情况。当弯矩较大时,采用预应力锚拉桩这种主动支护结构,通过锚索(杆)和桩共同工作,改善岩土应力状态,提高岩土抗剪强度,增强滑坡体的稳定性。

8.1.2 抗滑桩工程施工前,应严格检查钢材、灌浆材料、防护套管、造孔设备、灌浆设备、锚具、张拉设备等材料与器具,必须符合相关规范。

8.1.3 按桩孔开挖→地下水处理→护壁→钢筋笼制作与安装→预应力锚索(杆)预留孔→混凝土灌注→混凝土养护→预应力锚索(杆)施工的顺序进行施工。

8.1.4 抗滑桩的桩位、方位角、横断面尺寸、桩身倾斜度、桩底(顶)高程、预应力锚索(杆)长度、预应力吨位、锚头混凝土强度等应进行检测检验,以达到设计要求。

8.2 施工前准备

8.2.1 抗滑桩工程施工前,应备齐有关滑坡治理工程的设计图纸、技术文件和施工条件等技术资料。

8.2.2 应根据抗滑桩工程的设计条件、场地地层条件和环境条件编制施工组织设计,并根据不同的抗滑桩类型制定施工工艺细则。

8.2.3 对于钻孔岩心揭露的滑带深度有争议的,可先进行探治结合桩施工,探治结合桩的数量不少于两个,以便核对地质资料,检验所选的设备、施工工艺以及技术要求是否适宜,同时检验并修正施工技术参数或变更设计。

8.2.4 操作人员应经过技术培训,持证上岗,未经培训、考核不合格者不得上岗操作。

8.2.5 应根据设计要求做好砂、碎石等地材和钢筋、水泥等材料的备料工作,并进行进场产品质量送检。同时合理选用卷扬机、搅拌机等机具机器配套设备。

8.2.6 应对削方后的岩体表面进行活石和风化层清理,做好坡体防护,防止滚石掉入桩孔内,必要时依附山体搭设脚手架等施工作业平台。

8.2.7 应了解地下水赋存状况及其化学成分,以确定开挖桩孔排水、防腐措施,以及地表截(排)水措施。

8.2.8 应查明施工区范围内地下埋设物的位置状况,预测抗滑桩施工对其影响的可能性与后果。

8.3 材料及机具

8.3.1 工程所采用的混凝土的类别和强度等级应符合设计规定。砂料宜采用中砂或粗砂。

8.3.2 当采用硅酸盐、普通硅酸盐水泥和矿渣硅酸盐、火山灰质硅酸盐、粉煤灰硅酸盐水泥时,应符合附录C的规定。

8.3.3 水泥应按不同厂家、强度等级、品种,分批、分堆建库存放,防止日晒、风吹、受潮,且不宜和其他化学药品、糖类及有挥发性物质混在一起。

8.3.4 施工中所用的钢筋,其钢材数量、种类、直径等均应符合设计要求。存放时要做好防锈措施。所有力学性能的主要技术指标要符合附录 C.6 的规定。

8.3.5 钢筋应按类型、钢号、直径分别挂牌存放,宜架空地面 30cm 以上,并建库妥善遮盖,避免锈蚀和污染,存放时应对钢筋外表的缺陷进行检查。

8.3.6 拌制混凝土用水中不应含有可能影响水泥正常凝结与硬化的有害物质。污水或 pH 值小于 4 的酸性水,硫酸盐含量按 SO_4^{2-} 质量计超过 $0.27mg/cm^3$ 的水,均不能使用。

8.3.7 在施工过程中,可根据情况在混凝土中掺入与其用途相适配的外加剂。

8.3.8 开挖桩孔护壁钢模板数量、质量应符合设计要求,其性能的主要技术指标要符合附录 C.6 的规定。

8.3.9 锚拉抗滑桩所用钢材、防护套管、灌浆材料、造孔设备、灌浆设备、锚具、张拉设备等材料及器具同预应力锚索施工技术中的 5.3 条。

8.3.10 在选定施工机械时,应根据场地条件、开挖桩孔的土质情况以及岩石强度、搬运距离、工程规模和工期来确定。施工中可能涉及的施工机械如表 8-1 所示。

表 8-1 施工机械列表

作业种类	施工机械
开挖	挖掘机、推土机等
搬运	卷扬机、推土机、小型翻斗卡车等
铺摊、整平	微型推土机等
凿岩	风钻等
混凝土灌注	混凝土搅拌机、混凝土传输机
其他	发电机、电焊机、钢筋加工设备等

8.3.11 材料、构件、设备等到位且检验合格后,监理方可发布工程开工令。发电机到位且检验合格后,监理方可下达开始对抗滑桩进行混凝土灌注的指令。

8.4 施 工

8.4.1 桩孔开挖及锁口梁施工

放线定位,开挖桩孔。多以人工开挖为主,孔口必须浇注钢筋混凝土锁口梁,以防止地表水、雨水流入桩孔内,并防止地面孔口松散物坍塌至桩孔中。锁口应高出地面至少 30cm,宽度不宜小于 40cm。锁口梁结构如图 8-1 所示。

8.4.2 桩身开挖及护壁施工

8.4.2.1 开挖桩孔应按由浅至深、由两侧向中间的顺序施工,从两端沿抗滑桩主轴线间隔 1~2 孔开挖。桩身强度不低于 75% 时可开挖邻桩,一般为桩身混凝土灌注完毕 1d 后,方可进行邻桩开挖。

8.4.2.2 弃渣可用卷扬机吊起。吊斗的活门应有双套防开保险装置。吊出后应立即运走,不得堆放在滑坡体上推力范围,防止诱发次生灾害。开挖爆破应采取减震措施。

8.4.2.3 为确保开挖施工安全和孔壁质量要求,应采用分节开挖,每节高度宜为 0.6~2.0m,挖一节立即支护一节。禁止在滑动面或土石层变化处分节。

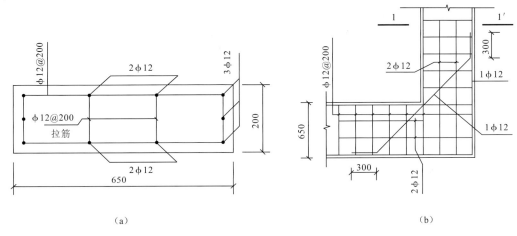

图 8-1 锁口梁结构示意图
(a)锁口梁结构 1—1'断面图 1∶10;(b)锁口梁转角处结构详图 1∶40

8.4.2.4 根据岩土体的自稳性、可能日生产进度和模板高度,计算确定一节最大开挖深度。一般自稳性较好的可塑—硬塑状黏性土、稍密以上的碎块石土或基岩中为 1.0~1.2m;软弱的黏性土或松散的、易垮塌的碎石层为 0.5~0.6m;垮塌严重段宜先注浆后开挖。

8.4.2.5 开挖应在上一节护壁混凝土终凝后进行,护壁混凝土模板的支撑应在混凝土强度达到能保持护壁结构不变形后方可拆除,一般为灌注 24h 以后。每开挖一节,做好该节护壁,护壁各节纵向钢筋应焊接连接,禁止简单绑扎。护壁厚度应满足设计要求,护壁混凝土应紧贴围岩灌注,灌注前应清除孔壁上的松动石块、浮土。当围岩较松软、破碎、有水时,护壁宜设泄水孔。在围岩松软、破碎和有滑动面的节段,应在护壁内顺滑动方向用临时横撑加强支护,并经常观察其受力情况,及时进行加固。

8.4.2.6 护壁后的桩孔应保持垂直、光滑,必须保证护壁不侵入桩截面净空以内。桩孔开挖过程中应随时校准其垂直度和净空尺寸。必须严格控制成孔质量,孔位偏差不大于 10cm,孔径不小于设计桩径,倾斜度不大于 0.5%,孔深不小于设计孔深。桩孔护壁结构如图 8-2 所示。

8.4.2.7 施工单位和监理单位应在施工日志及监理日志中对桩身孔开挖横截面尺寸(长和宽或直径)、深度、孔斜等质量检验指标进行记录。

8.4.2.8 每开挖一段应及时进行岩性编录,仔细核对滑面(带)情况,综合分析研究。若实际位置与设计有较大出入,应将发现的异常及时向建设单位和设计人员报告,及时变更设计。桩孔开挖见滑面(带),应由施工、监理、设计、勘查、建设单位"五方"代表现场确认签字。

8.4.2.9 桩孔开挖至设计深度,必须经施工、监理、设计、勘查、建设单位"五方"代表现场确定签字后方可终孔。

8.4.2.10 确定终孔后,应立即对桩孔底进行清理,做 10cm 厚的砂浆垫层,以防止纵向钢筋直接置入桩孔残存渣石中无保护层而锈蚀。

8.4.3 地下水处理

桩孔开挖过程中应及时排除孔内积水。当滑体富水性较差时,可采用坑内直接排水;当滑体富水性好、水量很大时,宜采用桩孔外管泵降排水。

8.4.4 钢筋笼制作与安装

8.4.4.1 钢筋笼的制作。现场条件允许时,可孔外预制成型,或在孔外预制箍筋笼,在孔内吊放竖筋并安装。若进行孔内制作钢筋笼,必须考虑焊接时的通风排烟。

8.4.4.2 根据适用条件,抗滑桩钢筋焊接的接头应采用双面搭接焊、对焊或冷挤压。接头点必须

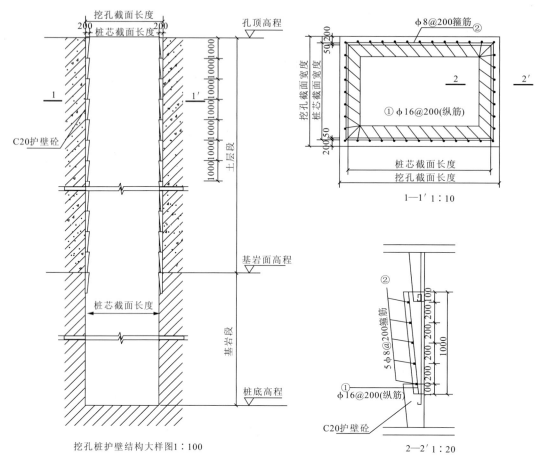

图 8-2 桩孔护壁结构示意图

错开,不得在同一平面上。焊接方法应按设计和附录 E 中表 E-1 钢筋焊接方法执行。纵向受力竖筋不得采用电渣压力焊。

8.4.4.3 纵向受力竖筋接头也可采用丝扣连接,连接方法应按设计和附录 E 中表 E-2 钢筋机械连接方法执行。

8.4.4.4 钢筋接头力学强度必须达到设计要求。正式加工前,必须将钢筋焊接接头、套筒连接接头由监理见证取样送检。接头力学强度经检测达到设计要求的方可使用。

8.4.4.5 竖筋的连接处不得放在土石分界和滑动面(带)处。

8.4.4.6 若孔内渗水量过大,应采取措施强行排干积水,以确保钢筋笼的制作质量。

8.4.4.7 钢筋笼的制作应考虑预应力锚索(杆)的施工,在锚索(杆)周围的钢筋笼应设置加强筋。

8.4.5 混凝土灌注

8.4.5.1 灌注前,应检查断面净空,清洗混凝土护壁。

8.4.5.2 所准备的材料应满足单桩连续灌注,桩身混凝土灌注必须连续进行,不得留施工缝。必须严格按照送检试验综合确定的配合比搅拌混凝土,并做坍落度试验,监理须见证采样,并送检混凝土试块作抗压强度试验,填写混凝土开盘鉴定单。

8.4.5.3 当采用干法灌注时,混凝土应通过串筒或导管注入桩孔,串筒或导管的下口与混凝土面的距离为 1~3m。

8.4.5.4 当采用水下灌注时,灌注导管应位于桩孔中央,底部设置性能良好的隔水栓。导管直径宜为 250~350mm。导管使用前应进行试验,检查水密、承压和接头抗拉、隔水等性能。进行水密试验的水压不应小于孔内水深的1.5倍压力。

8.4.5.5 桩身混凝土,每连续灌注0.5～0.7m,应插入振动器振捣密实一次。

8.4.5.6 若孔底积水深度大于100mm,但有条件排干时,应尽可能采取增大抽水能力或增加抽水设备等措施进行处理。

8.4.5.7 桩身混凝土灌注过程中,必须由监理见证取样做混凝土试块。每根桩、每搅拌100m³或每一工作班制取试块不少于2组。桩长20m以上者不少于3组;桩径大、浇注时间很长时,不少于4组。若换工作班,每工作班应制取2组。

8.4.5.8 若孔内积水难以排干,采用水下灌注方法进行混凝土施工,应符合下列规定:

(1)水下混凝土必须具有良好的和易性,其配合比按计算和试验综合确定。水灰比宜为0.5～0.6,坍落度宜为160～200mm,砂率宜为40%～50%,水泥用量不宜少于350kg/m³,以保证桩身混凝土质量。

(2)为使隔水栓能顺利排出,导管底部至孔底的距离宜为250～500mm。

(3)导管初次埋置深度在0.8m以上,有足够的超压力使管内混凝土顺利下落并将管外混凝土顶升。

(4)灌注开始后应连续地进行,每根桩的灌注时间不应超过表8-2的规定。

(5)灌注过程中应经常探测井内混凝土面位置,力求导管下口在混凝土中的埋深在2～3m,不得小于1m。

(6)对灌注过程中从井内溢出物,应引流至适当地点处理,防止污染环境。

表8-2 单根抗滑桩的水下混凝土灌注时间表

灌注量(m³)	<50	100	150	200	250	≥300
灌注时间(h)	≤5	≤8	≤12	≤16	≤20	≤24

8.4.5.9 若桩孔壁渗水并有可能影响桩身混凝土质量时,灌注前宜采取下列措施予以处理:

(1)使用堵漏技术堵住渗水口;

(2)使用胶管、积水箱(桶),并配以小流量水泵排水;

(3)若渗水面积大,应采取其他有效措施堵住渗水;

(4)如果采用预应力锚索(杆)抗滑桩,浇注桩身混凝土时,可采用PVC管预留预应力锚索(杆)孔位。

8.4.6 混凝土养护

对已浇注完毕的抗滑桩应及时派专人用麻袋、草帘加以覆盖并浇清水进行养护,养护期在7d以上。

8.4.7 预应力锚索施工

8.4.7.1 如果采用预应力锚索抗滑桩结构,在混凝土浇注至桩顶锚索穿桩位置时,按照设计要求放置防护套管(图8-3)。防护套管直径、放置位置、与水平面夹角均必须符合设计要求。

8.4.7.2 在桩施工完成后,再进行预应力锚索造孔施工,造孔钻头穿过预埋套管,按设计倾角钻至设计深度。

8.4.7.3 预应力锚索的施工参照预应力锚索工程的施工。

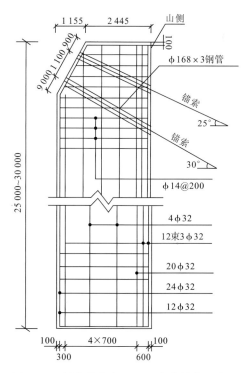

图8-3 锚拉抗滑桩顶预埋套管结构示意图

8.5 施工质量检验

8.5.1 基本要求

(1)桩孔断面尺寸、深度和护壁及成孔质量必须符合设计要求。孔深必须结合滑动面的位置和嵌岩段长度等实际情况确定,护壁混凝土应密实并与围岩(土)密贴结合。

(2)挖孔、钻孔过程中应进行地质编录和检验,提供地质结构柱状图,记录滑动面的地质特征。桩孔达到设计深度后,应及时进行孔底清理,必须做到无松渣、淤泥等扰动软土层,使孔底情况满足设计要求。

(3)原材料和混凝土强度等必须符合设计要求,抗滑桩混凝土必须连续灌注、捣固密实。

(4)钢筋配置数量及长度符合设计要求。钢筋笼制作与安装按附录F.2检查评定。

(5)桩身质量完整性检测规定如下:设计等级为Ⅰ级或横断面面积大于$2m^2$的桩,以及对质量有怀疑的桩,均应全部检测。其他桩的检测数量不应少于总桩数的30%,且不少于10根。当检测出有缺陷的桩数大于被检测桩数的30%时,应全部检测。检测方法采用无损检测法(参见有关规范)。对有缺陷的或有其他问题的桩身应钻取芯样检测,并取样做抗压、抗剪试验。桩的无破损检测应由有资质的单位承担,检测结果需经设计单位认可。

(6)桩间联系梁和挡土板按附录F.2钢筋加工和安装、F.3混凝土构件预制中的规定检验评定。

(7)对桩位、桩的方位角、桩横断面尺寸、桩身倾斜度、桩底高程、桩顶高程等项目进行施工质量检验时,需"五方"签字确认后方认为合格。

8.5.2 检验项目

抗滑桩质量检验项目及标准如表8-3所示。

表8-3 混凝土灌注抗滑桩质量检验标准

序号	类型	检查项目		规定值或允许偏差	检查方法和频率	规定分
1	材料	混凝土材料		符合设计要求	依据附录C,查质量证明书及试验报告	9
2		混凝土强度等级		在合格标准内	依据附录H,查试验报告	9
3		钢筋原材料、数量及规格		符合设计要求	依据附录C,查质量证书	9
4	成孔	嵌固段深度(mm)	挖孔桩	0,+100	终孔时用尺量,查"五方"签字,全部	5
			钻孔桩	0,+500		
5		孔深		不小于设计要求	终孔时用尺量,查"五方"签字,全部	5
6		孔位(mm)		±100	尺量,全部	5
7		倾斜度(%)		<0.5	施工时吊垂线,查施工记录、监理日志,全部	5
8	钢筋笼	滑面(带)主筋接头率(%)		≤25	监理观察,查监理日志,全部	5
9		主筋间距及排距(mm)		±10	监理尺量,查监理日志,全部	5
10		箍筋间距(mm)		0,-20	监理尺量,查监理日志,不同规格不少于3处	5
11		钢筋保护层厚度(mm)		±10	监理尺量,查监理日志,每桩不少于8处	5
12		多排受力钢筋位置(mm)		±5	尺量,全部	5
13		骨架尺寸(mm)	长度(埋入式)	−300(±10)	尺量,每桩骨架不少于30%	4
			宽、高或直径	±5		

续表 8-3

序号	类型	检查项目		规定值或允许偏差	检查方法和频率	规定分
14	桩身	桩位(mm)		±100	用经纬仪测,全部	4
15		桩径(mm)		不小于设计要求	尺量钻头外径,全部	4
16		桩方位角		±5°	用经纬仪测,全部	4
17		桩身倾斜度(%)	挖孔桩	<0.5	用吊线量,查灌注前记录,全部	4
			钻孔桩	<1.0		
18		桩顶高程(mm)		±50	实测,查灌注前记录,全部	4
19		桩底高程(mm)		±50	用水准仪测,全部	4

8.5.3 外观鉴定

桩顶、桩身外露面应平顺、美观,不得有明显缺陷。不符合要求的扣 3~5 分。

8.5.4 预应力锚索(杆)质量检验

预应力锚索(杆)抗滑桩中关于预应力锚索(杆)施工质量检验按照 5.5、6.5 执行。

8.6 施工注意事项

8.6.1 抗滑桩施工中钢筋笼制作与安装、混凝土灌注、养护为重要施工工序,监理单位必须旁站监理,需在监理日志中记录桩位、桩的方位角、桩横断面尺寸、桩身倾斜度、桩底高程、桩顶高程等内容。

8.6.2 监测应与施工同步进行。当出现险情并危及施工人员安全时,应及时通知人员撤离。

8.6.3 孔口必须设置围栏,严格控制非施工人员进入现场。人员上下可用卷扬机和吊斗等升降设施,同时应准备软梯和安全绳备用。孔内有重物起吊时,应有联系信号,统一指挥。升降设备应由专人操作。

8.6.4 桩孔井下工作人员必须戴安全帽,不宜超过 2 人。

8.6.5 每日开工前必须检测桩孔井下的有害气体。孔深超过 10m 后,或 10m 内 CO、CO_2、NO、NO_2、甲烷及瓦斯等有害气体含量超标或氧气不足时,均应使用通风设施向作业面送风。桩孔井下爆破后,必须向孔内通风,待炮烟粉尘全部排除后,方能下入桩孔内作业。

8.6.6 井下照明必须采用 36V 安全电压。进入井内的电气设备必须接零接地,并装设漏电保护装置,防止漏电触电事故。

8.6.7 桩孔内爆破前必须经过设计计算,须由已取得爆破操作证的专门技术工人负责。起爆装置宜用电雷管,若用导火索,其长度应能保证点炮人员安全撤离。井内爆破应符合现行国家标准《爆破安全规程》(GB 4722)的有关规定,避免药量过多造成孔壁坍塌。

8.6.8 桩孔井下作业,不得攀扶箍筋上下。

8.6.9 灌注混凝土应防止杂物下落伤人。

9 重力式挡土墙

9.1 一般规定

9.1.1 重力式挡土墙适用于规模小、厚度不大的滑坡治理支挡工程或塌岸防护工程。墙身一般采用浆砌块石、浆砌条石、块石混凝土、素混凝土、钢筋混凝土。

9.1.2 重力式挡土墙工程施工前应严格检查水泥、砂、块石、钢筋、混凝土、挖掘设备、注浆设备等材料与器具，必须符合相关规范。

9.1.3 应按施工场地清理→基础施工→墙身施工→墙背反滤层→回填墙背土的顺序进行施工。

9.1.4 重力式挡土墙的平面位置、顶面高程、断面尺寸、墙面坡度、表面平整度等应进行检测检验，达到设计要求。

9.2 施工前准备

9.2.1 清理挡土墙墙趾及施工需用场地，铲除有机杂质和树根草层等杂物，清理场地风化、松软土石，并将场地碾压平整，合理布置堆料场地。堆料场应浇铺水泥地坪，避免草根、泥土混合到砂石中。

9.2.2 施工前要做好截、排水沟及防渗设施，保证场地地表排水通畅。

9.2.3 做好水泥库房的防潮。水泥库房做到先入库水泥先用，避免水泥长期积压受潮。

9.2.4 做好工程备料，同时保证各种设备处于正常状态。

9.2.5 做好进场产品质量送检和砂浆配合比及墙背填料的击实试验。

9.3 材料及机具

9.3.1 墙后回填土应选择容重小、内摩擦角大的填料，一般以块石、砾石为好。若不得不采用黏性土作回填土时，应适当加以块石或碎石且夯实。

9.3.2 选择回填土时，应优先考虑就近取材，充分利用削方减载的弃土，必要时可对弃土进行改善处理，以满足墙后填料的需要。

9.3.3 墙后反滤层填料应选透水性较强的填料。在使用泄水孔、水平排水管、水平铺盖等方法排水时，填料应能有效排水。

9.3.4 砂浆的类别和强度等级应符合设计规定。砂料宜采用中砂或粗砂。

9.3.5 当采用硅酸盐水泥、普通硅酸盐水泥和矿渣硅酸盐水泥、火山灰硅酸盐水泥、粉煤灰硅酸盐水泥时，应符合附录C.4的规定。

9.3.6 水泥应按不同厂家、强度等级、品种分批、分堆存放，防止日晒、风吹、受潮，且不宜和其他化学药品、糖类及挥发性物质混在一起。

9.3.7 墙身材料一般采用条石、块石、块石混凝土或素混凝土。

9.3.8 采用混凝土时，混凝土强度等级一般不应低于C15。

9.3.9 拌制混凝土用水中不应含有可能影响水泥正常凝结与硬化的有害物质。污水或pH值小于4的酸性水、硫酸盐含量按SO_4^{2-}质量计超过$0.27mg/cm^3$的水，均不能使用。

9.3.10 石料选未风化或风化程度弱、强度较高、质地坚实的条石或块石,一般应选择 Mu30 以上的条石或块石。

9.3.11 在一月份平均气温低于－10℃的地区,所用墙身石料和混凝土等材料均须通过冻融试验。

9.3.12 在选定施工机械时,应根据场地条件、填料的土质情况、搬运距离、设计坡度、工程规模和工期来确定。施工中可能涉及的施工机械如表 9-1 所示。

表 9-1 施工机械表

作业种类	施工机械
开挖	挖掘机、推土机、风钻等
搬运	推土机、小型翻斗卡车、履带式传输机、微型轮式铲运机等
铺摊、整平	推土机、湿地推土机、微型推土机等
碾压	气胎碾、振动碾、夯板、蛙式打夯机、压路机、轻型压路机等
注浆设备	灰浆泵、灰浆搅拌机等
其他	混凝土搅拌机等

9.4 施 工

9.4.1 基础施工

9.4.1.1 施工时,将挡土墙基坑底表面风化、松软土石清除。抗滑挡墙应保证基础埋置到最深的可能滑动面以下的稳定岩(土)中,并满足设计要求。

9.4.1.2 挡土墙基坑全面开挖可能诱发滑坡,严禁全段贯通式开挖,应由两端向中间分段开挖,每次开挖长度不宜超过总长的 20%,且不得超过 6m。开挖一段,立即施工墙体、回填一段。施工时对滑坡进行监测。

9.4.1.3 当基底开挖至设计深度,但岩石强度尚未达到设计要求时,必须按设计代表意见继续下挖或变更设计。

9.4.1.4 基坑开挖至设计深度,经机械开挖之后应对槽底加以人工清除,使槽底岩土无扰动,无浮土、松土、垃圾、积水,槽底岩石裂隙冲洗干净。

9.4.1.5 当挡土墙开挖至设计深度后,施工、监理、设计、勘查、建设单位"五方"代表共同检查验收,做好基坑验槽工作。

9.4.1.6 硬质岩石基坑中的基础宜满坑砌筑。

9.4.1.7 基坑开挖不应破坏基底土的结构,若有超挖或扰动,应将原土回填,且夯压密实或作换土处理。

9.4.1.8 雨季在易风化软质岩石基坑中砌筑基础时,应在基坑挖好后及时封闭坑底。当基底设有向内倾斜的稳定横坡时,应采取临时排水措施,辅以必要坐浆后再砌基础。

9.4.1.9 采用台阶式基础时,台阶与墙体应连在一起同时砌筑,基底及墙趾台阶转折处不得砌成垂直通缝,砌体与台阶壁间的缝隙砂浆应饱满。

9.4.1.10 基坑应随砌筑分层回填夯实至地表面,并将墙前地表面做成 3% 的向外斜坡,以免积水下渗影响墙基础稳定。

9.4.2 墙身施工

9.4.2.1 墙体施工时,必须保证施工质量。浆砌条石挡土墙或浆砌块石挡土墙采用坐浆法施工,砌筑时砂浆必须饱满,砂浆强度应符合设计要求,以保证墙体的整体性和刚度。

9.4.2.2 墙身要分层错缝砌筑,不得砌成垂直通缝。砌出地面后基坑应及时回填夯实,并完成其顶面排水、防渗设施。

9.4.2.3 墙身施工时,应按照设计要求正确布置预埋管道、预埋件、泄水孔及沟槽等预埋构件。

9.4.2.4 泄水孔在砌筑墙身过程中设置,须确保排水畅通。在泄水孔进水端按设计要求设置砂砾石反滤层,并在最下一排泄水孔的下端设置隔水层,防止地下水下渗,如图9-1所示。

9.4.2.5 反滤层的粒径宜在0.5~50mm之间,级配符合要求,并筛选干净,厚度不小于30cm,可按各不同粒径分层厚度用薄隔板隔开,再自下而上填筑,填筑一定高度拔起隔板,重新安装隔板再填筑。

9.4.2.6 施工分段位置宜设在伸缩缝及沉降缝处,各墙段的水平砌缝应基本一致,分段砌筑时相邻段的高差不宜超过1.2m。

9.4.2.7 伸缩缝与沉降缝内两侧壁应竖直、平齐,无搭叠(图9-2)。缝中防水材料应按设计要求施工。

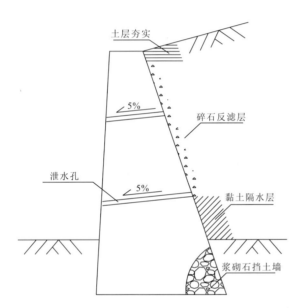

图9-1 泄水孔与反滤层示意图

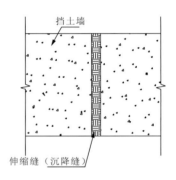

图9-2 伸缩缝(沉降缝)示意图

9.4.2.8 当墙身的强度达到设计强度的70%时,方可进行回填等工作,填土应分层夯实。

9.4.2.9 墙背回填要均匀摊铺平整,并设不小于3%的横坡,逐层填筑,逐层夯实,每层压实厚度不宜超过20cm。

9.4.2.10 在距墙背0.5~1.0m以内,应采用小型压实机具碾压,不宜用重型振动压路机碾压。

9.4.2.11 挡土墙栏杆、检查梯或台阶应连接牢固,外观整齐,钢铁构件应及时涂防锈漆。

9.4.2.12 墙顶宜用粗料石或现浇混凝土做成顶帽,厚30cm。

9.5 施工质量检验

9.5.1 基本要求

9.5.1.1 地基必须满足设计要求,严禁超挖回填虚土。

9.5.1.2 石料规格、质量应符合设计要求。

9.5.1.3 砂浆、混凝土的配合比和强度应符合设计要求。

9.5.1.4 砌石分层错缝。浆砌时坐浆挤紧,嵌填饱满密实,不得有空洞;干砌时不得松动、叠砌和浮塞。必要时打开检验。

9.5.1.5 墙背填料应符合设计和施工规范要求。

9.5.1.6 沉降缝、排水孔数量、位置、质量应符合设计要求。

9.5.2 检验项目

重力式挡土墙质量检验项目及标准如表9-2所示。

表9-2 重力式挡土墙质量检验标准

序号	检查项目		规定值或允许偏差	检查方法及频率	规定分
1	原材料		符合设计要求	根据附录C,查质量合格证、复检报告	9
2	砌筑砂浆(混凝土)强度		在合格标准内	根据附录H、I,查试验报告	9
3	泄水孔及反滤层		符合设计要求	炮棍法测排水坡度,尺量,施工单位全部,监理单位抽查20%	8
4	墙背后填料		符合设计要求	查施工记录、检验报告,每5 000m³同一产地填料不少于1次	8
5	填料压实度		设计要求,≥90%	查施工记录、试验报告,每层不少于1处	8
6	长度(mm)		±100	尺量,全部	6
7	断面尺寸(mm)		0,+50	尺量,每15~20m不少于两个断面	6
8	轴线位置(mm)		±50	用经纬仪测或尺量,全部	6
9	泄水孔间距(mm)		50	尺量,每沉降段不少于3处	6
10	顶面高程(mm)		±20	用水准仪测,每20m测3处,且不少于3处	6
11	基底面高程(mm)		±50	用水准仪测,每20m测3处,且不少于3处	6
12	沉降缝位置(mm)		±50	尺量,全部	6
13	沉降缝宽度(mm)		0,+10	尺量,每条缝不少于3处	6
14	墙面坡度(%)		0.5	用水准仪测或吊线锤尺量	6
15	表面平整度(mm)	浆砌石	30	用直尺量,每20m量3处,且不少于3处	4
		混凝土	10		

9.5.3 外观鉴定

9.5.3.1 砌体坚实牢固,勾缝平顺,无脱落现象。不符合要求的扣1~3分。

9.5.3.2 混凝土表面的蜂窝、麻面不得超过该面积的0.5%,深度不超过10mm。不符合要求的,每超过0.5%扣2分。

9.5.3.3 排水孔坡度向外,无堵塞现象。不符合要求的扣3~5分。

9.5.3.4 伸缩缝符合设计要求,整齐垂直,上下贯通。不符合要求的扣3~5分。

9.6 施工注意事项

9.6.1 挡土墙基础开挖、基坑砌筑、墙身浇(砌)筑等为重要施工工序,监理单位必须旁站监理,需在监理日志中记录基础开挖深度及宽度、砌筑标高、墙身分层砌筑高度、灌浆时间及质量等内容。

9.6.2 当地下水丰富时,除按设计要求做好主体工程的施工外,对辅助工程,如墙后排水沟、墙身泄水孔等，也应切实注意其施工质量，防止墙后积水。

9.6.3 施工时，应保证基础埋置到最深可能滑动面以下的稳定岩（土）体中，并满足设计要求深度。

9.6.4 墙后原地面横坡陡于1∶5时，应先处理填方基底（铲除草皮、耕植土、开挖台阶等）再填土，以免填方沿原地面滑动。

9.6.5 任何时候都不能采用淤泥、膨胀土、高塑土作填料。对季节性冻土地区，不能用冻胀性材料作为填料。

9.6.6 在挡土墙基础有冲刷发生的地方，必须进行护脚处理。

9.6.7 施工机械设备的运转部位应设置安全防护装置。

10 加筋土挡土墙

10.1 一般规定

10.1.1 加筋土挡土墙适用于规模小、滑体厚度薄、土层物理力学性质较差、较软弱地区的滑坡治理和塌岸防护。

10.1.2 加筋土挡土墙工程施工前,应严格检查水泥、砂、块石、钢筋、土工合成材料、挖掘设备等材料与器具,必须符合相关规范。

10.1.3 应按施工场地清理→预制构件→基础施工→安装面板→铺设拉筋→填土及碾压→安装连接件→防腐处理→铺设反渗层→安装顶层面板的顺序进行施工。

10.1.4 加筋土挡土墙的拉筋带长度、平面位置、顶面高程、墙面坡度、面板缝宽、墙面平整度等应进行检测检验,达到设计要求。

10.2 施工前准备

10.2.1 施工前应熟悉设计文件,做好材料核查。

10.2.2 工程备料包括钢筋、水泥、砂石料和沥青、木板、填土料等。材料有关性能指标必须达到设计要求和符合国家标准或行业规范要求。

10.2.3 测量放线,拆除障碍物,清除地表的腐殖土、草皮土、杂填土等软弱土层,平整预制构件场地和堆放构件场地。

10.2.4 施工前要做好截、排水沟及防渗设施,做好场地排水措施,保证场地地表排水通畅。

10.2.5 做好水泥库房的防潮。水泥库房做到先入库水泥先用,以避免水泥长期积压受潮。

10.2.6 施工前做好砂浆配比及墙背填料的击实试验。

10.3 材料及机具

10.3.1 墙后回填土应选择容重小、内摩擦角大的填料,一般以块石、砾石为好。若不得不采用黏性土作回填土时,应适当加入块石或碎石且夯实。

10.3.2 墙身材料一般采用级配良好的砂砾石或碎石土作为加筋体部分的填料。

10.3.3 筋带选择需满足一定条件,筋带最好采用钢塑复合带。

10.3.4 筋带材料需抗拉强度大、拉伸变形小和蠕变小,不易产生脆性破坏;具有良好的柔性、韧性;有良好的耐腐蚀性和耐久性。

10.3.5 拉筋与填料之间应具有足够的摩擦力。

10.3.6 筋带材料与面板的连接必须牢固可靠。

10.3.7 所用的钢材,其数量、种类、直径等均应符合设计要求。存放时要做好防锈措施。

10.3.8 在选定施工机械时,应根据场地条件、填料的土质情况、搬运距离、设计坡度、工程规模和工期来确定。施工中可能涉及的施工机械如表10-1所示。

表 10-1　施工机械表

作业种类	施工机械
开挖	挖掘机、推土机、风钻等
搬运	推土机、小型翻斗卡车、履带式传输机、微型轮式铲运机等
铺摊、整平	推土机、湿地推土机、微型推土机等
碾压	气胎碾、振动碾、夯板、蛙式打夯机等
凿岩、成孔	风钻、螺旋式钻孔机、旋转冲击式钻孔机等
注浆设备	灰浆泵、灰浆搅拌机等
其他	混凝土搅拌机、电焊机、钢筋加工设备等

10.4　施　工

10.4.1　预制构件

10.4.1.1　墙体构件包括墙钢筋混凝土面板、帽石、栏杆及拉筋等可在工地预制，也可在工厂成批生产后再运往工地。构件在运输过程中应轻装轻放。

10.4.1.2　墙面板可根据需要采用钢筋混凝土或混凝土预制面板。常用的面板型式有槽形板、十字板、六角形板、L形板、矩形板等。面板的混凝土强度不低于C20。

10.4.1.3　预制墙面板采用钢模预制，预制模板要求具有足够的刚度、强度、稳定性和准确性。

10.4.1.4　预制墙面板尺寸必须满足设计要求。面板应表面平整、外光内实、外轮廓及设计图案清晰、线条顺直、企口分明，不得有露筋、翘曲、掉角、啃边等情况发生。蜂窝、麻面面积之和不得超过该面积的1%。

10.4.1.5　墙面板在堆放和运输过程中宜侧面竖向堆放或平放，防止板角隅处碰损。平放堆放时，其高度不宜超过5层板，且板间应用垫木支垫。面板在搬运过程中应轻搬轻放。

10.4.2　基础施工

10.4.2.1　对于预制混凝土面板、混凝土模块的挡土墙，要求基础为混凝土基础。对于包裹回折墙面和石笼墙面的挡土墙，原则上应采用优质砂质土做基础。

10.4.2.2　基础开挖时，基坑平面尺寸一般大于基础外缘0.3m。

10.4.2.3　当挡土墙的基础置于倾斜的地面时，在没有必要全部清除整平地基的情况下，可将基础做成台阶状。

10.4.2.4　基坑底为一般土，且满足承载力和稳定性要求时，仅进行整平夯实。基坑底和加筋体下基础为软弱地基时，则应根据稳定性和承载力要求对地基土进行处理。

10.4.2.5　加筋土挡土墙必须沿长度方向设置变形缝和沉降缝，基础及胸墙变形缝应用弹性材料填充。

10.4.3　墙面安装

10.4.3.1　墙面的结构类型主要有预制混凝土面板、混凝土模块、包裹回折和石笼等（图10-1）。应根据筋材类型和具体工程要求，确定合理的墙面形式及安装处理方法。

10.4.3.2　预制混凝土面板、混凝土模块安装前，首先在清洁的基础顶面上确定外缘线，并进行水平测量。按要求的垂度、坡度挂线安装，从沉降、伸缩缝处开始，方向统一，由墙的一端到另一端安装第一层面板。

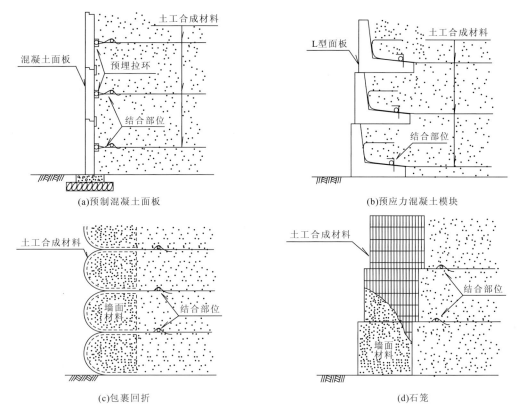

图 10-1 墙面结构示意图

10.4.3.3 面板安装必须按设计规定的位置挂线施工，安放平稳，保持墙面板的垂直及水平位置，最下一层面板与基础联结处宜坐浆施工。

10.4.3.4 安装直立式墙面板应按不同填料和拉筋预设仰斜坡，墙面不得前倾，一般内倾坡比为 1∶0.02～1∶0.05。

10.4.3.5 面板安装缝各层间沿纵向应错开，相邻上下层间垂直安装缝间距应不小于板长的 1/3。相邻板间设楔口和小孔，安装时使楔口互相衔接，并用短钢筋插入预留插孔，再灌入水泥浆或水泥砂浆。

10.4.3.6 面板安装必须严密，安装缝应均匀、平顺、美观，且缝隙不易过大。

10.4.3.7 每层面板后的填料层碾压稳定后，应对面板的水平和垂直方向的位置用垂球或排线检查，及时校正。

10.4.3.8 为防止相邻面板错位及保证面板的稳定，第一层面板宜用斜撑固定，以上各层宜用夹木螺栓固定。

10.4.3.9 相邻面板的错位可用强度等级为 M7.5 的砂浆砌筑调平，水平误差及前后错位应及时解决，不得将误差累计。

10.4.3.10 设有错台的加筋土挡土墙，应及时将错台表面封闭，可采用浆砌块（片）石、铺砌混凝土预制块等方法。

10.4.3.11 包裹回折墙面是用砂袋和碎石土袋，通过土工合成材料（土工格栅等）包裹回折方式填筑。土工袋采用错开平放或相向侧列的填筑方式。为防治包裹的土工合成材料松弛，可对其施加较大拉力，边拉边填筑墙面[图 10-1(c)]。

10.4.3.12 石笼墙面是由一定刚度筋材（焊接钢筋网、土工格栅、土工布等）做成的，并充填碎石、碎石砂土等材料的石笼层层填筑而成。石笼可用钢筋条或绳索组装在一起。上一层石笼设置前，应做好与下一层土工合成材料的连接[图 10-1(d)]。

10.4.3.13 根据加筋土挡土墙高度及地基土质的变化情况,按照设计施工沉降缝。在地基及墙高变化处,通常每隔10~20m设置沉降缝。伸缩缝与沉降缝统一考虑。面板在设缝处应设通缝,缝宽2~3cm,缝内宜用沥青麻布或沥青木板填塞。

10.4.4 拉筋铺设

10.4.4.1 筋材在铺设时,下层填料要压实、整平,其横向倾斜度不大于5%。

10.4.4.2 筋材应具有粗糙面,并按设计布置水平铺设。

10.4.4.3 筋材与填土表面应保持密贴,当局部与填土不密贴时应铺砂垫平。

10.4.4.4 筋材铺设的主方向与墙面轴线方向垂直,筋材在加筋体中应尽可能均匀分布。

10.4.4.5 筋材不得与硬质、尖锐棱角的填料直接接触。

10.4.4.6 筋材铺设时,应边铺边用填料固定其铺设位置,先用填料在筋材的中后部铺成若干纵列压住筋材,填料的多少和疏密以足以固定加筋材料的位置为宜,再逐根检查,拉直、拉紧。

10.4.4.7 筋材之间的缝接应牢固,受力方向缝接处的强度不得低于材料设计的抗拉强度。对可能发生位移的部位应采用缝接,或者相邻片搭接300mm。在不平整地面、软土和有地下水处施工,铺设的搭接宽度应适当增大。在有水流的地方,上游片应铺在下游之上。对于有损坏的筋材,应修补或更换。

10.4.4.8 筋材的分层铺设间距应根据加筋材料的强度和铺设要求确定。

10.4.4.9 连续敷设的拉筋接头应置于其尾部。拉筋尾端宜用拉紧器拉紧,各拉筋的拉力应大体均匀,但应避免拉动墙面。

10.4.4.10 筋材铺设后应及时覆盖,避免阳光直接曝晒。一般从铺设至覆盖的间隔时间不宜超过48h。

10.4.4.11 筋材铺设前,做好拉筋带长度的实时记录。

10.4.4.12 拉筋与墙面板可采用预埋钢拉环、钢板锚头、预留穿孔和连接销(栓、棒)等形式连接。连接件必须按设计规定进行施工,保证连接质量。

10.4.4.13 钢带或钢筋混凝土带采用钢板锚头连接件;钢筋混凝土带、钢塑复合筋带、聚乙烯土工加筋带、聚丙烯土工加筋带可采用预埋钢拉环连接件[图10-1(a)];土工格栅一般采用连接销(栓、棒),坡面采用反包连接(图10-2);当用聚乙烯土工加筋带、聚丙烯土工加筋带,面板为槽形、L形时,可采用在面板上预留穿筋孔的方法,其孔径不宜小于12mm。

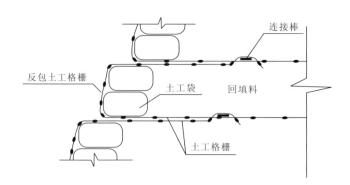

图10-2 土工格栅加筋带反包连接示意图

10.4.4.14 钢板拉筋铺设。当墙面板拼装完成且填土至拉筋位置后,首先平整填土表面,并将有弯曲的钢板拉筋用填土压直拉平后便可铺设。钢板与面板拉环(片)的连接和钢板的接长多用插销连接,也可用焊接或螺栓连接。拉筋与墙面板预埋件连接后,再在其上回填土,但要注意拉筋与填土表面保持密贴。

10.4.4.15 钢筋混凝土板拉筋铺设。拉筋与填土表面要密贴,如不密贴可垫砂找平。钢筋混凝土板与面板拉环的连接以及钢筋混凝土拉筋节之间的连接多采用焊接,也可用扣环连接或螺栓连接,其焊接方式和焊缝长度应按相关规定执行。拉筋与墙面板的连接应尽量保持平直,不可歪曲,位置应符合设计要求。

10.4.4.16 钢筋穿素混凝土块拉筋铺设。首先将钢筋置于墙面板预留孔内,按设计位置放好,并将各根素混凝土预制块组合好,然后与墙面板上的预埋件相连接。拉筋的连接方式与钢筋混凝土板拉筋相同。拉筋与填土表面要保持密贴,如不密贴可垫砂找平。

10.4.4.17 竹板拉筋铺设。竹筋的前端装有一个方形的铅丝混凝土楔体,可与墙面板上的预留孔相连接。安装竹拉筋时,竹青面向上,竹筋穿过墙面板后,尾部拉紧,摆直放平,使其与填土表面密贴,然后再在其上回填土。

10.4.4.18 塑料包装带拉筋铺设。按设计规定的不同长度和根数进行裁剪。填土到达拉筋位置处便可进行铺带,铺带时,先将拉带固定在墙面板上,然后将拉带束尾部拉紧,再在其上回填土。铺带时应将拉带束成扇形散开,不重叠、不交叉,各拉带的间距应大致相等。

10.4.4.19 玻璃钢拉筋铺设。使用扁平发卡形的玻璃钢拉筋时,以其环套套入墙面板内面的竖直杆件。立杆由钢筋穿入聚乙烯套筒中组成。

10.4.4.20 用聚酰胺和聚酯编织的土工编织物做拉筋的铺设。土工编织物与面板的连接,一般可将土工织物的一端从面板预埋拉环或预留孔中穿入,折回后与另一端对齐。土工织物穿孔可采用单孔穿过、上下穿过或左右环孔合并穿过的方式。人工拉紧后,在距边沿 0.5~1.0m 处用 U 形钉或木桩固定。

10.4.4.21 用合成纤维做拉筋的铺设。合成纤维做拉筋与墙面板的连接方式除螺栓连接外,尚有采用热压及胶合等方法与墙面板的预埋件连接。

10.4.4.22 面板与筋带间的连接钢材外露部分均应作防锈处理。土工带与钢拉环连接应作隔离处理。埋于土中的接头,应采用浸透沥青的玻璃丝布绕裹两层。

10.4.5 填土及碾压

10.4.5.1 填土施工应按顺序从后向前纵向回填,严禁横向堆填。

10.4.5.2 填土应分层填筑、分层碾压,以保证填料在最佳含水量时压实成型。

10.4.5.3 填土分层厚度应根据拉筋间距、碾压机具和密实度要求,通过试验确定。

10.4.5.4 正式碾压前应先进行试碾压。根据碾压机械、填料及摊铺厚度,初步确定碾压遍数和碾压方法。压后进行压实度检测,取得有关施工参数或经验,以指导大面积施工。

10.4.5.5 填料摊铺、碾压应从筋带中部开始平行于墙面碾压,下一次碾压的轮迹应与上一次碾压轮迹重叠轮迹宽度的 1/3。第一遍先轻压,使加筋材料的位置在填料中能完全固定,然后再重压。先向拉筋尾部逐步进行,然后再向墙面方向进行。严禁平行于拉筋方向碾压。

10.4.5.6 靠近墙面板 1m 范围内,应使用小型机具夯实或人工夯实,不得使用重型压实机械压实。

10.4.5.7 压实机械与筋材间至少要有 300mm 厚的土料。

10.4.5.8 碾压过程中,应随时检查土质和含水量的变化情况。当填料为粉煤灰时,碾压含水量可略大于最佳含水量的 1%~2%。

10.4.5.9 对包裹回折和石笼等加筋土挡土墙,在墙面与填土交界处易产生差异沉降,墙背的填土高度应与墙面材料的高度一致,使铺设的土工合成物平滑、平整。一次墙面的施工高度不应超过填土碾压厚度的 2 倍。

10.4.6 截排水

10.4.6.1 当附近地下水中含有会对加筋材料造成腐蚀的成分时,可采用盲沟或其他排水管道将有害水体直接排出,而不进入加筋体。

10.4.6.2 若设计在加筋体基础后踵设置纵向盲沟,盲沟施工可参照 22 支撑盲沟施工技术实施。

10.4.6.3 当填料为非砂砾石填料或不透水填料时,加筋体基础及加筋体中应根据情况设置排水设施,如泄水孔、滤水排水管等。

10.4.6.4 在加筋体基础下部,可铺设砂料土层和排水管道。

10.4.6.5 当加筋土工程位于水边,墙前水位有涨落变化时,加筋体墙面板后侧应设反滤层,以便在墙前水位陡降时及时排出加筋体内及后方来水,且防止加筋体填料的流失。

10.4.6.6 反滤层及排水层必须按设计要求施工。将各层反渗材料筛洗干净,并严格按设计的砾料颗粒级配、砾径大小和反滤层厚进行施工。

10.4.6.7 填土碾压施工应做好泄水孔、防渗层等防排水设施。施工时可在变形缝和泄水孔处布置无纺土工布,使土工布与墙板紧贴,并在板后设置约 30cm 厚的混合倒滤层(图 10-3)。

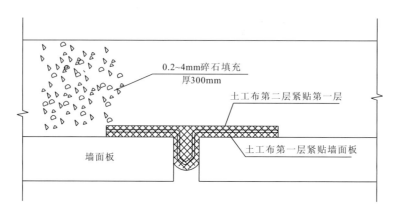

图 10-3 加筋土挡土墙泄水孔布置示意图

10.4.7 顶层面板安装

10.4.7.1 设置在加筋体顶部墙面板上的檐石或帽石构件,其横断面可做成 U 形或倒 L 形,断面尺寸应符合设计规定。

10.4.7.2 檐石或帽石可用与面板相同强度等级的混凝土预制或就地浇筑。

10.4.7.3 墙顶调整层可采用预制构件或现浇混凝土浇筑。

10.5 施工质量检验

10.5.1 基本要求

10.5.1.1 地基应符合设计要求。施工范围内不得遭受水浸。

10.5.1.2 混凝土预制面板的强度和质量应符合设计要求,预制面板应有结构性能试验报告,经检验合格后才可安装。

10.5.1.3 拉筋强度和质量、规格等应符合设计要求。

10.5.1.4 拉筋的长度、根数不得小于设计要求。拉筋与面板、拉筋与接筋应牢固连接,连接部分应有施工隐蔽记录。

10.5.1.5 当拉筋带含有金属时,或使用钢拉筋时,应进行防腐防锈处理。

10.5.1.6 填料的性能、规格和压实度必须符合设计要求。

10.5.1.7 反滤层砾径大小、排水孔数量、位置、质量符合设计要求。

10.5.2 检验项目

加筋土挡土墙质量检验项目及标准如表10-2所示。

表10-2 加筋土挡土墙质量检验标准

序号	检查项目	规定值或允许偏差	检查方法及频率	规定分
1	原材料	符合设计要求	根据附录C,查质量合格证、复检报告	10
2	混凝土强度	在合格标准内	根据附录I,查试验报告	10
3	拉环、筋带数量及安装	符合设计要求	查施工记录	10
4	拉筋带长度(%)	不小于设计值	检查施工记录	10
5	墙背后填料	符合设计要求	查施工记录、检验报告,每5 000m³同一产地填料不少于1次	9
6	压实度	设计要求,≥90%	查施工记录、试验报告,每层不少于1处	9
7	平面位置(mm)	±50	用经纬仪测,每20m测3处,且不少于3处	7
8	顶面高程(mm)	±50	用水准仪测,每20m测3处,且不少于3处	7
9	基底面高程(mm)	±50	用水准仪测,每20m测3处,且不少于3处	7
10	墙面竖直度或坡度(%)	0,−0.5	用水准仪测或垂线量,每20m量3处,且不少于3处	7
11	面板缝宽(mm)	10	用尺量,每20m至少量5条,且不少于5条	7
12	墙面平整度(mm)	15	用直尺量,每20m量3处,且不少于3处	7

10.5.3 外观鉴定

10.5.3.1 墙面板光洁无破损,板缝顺直均匀。不符合要求的扣1~3分。

10.5.3.2 墙面直顺,线形顺适。不符合要求的扣1~3分。

10.5.3.3 沉降缝贯通、顺直。不符合要求的扣3~5分。

10.6 施工注意事项

10.6.1 加筋土挡土墙构件的预制、基础施工、面板安装、筋材铺设及缝接、填土及碾压、连接件安装、防渗层设置等为重要施工工序,监理单位必须旁站监理,需在监理日志中记录预制构件的尺寸及质量、面板定位、筋材铺设方向及间距、连接件连接方式等内容。

10.6.2 当地下水丰富时,除按设计要求做好主体工程的施工外,对辅助工程,如墙后排水沟、墙身排水孔等,也应注意其施工质量,防止墙后积水。

10.6.3 墙面板和拉筋在运输、堆放、安装过程中要注意安全,防止破损。

10.6.4 填料填筑、面板安装、筋带铺设等工序可交替进行。当挡土墙较长、工作面开阔时,应采用流水作业法。

10.6.5 当坡面缓于1:1,且筋材垂直间距不大于400mm时,坡面处筋材端部可不包裹;否则,应予以包裹,折回段应压在上层土之下。

11 悬臂式挡土墙

11.1 一般规定

11.1.1 悬臂式挡土墙主要用于规模小、厚度薄、地基承载力较低或石料比较缺乏时的滑坡治理支挡工程或塌岸防护工程。通常由钢筋混凝土的底板(趾板、踵板)和固定在底板上的悬臂墙(立壁)构成,主要依靠墙自重与底板上土重抵抗土压力,断面常呈倒 T 型或 L 型。

11.1.2 悬臂式挡土墙施工前,应严格检查水泥、砂、钢筋、混凝土、挖掘设备、注浆设备等材料与器具,必须符合相关规范。

11.1.3 应按施工场地清理→基础施工→墙体模板施工→混凝土浇筑及养护→填土及碾压的顺序进行施工。

11.1.4 悬臂式挡土墙的平面位置、顶面高程、断面尺寸、底面高程、墙面坡度、表面平整度等应进行检测检验,达到设计要求。

11.2 施工前准备

11.2.1 施工前应清理挡土墙墙趾及施工需用场地,铲除有机杂质和树根、草层等杂物,清理场地风化、松软土石,将场地碾压平整,并合理布置堆料场地和预制构件场地。堆料场应浇铺水泥地坪,避免草根、泥土混入到砂石中。

11.2.2 要做好截、排水沟及防渗设施,保证场地地表排水通畅。

11.2.3 做好水泥库房的防潮。水泥库房做到先入库水泥先用,避免水泥长期积压受潮。

11.2.4 做好工程备料,材料必须经过检验合格后方可进入施工场地。勘测填料采集场,取样按规定进行必要的检测。检查并保证各种设备处于正常状态。

11.2.5 施工前做好砂浆配比及墙背填料的击实试验。

11.2.6 挡土墙施工前应确定模板使用类型,宜采用通用化组合钢模。

11.3 材料及机具

11.3.1 工程所采用的砂浆、水泥、钢筋、拌制混凝土用水、模板等同 8.3.1～8.3.7。

11.3.2 在选定施工机械时,应根据场地条件、填料的土质情况、搬运距离、设计坡度、工程规模和工期来确定。施工中可能涉及的施工机械如表 11-1 所示。

表 11-1 施工机械表

作业种类	施工机械
开挖	挖掘机、推土机等
搬运	推土机、小型翻斗卡车、微型轮式铲运机等
铺摊、整平	推土机、湿地推土机、微型推土机等

续表 11-1

作业种类	施工机械
碾压	气胎碾、振动碾、夯板、蛙式打夯机、压路机、轻型压路机等
凿岩、成孔	风钻、螺旋式钻孔机、旋转冲击式钻孔机等
注浆设备	灰浆泵、灰浆搅拌机等
其他	混凝土搅拌机、电焊机、钢筋加工设备等

11.4 施 工

11.4.1 墙体模板施工

11.4.1.1 斜撑的下端须有垫板。根据不同的情况采取不同的固定方式,如在泥地上用木桩,在混凝土上可用预埋铁件或筑临时水泥墩子等。

11.4.1.2 斜撑与模板横带水平交角不宜大于45°。

11.4.1.3 墙体模板施工时,应先定出中心线和二边线,选择一边先装竖立挡、横挡及斜撑并钉侧板,在顶部用线锤吊直,拉线找平,撑牢钉实,待钢筋绑扎、基面清理干净后,再竖另一端模板。

11.4.1.4 施工前,应在模板上涂刷隔离剂。

11.4.1.5 施工中搭设的脚手架与模板不应发生联系。

11.4.1.6 底板(前趾板与后踵板)钢筋绑扎时,应预埋高度不等的锚固钢筋,并与立壁和扶壁的竖向钢筋逐根对应焊接。焊接接头应设于内力较小处。

11.4.1.7 安装模板时,须考虑浇筑混凝土的工作特点,并与钢筋安装绑扎和浇筑的方法相适应,在必要的地方可以设置活板或天窗。

11.4.1.8 模板安装完成后,应对其平面位置、顶面标高、节点连结及纵横向的稳定性进行检查和加固。

11.4.1.9 模板拆除应按设计顺序进行,当设计无规定时,应遵循先拆除不承重模板,后拆除承重模板,并依先上后下的原则进行拆除。

11.4.1.10 不承重的侧模,可在混凝土强度能保证其表面及棱角不因拆模损坏(一般抗压强度达到2.5MPa)时拆除。具体时间宜按附录D执行。

11.4.2 混凝土的配制及运输

11.4.2.1 混凝土在试配时,使用的各项材料与施工实际采用的材料应相同。

11.4.2.2 混凝土应满足强度、耐久性等质量要求,和易性、凝结速度等应适应施工要求,达到密实均匀、表面光滑平整、无蜂窝麻面、不露筋骨和设计要求的规格尺寸。

11.4.2.3 混凝土搅拌时间为自全部材料装入搅拌筒起至混凝土由筒中开始卸料时为止,其连续搅拌的最短时间如附录D所示。

11.4.2.4 在施工过程中,工地试验人员应负责检查粗、细骨料的湿度,并据此将原定设计配合比换算为施工配合比。

11.4.2.5 在施工现场集中搅拌的混凝土,应检查混凝土拌合物的均匀性。检测时,首先对搅拌好的混凝土拌合物取样,然后通过计算得出混凝土拌合物中砂浆密度、相对误差,以及单位体积混凝土拌合物中粗骨料的质量、相对误差,最终判断其均匀性。

11.4.2.6 混凝土的运输能力应适应混凝土凝结速度和浇筑速度的需要。当混凝土拌合物运距较近时,可采用无搅拌器的运输工具运输。当运距较远时,宜采用搅拌运输车运输。混凝土从搅拌机中卸出装够后,其运输的延续时间不宜超过附录 D 的规定。

11.4.2.7 当用无搅拌运输工具运送混凝土时,应采用不露浆、不吸水、有顶盖且能直接将混凝土倾入浇筑位置的盛器。当用搅拌运输工具运输已拌成的混凝土时,途中应以 2~4r/min 的慢速进行搅拌,混凝土的装载量约为搅拌筒几何容量的 2/3。亦可采用泵送混凝土或带式运输机运送混凝土。

11.4.3 混凝土的浇筑

11.4.3.1 混凝土的浇筑应做到搅拌均匀、振捣密实、养护及时。墙体的混凝土构件应均质、密实、平整,混凝土的强度等级应符合设计要求。

11.4.3.2 混凝土以现浇为宜,也可分二次进行,先浇底板(趾板和踵板),然后再浇立壁,当底板强度达到 2.5MPa 后,应及时浇筑立壁(或扶壁)。

11.4.3.3 接缝处的底板面宜做成凹凸不平的糙面,并应作施工缝处理。

11.4.3.4 待混凝土强度达到 2.5MPa 以上时,方可进行凿毛冲洗、安装立壁模板及钢筋焊接绑扎等工序。

11.4.3.5 对于墙身立壁的主筋可考虑预留钢筋,采用电弧焊焊接;如墙身立壁较低时,可与底板钢筋一次绑扎到顶,并可在墙身两侧搭以支架,将竖立钢筋临时稳固。

11.4.3.6 扶壁的浇筑与墙身同步进行,分层浇筑、振捣。

11.4.3.7 对于扶壁式的扶肋,考虑支模时支撑的需要,在底板上应设置预埋钢筋或预埋件。

11.4.3.8 从高处向模板内倾卸混凝土时,应采取措施防止离析。

11.4.3.9 混凝土振捣时,应振捣到混凝土不再下沉、无显著气泡上升、顶面平坦一致,并开始浮现水泥浆为止。当发现表面浮现水层,应立即设法排除,并须检查发生的原因或调整混凝土配合比。

11.4.3.10 浇筑长度以挡土墙的伸缩缝或沉降缝为一节段,一般在 15.0m 左右。

11.4.3.11 墙身立壁应严格分层,混凝土浇筑工作宜连续进行,一次浇完,并应在前层所浇的混凝土尚未初凝以前,即将此层混凝土浇筑捣实完毕。

11.4.3.12 混凝土浇筑的最大间歇时间是根据水泥凝结时间、水灰比及水泥的硬化条件等情况而定,当缺乏资料难以决定时,可通过试验测定。

11.4.3.13 墙体混凝土浇筑完成后,墙顶应进行两次抹面,并实施压光或拉毛工艺。

11.4.3.14 混凝土浇筑完毕后,一般在 10h 左右即可开始覆盖浇水。当气候炎热或有风的天气时,2~3h 后即可浇水以维持充分的湿润状态。

11.4.3.15 在潮湿气候条件下,空气相对湿度大于 60%时,使用普通硅酸盐水泥湿润养护时间不少于 7d;使用火山灰质或矿渣水泥时,不少于 14d;在比较干燥气候条件下,相对湿度低于 60%时,应各不少于 14d 和 21d。

11.4.3.16 当气候变化较大、内外温度差异较大时,拆除模板后宜用草帘、塑料布等遮盖,并继续浇水养护,不宜直接用冷水喷浇混凝土外露面。当使用养护剂养护时,应均匀喷涂,形成薄膜,可不再洒水养护。

11.5 施工质量检验

11.5.1 基本要求

参照本技术要求 9.5.1 的相关规定。

11.5.2 检验项目

悬臂式挡土墙质量检验项目及标准如表 11-2 所示。

表 11-2 悬臂式挡土墙质量检验标准

序号	检查项目	规定值或允许偏差	检查方法及频率	规定分
1	原材料	符合设计要求	根据附录C,查质量合格证、复检报告	10
2	混凝土强度	在合格标准内	根据附录I,查试验报告	10
3	墙背后填料	符合设计要求	查施工记录、监理日志、检验报告,每5 000m³ 同一产地填料不少于1次	9
4	压实度	设计要求,≥90%	查施工记录、监理日志、试验报告,每层不少于1处	9
5	平面位置(mm)	±30	用经纬仪测,每20m测3处,且不少于3处	8
6	断面尺寸(mm)	不小于设计值	用尺量,每20m量3处,且不少于3处	8
7	顶面高程(mm)	±10	用水准仪测,每20m测3处,且不少于3处	8
8	基底面高程(mm)	±50	用水准仪测,每20m测3处,且不少于3处	8
9	墙面坡度(%)	0.5	用水准仪测或垂线量,每20m量3处,且不少于3处	8
10	沉降缝位置(mm)	±50	尺量,全部	8
11	沉降缝宽度(mm)	0,+10	尺量,每条缝不少于3处	8
12	表面平整度(mm)	10	用直尺量,每20m量3处,且不少于3处	6

11.5.3 外观鉴定

11.5.3.1 混凝土施工缝平顺。不符合要求的扣1~2分。

11.5.3.2 蜂窝、麻面面积不得超过该面面积的0.5%。不符合要求的,每超过0.5%扣3分。

11.5.3.3 混凝土表面出现非受力裂缝,扣1~3分。

11.5.3.4 沉降缝整齐垂直,上下贯通。不符合要求的扣1~3分。

11.6 施工注意事项

11.6.1 墙体模板施工,混凝土的配制、运输以及混凝土浇筑等为重要施工工序,监理单位必须旁站监理,需在监理日志中记录模板安装方式、混凝土配制方法、混凝土运输时间、混凝土浇筑质量、混凝土养护等内容。

11.6.2 施工时应做好排水系统,避免水软化地基的不利影响,基坑开挖后应及时封闭。

11.6.3 施工时,应保证基础埋置到最深可能滑动面以下的稳定岩(土)体中,并满足设计深度。挡土墙的基底面严禁做成顺坡,基底面的倒坡应符合设计要求。

11.6.4 在灌注基础混凝土前,地基表面为非黏性土或干土时,宜预先洒水湿润;若为过湿土,应在上面加铺厚度0.10m以上的碎石垫层,并夯实紧密;若为岩石,除用水润湿外,需加铺厚度2~3cm的水泥砂浆。

11.6.5 现场整体浇筑时,每段墙的底板、面板和肋的钢筋应一次绑扎,宜一次完成混凝土灌注。当采用现场分段浇筑时,应按设计要求进行施工,并预埋好连结钢筋,连接处混凝土面应严格凿毛,并清洗干净。

11.6.6 任何时候都不能采用淤泥、膨胀土、高塑土作填料。对季节性冻土地区,不能用冻胀性材料作为填料。

11.6.7 灌注混凝土后,应按有关规定进行养护。

12 锚杆式挡土墙

12.1 一般规定

12.1.1 锚杆式挡土墙一般适用于小型岩质滑坡治理和塌岸防护工程,是由锚杆与带肋柱的挡土板、挡土墙结合组成的支挡工程。

12.1.2 锚杆式挡土墙工程施工前,应严格检查水泥、砂、混凝土、钢筋、挖掘设备、注浆设备等材料与器具,必须符合相关规范。

12.1.3 锚杆式挡土墙工程应按施工场地清理→土方开挖→钻孔→锚杆施工→灌浆→肋柱施工→挡土板施工→回填压实的顺序进行施工。

12.1.4 锚杆式挡土墙的平面位置、顶面高程、墙面坡度、面板缝宽、墙面平整度、肋柱间距等应进行检测检验,达到设计要求。

12.2 施工前准备

12.2.1 施工前,应清理挡土墙墙趾及施工需用场地,铲除有机杂质和树根、草层等杂物,清理场地风化、松软土石,并将场地碾压平整。

12.2.2 要做好截、排水沟及防渗设施,保证场地地表排水通畅。

12.2.3 为判断锚杆能否满足设计要求,应进行锚杆试验。极限抗拔力试验的锚杆数量不少于锚杆总数量的5%,且不得少于3根,应在注浆水泥砂浆强度达到设计强度后进行。

12.2.4 做好工程备料,并保证各种设备处于正常状态。

12.2.5 做好砂浆配比及混凝土的水灰比、坍落度等试验。

12.2.6 将锚杆挡墙的施工方法的全部细节报请监理工程师批准。

12.3 材料及机具

12.3.1 锚杆材料有钢筋、钢管、钢丝束或钢绞线,一般多用钢筋。有单杆和多杆之分,单杆多用HRB400或HRB500热轧螺纹粗钢筋,直径为22~32mm;多杆直径为16mm,一般为2~4根。

12.3.2 承载力很高的土层锚杆多采用钢丝束或钢绞线,应有出厂合格证及试验报告。

12.3.3 锚杆必须有防锈措施,如镀锌、防锈漆、沥青麻丝、沥青玻璃布等。有条件时,可在锚杆上套管,内径大于锚杆外径4~5mm,浇以环氧树脂封闭保护。

12.3.4 锚杆应按设计尺寸下料、调直、除污、加工。

12.3.5 水泥浆。用42.5或42.5R普通硅酸盐水泥;砂用粒径小于2mm的中细砂;水用pH值不小于4的水;砂浆尽量采用机拌,以使砂浆具有较高的可泵性和低泌浆性。

12.3.6 在选定施工机械时,应根据场地条件、填料的土质情况、搬运距离、设计坡度、工程规模和工期来确定。施工中可能涉及的施工机械如表12-1所示。

表 12-1 施工机械表

作业种类	施工机械
开挖	挖掘机、推土机、风钻等
搬运	推土机、小型翻斗卡车、履带式传输机、微型轮式铲运机等
凿岩、成孔	风钻、螺旋式钻孔机、旋转冲击式钻孔机等
注浆设备	灰浆泵、灰浆搅拌机等
张拉设备	穿心式千斤顶、配油泵、油压表等
其他	混凝土搅拌机、电焊机、钢筋加工设备等

12.4 施 工

12.4.1 土方开挖

12.4.1.1 土石方开挖与锚杆施工要相互协调，紧密配合。当开挖到接近设计边坡线2.0m范围内，应采用松动爆破以免破坏坡体、增加锚固施工困难，做到边坡开挖与锚杆施工同步进行。

12.4.1.2 墙基位于斜坡时，墙趾埋入深度和距地面水平距离均应符合设计要求。

12.4.1.3 采用倾斜基底时，应准确挖、凿，不得填补。

12.4.1.4 基坑开挖至设计高程后，应立即进行基底承载力检查；当承载力不足时，应按规定变更设计。

12.4.2 钻 孔

12.4.2.1 根据设计要求和土层条件，定出孔位，作出标记。锚孔轴线应准确，孔口位置允许偏差$-50\sim+50$mm，孔深允许偏差$-10\sim+50$mm，钻孔轴线与设计轴线的偏差应小于3%孔长；相邻锚孔间距应符合设计规定。

12.4.2.2 钻机就位后应保持平稳，导杆或立轴与钻杆倾角一致，并在同一轴线上。

12.4.2.3 根据土层条件可选择岩心钻进，也可选择无岩心钻进；为了配合跟管钻进，应配备足够数量、长度为0.5~1.0m的短套管。

12.4.2.4 锚孔直径大于100mm，宜用钻机成孔，并针对地层软硬和破碎等情况，分别采用不同类型并能作斜孔钻进的钻机。

12.4.2.5 钻进过程中，应掌握钻进参数，合理掌握钻进速度，不应损伤岩体结构，防止埋钻、卡钻等各种孔内事故。

12.4.2.6 钻孔过程，可将锚固部分或锚孔底部用小药量爆破成葫芦状。

12.4.2.7 钻孔完毕后，应将孔内岩粉碎屑等杂物排除干净，保持孔内干燥及孔壁干净粗糙，用清水把孔底沉渣冲洗干净，直至孔口有清水返出。

12.4.3 锚杆施工

12.4.3.1 锚杆施工应逐层由下向上进行，当同层锚杆施工完成后，方可填料碾压。

12.4.3.2 锚杆未插入岩层的部分，必须按设计要求作防锈处理。

12.4.3.3 锚杆一般与水平方向成13°~35°夹角。倾角大小应视施工机具、岩层走向与倾角等情况和锚杆挡墙的受力条件而定，但尽可能按锚杆最短长度考虑。

12.4.3.4 锚杆在岩层中的有效锚固长度一般不小于4.0m；锚入稳定土层内的锚固长度一般不小于9.0~10.0m。锚杆锚固后，应做锚杆锚固力的确认试验，待水泥砂浆强度达85%以上时，进行极限抗拔力试验,一般不少于3根。

12.4.3.5 锚杆施工时,需设定位支架。锚杆定位支架按5.3.1.8执行。

12.4.3.6 宜先插入锚杆然后灌浆,灌浆应采用孔底注浆法,灌浆管应插至距孔底50～100mm,并随水泥砂浆的注入逐渐拔出,灌浆压强不宜小于0.2MPa。

12.4.3.7 锚杆安装后不得敲击、摇动,不得在杆体上悬挂重物。普通砂浆锚杆在3d以后,早强砂浆锚杆在12h以后,必须待砂浆达到设计强度的75%后方可安装立墙板、(肋)柱。

12.4.3.8 局部高墙或高边坡锚杆施工时,可构筑临时性脚手架和平台。

12.4.3.9 边坡开挖中,当挖至某一层锚杆标高后,应对锚杆附近岩石加以清除,及时进入锚杆施工,以免坡体产生变化。当土石方开挖达到平台高度时,即可现浇或拼装肋柱,肋柱在平面、纵面上的位置不得超出规定的偏差值。

12.4.3.10 地质不良地段的锚杆施工宜安排在旱季,采用两跨肋柱间距为一施工段,随开挖随安装。

12.4.3.11 锚孔钻孔、锚杆放置、锚杆注浆各工序应连续完成,以一个孔为工作单元。严禁锚孔施工完毕、放置锚杆数天后才再灌浆。

12.4.3.12 锚杆放入锚孔后,应检查注浆孔及排气孔是否畅通、完好。

12.4.4 灌 浆

12.4.4.1 灌浆前应用高压气吹净孔壁,清除孔中碎渣岩粉。

12.4.4.2 灌浆时在孔口深0.4m范围内先用1:3水泥砂浆封闭,并预留排气孔、灌浆孔,或采用孔盖封闭更好。钻孔中若有地下水及孔壁渗水不易排干时,应将灌浆管送入孔底,随着灌浆浆液挤出孔中水,并逐步抽拔灌浆管。

12.4.4.3 灌浆过程中应随时注意排气孔不被堵塞,待灌满浆,抽出灌浆管,封闭排气孔及注浆孔。

12.4.4.4 灌浆材料采用设计的强度等级水泥砂浆,其水灰比按现场试验确定。一般砂子粒径为0.5～0.6mm,不宜大于2mm。

12.4.4.5 浆液应搅拌均匀、过筛、随搅随用,浆液应在初凝前用完,注浆管路应经常保持畅通。

12.4.4.6 注浆应符合设计要求,注浆压力一般不得低于0.4MPa,亦不宜大于2MPa,宜采用封闭式压力灌浆和二次压力灌浆。

12.4.4.7 常压注浆采用砂浆泵将浆液经压浆管输送至孔底,再由孔底返出孔口,待孔口溢出浆液或排气管停止排气时,可停止注浆。

12.4.4.8 需加固有裂隙的孔壁围岩时,应采用有压灌浆。初始压力不宜过大,应根据吃浆量的大小逐渐加大压力。

12.4.4.9 浆液硬化后不能充满锚固体时应进行补浆,注浆量不得小于计算量,其充盈系数为1.1～1.3。

12.4.4.10 注浆时,宜边灌注边拔出注浆管。应注意注浆管口始终处于浆面以下,注浆时应随时活动注浆管,待浆液溢出孔口时全部拔出。

12.4.4.11 拔套管时应注意钢筋有无被带出的情况,否则应再压进去直至不带出为止,再继续拔管。

12.4.4.12 注浆完毕应将外露的钢筋清洗干净,并保护好。

12.4.5 肋柱施工

12.4.5.1 肋柱安装前,基础的杯口务必打扫干净,铺设一层沥青砂浆。

12.4.5.2 肋柱施工分为预制拼装和就地浇注两种方式。

12.4.5.3 当肋柱为预制施工时,肋柱应预留锚杆孔,并严格掌握对中正确,以便肋柱、锚杆的穿越和正确就位。

12.4.5.4 两根拼接的肋柱,两端拼接处可用大于Φ20mm×300mm的预埋销钉连接或用预留榫接。

12.4.5.5 肋柱正确就位后,在杯口中用木楔塞紧。肋柱预留位移后仰量,按1:0.05的倾斜度设置,当各构件及填土全部完成后才打掉木楔,以沥青砂浆封口。

12.4.5.6 当肋柱采用就地灌注施工时,锚杆与肋柱连接,可把锚杆钢筋弯入肋柱内。肋桩一般为矩形顺墙长方向的宽度不小于30cm,肋柱间距为2.0～3.0m。采用分级设墙,自上而下逐级开挖。

12.4.5.7 若采用预应力锚杆肋柱结构,在混凝土浇注至锚杆穿越肋柱位置时,按照设计要求放置防护套管。防护套管的直径、放置位置与水平面夹角均必须符合设计要求。

12.4.6 挡土板施工

12.4.6.1 挡土板均为预制拼装构件,顺高方向的宽度可视工地起吊设备的能力而定,但不小于30cm。

12.4.6.2 挡土板可做成槽形板、矩形板,板厚符合设计要求,一般不宜小于20cm。

12.4.6.3 安装基础模板前,应反复检查地基高程及中心线位置,定出基础边线和基础底面、顶面高程,并按设计要求做好防水、排水设施。

12.4.6.4 挡土板与肋柱的搭接长度不得小于10cm。同一根肋柱上相邻两跨挡土板搭接处的对缝宽度宜为1～2cm,其缝隙可按伸缩缝处理。

12.4.7 锚杆张拉与锁定

若采用预应力锚杆肋柱结构,锚杆的张拉与锁定参照"6.4.6 预应力锚杆"执行。

12.4.8 回填压实

12.4.8.1 填料应优先采用具有一定级配的砾类及砂类土,当用透水性差的黏性土填筑时,应在墙背做好反滤层、透水层、隔水层以及纵横间的盲沟等防排水设施,并结合填料进度同步进行。

12.4.8.2 填料时严禁在未覆盖填土的锚杆钢筋上行驶车辆和进行碾压。

12.4.8.3 填料的挖、装、运、填及压实应连续进行。在作业过程中,对细粒土和砂、粘砂填料,应防止其含水量的不利变化;对粗料土和软块石,应防止产生颗粒的分解、沉淀和离析。

12.4.8.4 不同种类的填料不得混杂填筑,每一水平层的全宽应采用同一种填料。

12.4.8.5 当渗水土填料在非渗水土上时,非渗水土层顶面应向两侧做成不小于4%的排水坡。

12.4.8.6 填筑压实宽度不小于设计值,每层填筑压实应检验合格后,方可在其上继续填筑。

12.4.8.7 墙背锚固段填料宜采用粗粒土或改性土等填料,墙背填土必须满足设计压实度要求(图12-1)。

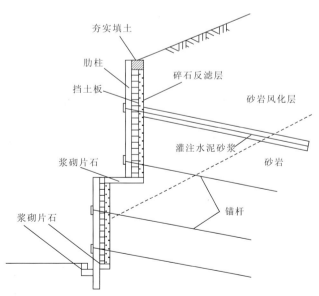

图12-1 锚杆、肋柱和挡土板结构示意图

12.5 施工质量检验

12.5.1 基本要求

12.5.1.1 地基必须满足设计要求,严禁超挖回填虚土。
12.5.1.2 锚杆安装准确,符合设计要求。
12.5.1.3 立柱、挡土板表面平整、密实,无蜂窝、麻面现象。
12.5.1.4 墙背回填应符合设计要求。
12.5.1.5 沉降缝、排水孔数量、位置、质量应符合设计要求。

12.5.2 检验项目

锚杆挡土墙质量检验项目及标准如表 12-2 所示。

表 12-2 锚杆挡土墙质量检验标准

序号	检查项目	规定值或允许偏差	检查方法及频率	规定分
1	原材料	符合设计要求	根据附录C,查质量合格证、复检报告	10
2	混凝土强度	在合格标准内	根据附录I,查试验报告	10
3	墙背后填料	符合设计要求	查施工记录、检验报告,每 5 000m³ 同一产地填料不少于 1 次	9
4	压实度	设计要求,≥90%	查施工记录、试验报告,每层不少于 1 处	9
5	锚杆施工	符合设计要求	根据 6.5 施工质量检验	18
6	肋柱间距(mm)	20	每道用钢尺丈量	10
7	平面位置(mm)	+50,-100	用经纬仪测,每20m测3处,且不少于3处	6
8	顶面高程(mm)	±50	用水准仪测,每20m测3处,且不少于3处	6
9	基底面高程(mm)	±50	用水准仪测,每20m测3处,且不少于3处	6
10	墙面坡度(mm)	+0.5%H 及 +50,-1.0%H 及 -100	用坡度尺或垂线量,每20m量3处,且不少于3处	6
11	面板缝宽(mm)	10	用尺量,每20m至少量5条,且不少于5条	6
12	墙面平整度(mm)	15	用直尺量,每20m量3处,且不少于3处	4

12.5.3 外观鉴定

12.5.3.1 预制面板表面平整光洁,线条顺直美观,不得有破损翘曲、掉边啃边等现象。不符合要求的扣 1~2 分。
12.5.3.2 蜂窝、麻面面积不得超过该面面积的 0.5%。不符合要求的,每超过 0.5% 扣 2 分。
12.5.3.3 墙面直顺,线形顺适,板缝均匀。不符合要求的扣 1~3 分。
12.5.3.4 露在面板外的锚头应封闭密实、牢固,整齐美观。不符合要求的扣 1~5 分。

12.6 施工注意事项

12.6.1 钻孔、锚杆施工、张拉与锁定、挡土板施工、灌浆及回填等为重要施工工序,监理单位必须旁站监理,需在监理日志中记录锚孔深度、锚孔孔径、锚孔孔位与高程、锚孔倾斜度、锚孔方位角等内容。

12.6.2 在水文地质不良地段,在钻孔过程中,不得损伤边坡岩体结构,避免岩层裂隙扩大。

12.6.3 张拉设备应牢靠,试验时应采取防范措施,防止夹具飞出伤人。

12.6.4 对施工期处于不利工况的锚杆挡墙,应按临时性支护结构进行验算。

12.6.5 当地下水丰富时,除按设计要求做好主体工程的施工外,对辅助工程,如墙后排水沟、墙身泄水孔等,也应注意其施工质量,防止墙后积水。

12.6.6 排桩式锚杆挡墙和在施工期滑坡可能失稳的板肋式锚杆挡墙,应采用逆作法进行施工。

12.6.7 肋柱、挡土板及锚杆按设计要求安置完毕后,墙背应立即进行回填。

12.6.8 锚杆各条钢筋的连接要牢靠,严防在张拉时发生脱扣现象。

12.6.9 施工机械设备的运转部位应设置安全防护装置。

12.6.10 在水泥运输过程中,应采取合理措施,不能使其受潮。

13 锚喷护坡

13.1 一般规定

13.1.1 锚喷护坡适用于坡面岩石易风化、强度较低的岩石边坡,以及易发生落石、坍塌的岩质边坡防护。采用锚杆或锚固钉将菱形金属网或高强度聚合物土工格栅固定在边坡上,网(格栅)上下喷射混凝土来对边坡进行防护。

13.1.2 锚喷护坡施工前,应严格检查钻机、空压机、注浆泵、锚杆、灌浆材料和喷射混凝土等材料、器具与设备,必须符合相关规范。

13.1.3 应按施工前准备→清理坡面→钻孔→锚杆施工→挂钢筋网→喷射混凝土施工的顺序进行施工。

13.1.4 锚杆原材料型号、规格、品种,以及锚杆各部件质量、技术性能和混凝土强度等应进行检测检验,达到设计要求。

13.2 施工前准备

13.2.1 锚喷护坡施工前,必须取得有关被锚固岩体和混凝土结构的设计图纸、技术文件及施工条件等资料。

13.2.2 应根据锚喷护坡的设计条件、场地地层条件和环境条件编制施工组织设计,并根据不同的锚杆类型制定施工工艺细则。

13.2.3 应按设计要求进行锚固性能基本试验,如砂浆试验、强度试验、锚杆试验等,以验证设计参数,完善施工工艺。

13.2.4 操作人员应经过技术培训,持证上岗,未经培训、考核不合格者不得上岗操作。

13.2.5 锚喷护坡施工前,应根据设计要求做好钢筋、水泥、砂子的备料工作,以及合理选用钻机机具和机器配套设备。

13.2.6 拆除作业面障碍物,清除开挖面的浮石和墙脚的岩渣、堆积物。

13.2.7 用高压水冲洗受喷面。对遇水易潮解、泥化的岩层,则应用压风清扫岩面。

13.2.8 埋设控制喷射混凝土厚度的标志。

13.2.9 喷射机司机与喷射手不能直接联系时,应配备联络装置。

13.2.10 喷射作业前,应对机械设备、风水管路、输料管路和电缆线路等进行全面检查及试运转。

13.2.11 受喷面有滴水、淋水时,喷射前应做好治水工作。

13.3 材料及机具

13.3.1 原材料

13.3.1.1 应优先选用硅酸盐水泥或普通硅酸盐水泥,也可选用矿渣硅酸盐水泥或火山灰质硅酸盐水泥,必要时采用特种水泥。水泥强度等级不应低于32.5MPa。

13.3.1.2 应采用坚硬耐久的中砂或粗砂,细度模数宜大于2.5。干法喷射时,砂的含水率宜控制在5%～7%；当采用防粘料喷射机时，砂含水率可为7%～10%。

13.3.1.3 应采用坚硬耐久的卵石或碎石，粒径不宜大于15mm。当使用碱性速凝剂时，不得使用含有活性二氧化硅的石材。

13.3.1.4 喷射混凝土用的骨料级配宜控制在表13-1所给的范围内。

表13-1 喷射混凝土骨料通过各筛径的累计重量百分数(%)

项 目 \ 骨料粒径(mm)	0.15	0.30	0.60	1.20	2.50	5.00	10.00	15.00
优	5～7	10～15	17～22	23～31	34～43	50～60	78～82	100
良	4～8	5～22	13～31	18～41	26～54	40～70	62～90	100

13.3.1.5 应采用符合质量要求的外加剂，掺外加剂后的喷射混凝土性能必须满足设计要求。在使用速凝剂前，应做与水泥的相容性试验和水泥净浆凝结效果试验，初凝时间不应大于5min，终凝时间不应大于10min；在采用其他类型的外加剂或几种外加剂复合使用时，也应做相应的性能试验和使用效果试验。

13.3.1.6 当工程需要采用外掺料时，掺量应通过试验确定，加外掺料后的喷射混凝土性能必须满足设计要求。

13.3.1.7 混合水中不应含有影响水泥正常凝结与硬化的有害杂质，不得使用污水及pH值小于4的酸性水，以及含硫酸盐量按SO_4^{2-}计算超过混合用水重量1%的水。

13.3.2 施工机具

13.3.2.1 干法喷射混凝土机的性能应符合下列要求：

(1)密封性能良好，输料连续均匀；

(2)生产能力(混合料)为3～5m^3/h，允许输送的骨料最大粒径为25mm；

(3)输送距离(混合料)，水平方向不小于100m，垂直方向不小于30m。

13.3.2.2 湿法喷射混凝土机的性能应符合下列要求：

(1)密封性能良好，输料连续均匀；

(2)生产能力大于5m^3/h，允许骨料最大粒径为15mm；

(3)混凝土输料距离，水平方向不小于30m，垂直方向不小于20m；

(4)机旁粉尘小于10mg/m^3。

13.3.2.3 选用的空压机应满足喷射机工作风压和耗风量的要求。当工程需要选用单台空压机工作时，其排风量不应小于9m^3/min。压风进入喷射机前，必须进行油水分离。

13.3.2.4 混合料的搅拌宜采用强制式搅拌机。

13.3.2.5 喷射机要求密封性能良好，输料顺畅，连续均匀。宜采用湿喷型喷射机，输送压力为0.4～0.6MPa。输料管应能承受0.8MPa以上的压力，并有良好的耐磨性能。

13.3.2.6 干法喷射混凝土施工供水设施应保证喷头处的水压为0.15～0.20MPa。

13.3.2.7 注浆泵输浆压力和输浆量应符合设计要求，一般将注浆压力控制在0.4～0.9MPa之间。

13.4 施 工

13.4.1 锚 杆

锚杆的施工按本技术要求6.4执行。

13.4.2 喷射作业

13.4.2.1 喷射机操作应遵守下列规定：

(1)严格执行喷射机操作规程；

(2)连续均匀向喷射机供料；

(3)保持喷射机工作风压稳定；

(4)完成喷射作业或因故中断喷射作业时,应将喷射机和输料管内积料清除干净。

13.4.2.2 喷射手的作业应遵守下列规定：

(1)应保持喷头具有良好的工作性能；

(2)喷头与受喷面应垂直,并保持0.6～1.0m的喷射距离；

(3)喷射时,喷射手应控制好水灰比,保持喷射混凝土表面平整、湿润光泽,无干斑或滑移流淌现象。

13.4.2.3 喷射作业应遵守下列规定：

(1)喷射作业应分段、分片依次进行,喷射顺序应自下而上(图13-1)。

(2)素喷混凝土一次喷射厚度:掺速凝剂时不宜超过100mm；不掺速凝剂时不宜超过70mm。

(3)分层喷射时,后一层喷射应在前一次喷射混凝土终凝后进行。若终凝1h后再次喷射,应用风、水清洗前一次喷层表面后再进行后一次喷射作业。

(4)喷射作业紧跟工作面时,下一工序若有较大振动,应在前一循环喷射混凝土终凝3h后进行。

(5)两次循环作业的喷射混凝土应有200mm搭接长度,搭接部位的起伏差应控制在允许范围之内。

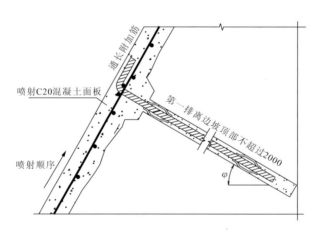

图13-1 锚喷护坡示意图

13.4.2.4 喷射混凝土表面应平整,其平均起伏差应控制在100mm以内。

13.4.2.5 喷射混凝土的回弹率不应大于15%。

13.4.2.6 寒冷地区或冬季喷射混凝土施工时应遵守下列规定：

(1)作业区气温不低于+5℃；

(2)混合料进入喷射机时的温度不低于+5℃；

(3)气温低于+5℃时,不得喷水养护。

13.4.2.7　在高温环境进行喷射混凝土作业时,气温不得高于+35℃。

13.4.2.8　喷射混凝土养护应遵守下列规定:
(1)终凝 2h 后开始喷水养护;
(2)养护时间一般性工程不得少于 7d,重要工程不得少于 14d。

13.4.3　水泥裹砂喷射混凝土作业

13.4.3.1　水泥裹砂喷射混凝土施工机具除应符合本技术要求的有关规定外,还应符合下列要求:
(1)砂浆输送泵可选用液压双缸式、螺旋式或挤压式,也可采用单缸式。砂浆泵的输送能力不应小于 $4m^3/h$,并在 $0\sim 4m^3/h$ 内无级可调;砂浆输出压力不少于 0.3MPa;采用单缸式砂浆输送泵时,应保证砂浆的输送脉冲间隔时间不超过 0.4s。
(2)砂浆拌制设备可采用反向双转式或行星式水泥裹砂机,也可采用强制式混凝土搅拌机。

13.4.3.2　水泥裹砂喷射混凝土的配合比除应符合本技术要求的有关规定外,还应符合下列要求:
(1)水泥用量宜为 $350\sim 400kg/m^3$;
(2)水灰比宜为 0.40～0.52;
(3)砂率宜为 55%～70%;
(4)裹砂砂浆的砂量宜为总用砂量的 50%～75%;
(5)裹砂砂浆的水泥用量宜为总水泥量的 90%;
(6)裹砂砂浆造壳水灰比宜为 0.2～0.3。

13.4.3.3　裹砂砂浆的拌制应遵守下列规定:
(1)裹砂砂浆的拌制程序为:将砂和一次搅拌用水加入拌合机搅拌 20～40s;加入水泥再搅拌 40～150s;最后将两次搅拌用水和外加剂加入拌合 30～90s;
(2)使用掺合料时,掺合料应与水泥同时加入搅拌机。

13.4.3.4　水泥裹砂喷射混凝土混合料的拌合时间应遵守本技术要求附录 D 的规定。

13.4.3.5　水泥裹砂喷射混凝土作业除应遵守本技术要求的有关规定外,还应遵守下列规定:
(1)喷射手送风后,待砂浆泵输送的裹砂砂浆在喷头喷出后,再由喷射机输送混合料;
(2)注意调整砂浆泵压力,使喷出的裹砂混凝土稠度适宜;
(3)喷射结束时,喷射机应先停止输送混合料,再停止输送裹砂砂浆,喷头处没有料物喷出时停止送风;
(4)裹砂喷射混凝土的一次喷射厚度可适当增加,但不宜超过 120mm;
(5)水泥裹砂喷射混凝土的回弹率不宜大于 10%。

13.4.4　钢纤维喷射混凝土作业

13.4.4.1　钢纤维喷射混凝土的原材料,除应符合本技术要求的有关规定外,还应遵守下列规定:
(1)钢纤维和聚丙烯纤维的长度偏差不宜超过长度公称值的±5%;
(2)水泥强度不宜低于 42.5MPa;
(3)骨料粒径不得大于 10mm;
(4)钢纤维不得有明显的锈蚀、油渍及其他妨碍钢纤维与水泥黏结的杂质,钢纤维内含有的因加工不良造成的黏连片、表面锈蚀的纤维、铁屑及杂质总量不应超过钢纤维重量的 1%。

13.4.4.2　钢纤维喷射混凝土施工,除应满足本技术要求的有关规定外,还应遵守下列规定:
(1)宜选用纤维播料机往混合料中添加钢纤维。加入钢纤维后混合料的搅拌时间不宜小于 3min;
(2)钢纤维在混合料中应分布均匀,不应成团。

13.4.5　挂钢筋网

13.4.5.1　钢筋网的钢筋规格、钢材质量、网格尺寸应满足设计要求。铺设前应做除锈、除污处理。

13.4.5.2　钢筋网可人工在现场铺设,也可在加工厂焊接成一定尺寸的钢筋网片,运至现场成片铺设。钢筋网应沿清理的坡面铺设，与岩面距离宜为30～50mm。钢筋网应同锚杆连接牢固，相邻铺设的钢筋网应搭接，搭接时纵横钢筋网应对应，搭接长度不应小于200mm。

13.4.5.3 采用双层钢筋网时，第二层钢筋网应在第一层钢筋网被第一层喷射混凝土覆盖后再铺设。

13.4.5.4 钢筋网喷射混凝土作业时，除应遵守本技术要求的有关规定外，还应遵守下列规定：
(1)应适当减少喷头与受喷面的距离，并调整喷射角度，避免喷头正对钢筋；
(2)喷射中如有脱落的混凝土被钢筋网架住或回弹物散落在钢筋网与岩面之间，应及时清除。

13.4.5.5 钢筋网的保护层厚度不应小于20mm，对于过水的水工隧洞不宜小于50mm。

13.5 施工质量检验

13.5.1 基本要求

13.5.1.1 工程所用锚喷材料和砂浆、混凝土的配合比、强度等应符合设计要求。

13.5.1.2 锚喷岩面处理应符合设计要求，喷层要密实，受喷面底部不得有回弹物堆积。

13.5.1.3 喷射前应做好排水设施，对个别漏水孔洞、缝隙应采取堵水措施。

13.5.1.4 不允许钢筋与锚杆外露，不允许漏喷、脱层和混凝土开裂脱落，喷层与坡体连结紧密。

13.5.1.5 锚杆抗拔力应符合设计要求。应随机抽取锚杆总根数5%～10%且不少于5根的锚杆做抗拔力检测，检测出的抗拔力符合设计要求，并提出抗拔力检测成果汇总表和检测点位分布图。

13.5.2 检验项目

锚喷护坡质量检验项目及标准如表13-2所示。

表13-2 锚喷护坡质量检验标准

序号	检查项目	规定值或允许偏差	检查方法及频率	规定分
1	原材料	符合设计要求	根据附录C，查质量合格证、复验报告	20
2	水泥砂浆强度	符合设计要求	根据附录H，查试验报告	20
3	锚杆施工	符合设计要求	根据6.5施工质量检验	20
4	锚杆数量	不少于设计数量	查施工记录	10
5	网孔尺寸	符合设计要求	查施工记录	10
6	喷层厚度(mm)	平均厚度≥设计厚度，检查点的60%≥设计厚度，最小厚度≥0.5设计厚度，且≥60	用凿孔或激光断面仪测，每长20m测3个断面，断面上测点间距3～5m，且不少于3个断面	10
7	锚喷面积	不小于设计值	用尺量或经纬仪测，全部	10

13.6 施工注意事项

13.6.1 锚喷护坡锚杆定位、成孔、注浆、喷射混凝土等为重要施工工序，监理单位必须旁站监理，需在监理日志中记录锚孔深度、锚孔孔径、锚孔孔位与高程、锚孔倾斜度、喷层厚度等内容。

13.6.2 施工中，应定期检查电源线路和设备的电器部件，确保用电安全。

13.6.3 喷射机、水箱、风包、注浆罐等应进行密封性能和耐压试验，合格后方可使用。喷射混凝土施工作业中,要经常检查出料弯头、输料管和管路接头等有无磨薄、击穿或松脱现象,发现问题应及时处理。

13.6.4 喷射作业中处理堵管时,应将输料管顺直,必须紧按喷头,疏通管路的工作风压不得超过0.4MPa。

13.6.5 喷射混凝土施工用的工作台架应牢固可靠,并应设置安全栏杆。

13.6.6 向锚杆孔注浆时,注浆罐内应保持一定数量的砂浆,以防罐体放空,砂浆喷出伤人。处理管路堵塞前,应消除罐内压力。

13.6.7 非操作人员不得进入正在进行施工的作业区。施工中,喷头和注浆管前方严禁站人。

13.6.8 施工操作人员的皮肤应避免与速凝剂、树脂胶泥直接接触,严禁树脂卷接触明火。

13.6.9 钢纤维喷射混凝土施工中应采取措施,防止钢纤维扎伤操作人员。

13.6.10 如果采用干法喷射混凝土施工,宜采取下列综合防尘措施:

(1)在保证顺利喷射的条件下,增加骨料含水率;
(2)在距喷头 3~4m 处增加一个水环,用双水环加水;
(3)在喷射机或混合料搅拌处,设置集尘器或除尘器;
(4)在粉尘浓度较高地段,设置除尘水幕;
(5)加强作业区的局部通风;
(6)采用增粘剂等外加剂。

13.6.11 喷射混凝土作业人员,应采用个体防尘用具。

14 格构护坡

14.1 一般规定

14.1.1 格构护坡是利用浆砌块石、现浇钢筋混凝土或预制钢筋混凝土进行坡面防护,并利用锚杆或锚索固定的一种坡面综合防护措施。

14.1.2 格构护坡施工前,应严格检查预应力钢筋、砂浆材料、石料等材料与器具,必须符合相关规范。

14.1.3 应按修坡→基槽开挖→格构梁施工→格构间回填(植草)→养护的顺序进行施工。

14.1.4 钢筋、石料和砂浆材料强度等应进行检测检验,达到设计要求。

14.2 施工前准备

14.2.1 材料进场前,需对各种原材料的品质进行试验,合格后方可进场,材料进场后还要对混凝土的原材料进行抽检,其各项指标均要符合设计的要求。实验室提供施工的砂浆配合比。

14.2.2 组织施工单位、施工机具及工程材料进场。施工使用设备进场后,应进行检修调试,保证开工后设备正常运转。

14.2.3 砌筑格构梁的材料必须满足设计及规范要求,所有材料试验检测均应满足设计、规范要求。

14.2.4 组织技术人员认真学习施工组织设计,阅读、审核施工图纸,澄清有关技术问题,熟悉规范和技术标准。制定施工安全保证措施,提出应急预案。对施工人员进行技术交底,对参加施工人员进行上岗前技术培训。

14.2.5 现场施工机械、人员配置应满足施工需要。

14.3 材料及机具

14.3.1 格构钢筋应专门建库堆放,避免污染和锈蚀;水泥宜使用42.5或42.5R普通硅酸盐水泥,避免使用受潮或过期水泥。

14.3.2 石料应质地坚硬,不易风化,无裂纹。石料表面的污渍应清除,砂石料的杂质和有机质的含量应符合附录C的规定。

14.3.3 石料的强度等级应符合设计要求。当设计未提出要求时,应符合下列规定:

(1)片石、块石不应小于Mu40,用于附属工程的片石不应小于Mu30;

(2)粗料石不应小于Mu60。

14.3.4 砂浆的强度等级应符合设计要求,当设计未提出要求时,一般不得小于M10。

14.3.5 砂浆的配合比应通过试验确定。试验分三种不同的配合比进行,每种配合比最少制作1组(6块)试件,经标准养护至28d试压,并选定符合强度要求的砂浆配合比为确定的砂浆配合比。

14.3.6 砂浆应具有适当的流动性和良好的和易性。砂浆的稠度应以砂浆稠度仪测定的下沉度表示,宜为10~50mm。零小工程可用直观法检查。

14.3.7 砂浆应随拌随用。当在运输或储存过程中发生离析、泌水现象时,应重新拌合。已凝结的砂浆不得使用。

14.3.8 施工设备应符合设计和施工进度的要求,一般有土方挖运机械、水平运输机械和砂浆搅拌机等。

14.4 施 工

14.4.1 基槽开挖

14.4.1.1 按设计要求平整坡面,清除坡面危石、松土、填补坑凹等。

14.4.1.2 按设计图纸对格构基槽进行放样,并用测量仪器和钢尺对基槽开挖位置准确定位。

14.4.1.3 基槽开挖采用小型挖机配合人工进行开挖,并对开挖的基槽岩性及结构进行编录和综合分析,将开挖的岩性与设计对比,出入较大时,应进行变更处理。应防止基槽超挖,保证基槽开挖符合设计要求。

14.4.1.4 开挖基槽的弃渣应按设计的要求堆放,不得造成次生灾害。

14.4.2 浆砌块石格构

14.4.2.1 浆砌块石格构护坡坡面应平整、密实,无表层溜滑体和蠕滑体。

14.4.2.2 浆砌块石格构应嵌置于边坡中,嵌置深度大于格构截面高度的2/3。

14.4.2.3 格构可采用毛石或条石,毛石最小厚度应大于150mm,强度应大于Mu30,用水泥砂浆浆砌,砂浆强度不应低于M7.5。

14.4.2.4 格构每隔10～25m宽度设置伸缩缝,缝宽2～3cm,填塞沥青麻筋或沥青木板。

14.4.2.5 浆砌块石砌筑参照"15 砌石护坡"相关规定执行。

14.4.3 现浇钢筋混凝土格构

14.4.3.1 在开挖的格构梁基槽内铺设厚度不小于5cm的混凝土垫层,以防止格构梁底部钢筋无保护层直接与土层接触,保证钢筋保护层厚度达到设计要求。

14.4.3.2 钢筋可在现场进行制作与安装,钢筋的数量、配置应按设计确定,当受力钢筋采用机械连接接头或焊接接头时,设置在同一构件内的接头宜相互错开。

14.4.3.3 纵向受力钢筋机械连接接头及焊接接头连接区段的长度为35d(d为纵向受力钢筋的较大直径)且不小于500mm,凡接头中点位于该连接区段长度内的接头均属于同一连接区段。

14.4.3.4 同一连接区段内,纵向受力钢筋的接头面积百分率应符合设计要求。当设计无具体要求时,应符合在受拉区不宜大于50%;接头不宜设置在有抗震设防要求的框架梁端纵横格构交叉点箍筋加密区;当无法避开时,对等强度高质量机械连接接头不应大于50%;直接承受动力荷载的结构构件中不宜采用焊接接头;当采用机械连接接头时,不应大于50%。

14.4.3.5 混凝土的浇注应架设模板,模板应加支撑固定。与岩石接触处不架设模板,混凝土紧贴岩体浇注。

14.4.3.6 混凝土灌注过程中,当必须留置施工缝时,应留置在两相邻锚杆(管)作用的中心部位。

14.4.3.7 混凝土浇筑后应及时采取有效的养护措施,在浇筑完毕后的12h内,对混凝土加以覆盖,并保湿养护;混凝土浇水养护的时间:采用硅酸盐水泥、普通硅酸盐水泥或矿渣硅酸盐水泥拌制的混凝土,不得少于7d;掺用缓凝型外加剂或有抗渗要求的混凝土,不得少于14d;浇水次数应能保持混凝土处于湿润状态;混凝土养护用水应与拌制用水相同;采用塑料布护盖养护的混凝土,其敞露的全部表面应覆盖严密,并应保持塑料布内有凝结水;混凝土强度达到1.2N/mm^{2}前,不得在其上踩踏或安装模版及支架。

14.4.3.8 已浇注完毕的格构,应及时派专人进行养护,养护期应在7d以上。

14.4.4 锚杆混凝土格构

14.4.4.1 按照设计位置布设锚杆,按照"6 锚杆"有关要求施工锚杆。

14.4.4.2 在绑扎格构钢筋前,将地面以上锚杆外凝固的砂浆保护层适当凿毛,以保证锚杆砂浆体与格构混凝土紧密黏接。

14.4.4.3 在绑扎格构钢筋时,按照设计要求将锚杆外露杆体与格构钢筋连接。

14.4.4.4 按照"14.4.3 现浇钢筋混凝土格构"施工有关要求施工格构梁(图14-1)。

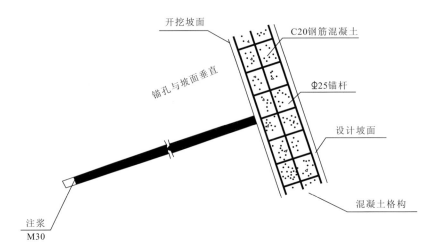

图 14-1 锚杆混凝土格构示意图

14.4.5 预应力锚索混凝土格构

14.4.5.1 按照设计位置布设预应力锚索,参照"5 预应力锚索"有关要求施工锚索。

14.4.5.2 按照"14.4.3 现浇钢筋混凝土格构"施工有关要求施工格构梁。

14.4.5.3 待格构梁混凝土强度大于15MPa时(或浇注后至少有7d的养护时间),方可按照"5 预应力锚索"有关要求进行锚索张拉。

14.4.6 格构内回填

格构梁内采用植草、干砌石、浆砌石,应符合本技术要求植被护坡、砌石护坡有关规定。

14.5 施工质量检验

14.5.1 基本要求

14.5.1.1 砌石或钢筋混凝土格构的原材料和砂浆、混凝土的配合比与强度等应符合设计要求。

14.5.1.2 现浇钢筋混凝土格构的钢筋制作按"附录F.2 钢筋加工和安装"检查评定。预制钢筋混凝土格构按"附录F.3 混凝土构件预制"检查评定。

14.5.1.3 砌石或混凝土格构应密实、坚固。

14.5.2 检验项目

格构护坡质量检验项目及标准如表14-1所示。

表 14-1 浆砌石(钢筋混凝土)格构护坡质量检验标准

序号	检查项目		规定值或允许偏差	检查方法及频率	规定分
1	浆砌石	原材料	符合设计要求	根据附录C,查质量合格证、复验报告	20
		水泥砂浆强度	符合设计要求	根据附录H,查试验报告	20
	或：钢筋混凝土		符合设计要求	根据附录F,查施工记录	40
2	轴线位置(mm)	浆砌石	±50	用经纬仪测,每长20m测3点,且不少于3点	10
		混凝土	±30		
3	断面尺寸(mm)	浆砌石	±40	用尺量,每长20m量3处以上,且不少于3处	10
		混凝土	±20		
4	坡度(%)		±0.5	用铅垂线量,每20m量3处,且不少于3处	10
5	表面平整度(mm)	浆砌石	20	用尺量,每长20m量3处以上,且不少于3处	10
		混凝土	10		

14.5.3 外观鉴定

14.5.3.1 砌石表面要平整,整体坡度平顺。

14.5.3.2 混凝土要内实外光,蜂窝、麻面面积不得超过外露面积的0.5%。

14.6 施工注意事项

14.6.1 格构护坡基槽开挖、格构施工、浆砌块石砌筑、钢筋混凝土浇筑等为重要施工工序,监理单位必须旁站监理,需在监理日志中记录基槽深度、格构尺寸、钢筋搭接情况与混凝土浇筑等内容。

14.6.2 砌筑块石格构梁前,应按设计要求在每条格构梁起讫点放控制桩,挂线放样,然后开挖格构梁基槽。

14.6.3 采用强度等级M7.5的砂浆就地砌筑片石,砌筑格构梁时应先砌筑格构梁衔接处,再砌筑其他部分格构梁,两格构梁衔接处应处于同一高度。

14.6.4 在干砌格构梁底部及顶部,应用强度等级M7.5砂浆浆砌片石镶边加固。格构梁两侧边缘的土应夯填密实,以防雨水沿裂隙渗入。

14.6.5 钢筋混凝土格构底部必须增加垫层,即在钢筋混凝土格构梁施工绑扎钢筋前,必须在其底部铺设平整的混凝土垫层,不得使用木板、低强度的碎石、泥等材料作为垫层,避免钢筋直接坐于土中,防止浇筑混凝土时搁置在土中的钢筋由于无混凝土保护层外露锈蚀。

14.6.6 注意锚杆与格构接头处防锈。锚杆注浆必须高出地面,让锚杆注浆与格构梁混凝土完全浇筑成一体,避免锚杆与混凝土格构梁之间在地面处有缝隙,成为锈蚀锚杆的薄弱环节。

14.6.7 锚杆钢筋向坡体上方倒弯,置于横向格构钢筋之中,并与格构钢筋牢固地绑扎在一起。

15 砌石护坡

15.1 一般规定

15.1.1 干砌片石护坡适用于坡度缓于 1:1.25 的土(石)质边坡,护坡厚度不宜小于 250mm。

15.1.2 浆砌片石护坡适用于坡度缓于 1:1 的易风化的岩石和土质路堑边坡,浆砌片石的厚度不宜小于 250mm,砂浆强度不得低于 M5。护坡应设置伸缩缝和泄水孔。

15.1.3 水泥混凝土预制块护坡适用于石料缺乏地区的边坡防护。预制块的混凝土强度不应低于 C15。

15.1.4 砌石护坡施工前,严格检查石料、砂浆、预制混凝土块等材料与器具,必须符合相关规范。

15.1.5 应按修坡→垫层铺设→护坡砌筑→砌石养护的顺序进行施工。

15.1.6 石料、砂浆、预制混凝土块强度等应进行检测检验,达到设计要求。

15.2 施工前准备

15.2.1 认真学习施工设计图纸,复核图纸有无错误及标识不清楚之处。学习招标文件、施工规范及国家标准要求,确定施工所需材料及设备,编制施工方案及劳动力需求计划。

15.2.2 正式施工前,确定各种材料的参数及水泥砂浆配比参数。

15.2.3 正式施工前,对参加施工的全体人员进行技术交底和安全技能教育,做到施工工艺人人懂、安全生产大家知。

15.2.4 测量人员对砌石护坡区进行定位放线,以保证结构尺寸准确,并负责监控其高程及坡度。

15.2.5 准备足够的原材料、现场发电设备及搅拌机械设备堆放场地。对浆砌、干砌石护砌施工工作面进行整理,保证足够的施工空间和施工畅通。

15.2.6 根据进度要求,提前列出详细的材料计划,备足所需的各种材料。

15.2.7 各种原材料分区放在搅拌机械设备周围的堆料区,并且保证材料质量。

15.2.8 施工使用设备进场后,应进行检查调试,保证开工后设备正常运转。

15.3 材料及机具

15.3.1 石料应质地坚硬,不易风化,无裂纹。石料表面的污渍应清除。

15.3.2 石料按照加工程度分为下列几种:

(1)片石:形状不受限制,用作镶面的片石表面平整,尺寸较大,边缘和中部厚度不得小于 15cm。

(2)块石:形状大致方正,无锋棱凸角,顶面及底面大致平整,厚度不得小于设计值,且必须大于 20cm,长度及宽度不得小于其厚度。

(3)粗料石:厚度不得小于 20cm,且不小于长度的 1/3;宽度不得小于厚度;长度不得小于宽度的 1.5 倍。

15.3.3 石料的强度等级应符合设计要求。当设计未提出要求时,应符合下列规定:

(1)片石、块石不应小于 MU40,用于附属工程的片石不应小于 MU30;

(2)粗料石不应小于Mu60。

15.3.4 预制混凝土块出厂时应符合下列规定：

(1)构件强度及抽检结果符合设计要求；

(2)构件的几何尺寸符合允许偏差；

(3)构件不得存在影响结构性能的外观缺陷；

(4)构件有出厂合格证明书。

15.3.5 砂浆的强度等级应符合设计要求，当设计未提出要求时，主体工程不得小于M10，一般工程不得小于M5。

15.3.6 砂浆的配合比应通过试验确定。砂浆配合比设计、试件制作、养护及抗压强度取值应符合格构护坡中的规定。

15.3.7 砂浆中所用水泥、细骨料、外加剂、掺合料、水等原材料质量要求应符合以下规定：

(1)拌制混凝土用的水泥，应根据混凝土结构或构件所处的环境条件和工程需要，分别选用符合现行国家标准的硅酸盐水泥、普通硅酸盐水泥、矿渣硅酸盐水泥、火山灰质硅酸盐水泥、粉煤灰硅酸盐水泥或复合硅酸盐水泥。必要时也可采用快硬硅酸盐水泥或其他品种水泥。

(2)混凝土用的细骨料应采用坚硬耐久、粒径在5mm以下的天然砂(河砂、海砂、山砂)，或采用硬质岩石加工制成的机制砂。

(3)拌制和养护混凝土用的水宜采用饮用水。

(4)混凝土可按其不同要求分别掺用符合现行国家标准的外加剂，外加剂在掺用前应进行试验，以确定其性质、有效物质含量、溶液配制方法和最佳掺量。在掺用过程中应调拌均匀，并定期进行检查。

(5)拌制混凝土时，可根据施工需要掺用掺合料，其掺量应通过试验确定，并应符合国家现行有关标准的规定。

15.3.8 砂浆应具有适当的流动性和良好的和易性。砂浆的稠度应以砂浆稠度仪测定的下沉度表示，宜为10～50mm。零小工程可用直观法检查。

15.3.9 砂浆应随拌随用。当在运输或储存过程中发生离析、泌水现象时，应重新拌合。已凝结的砂浆不得使用。

15.3.10 施工设备应符合设计和施工进度的要求，一般有土方挖运机械、水平运输机械、砂浆搅拌机等。

15.4 施 工

15.4.1 修整坡面及开挖护脚墙基础

15.4.1.1 将施工范围内的坡面整平，以铲坡为主，尽量不回填，将腐殖土、草皮、树枝、杂物和一切可能损伤土工布的带尖棱硬物清除，保证无波浪起伏。坡度允许误差应满足设计要求，工程完成时总体外观平顺、美观。

15.4.1.2 利用施工区的测量控制点，根据施工图纸，用全站仪、经纬仪和水准仪将脚墙基础、排水沟、人行梯道放线定位。

15.4.1.3 护脚墙基础开挖前，测量平面位置和现有地面标高。护脚墙基础开挖的同时，应随时注意地质情况，并做好原始记录。护脚墙基础开挖应保持良好的排水，确保在开挖的整个过程中都不遭受水的浸泡。

15.4.2 土工布铺设

15.4.2.1 若设计铺有土工布时，土工布的材质必须符合设计要求，单位面积质量800g/m²，断裂强度大于40kN/m，渗透系数大于0.025cm/s。

15.4.2.2 按坡度实际尺寸裁剪、拼幅,应避免织物受到损伤。

15.4.2.3 铺设时,应力求平顺,松紧适度,不得绷拉过紧。织物应与土面密贴,不留空隙。

15.4.2.4 相邻织物块拼接可用搭接或缝接,一般可用搭接,平地搭接宽度可取30cm,不平整地或软土应不小于50cm。

15.4.2.5 坡面铺设一般应自下而上进行,坡顶、坡脚处土工布应锚固或用其他可靠方法固定,防止滑动。

15.4.2.6 铺设工人应穿软底鞋,以免损伤织物。

15.4.2.7 织物铺好以后,应避免日光直接照射,随铺随覆盖,或采用保护措施。

15.4.3 垫层铺设

15.4.3.1 碎石、砂垫层厚度一般为10cm,铺设前,将基面用挖除法整平,对个别低洼部分,采用与基面相同土料填平、夯实,也可用砂垫层填平。不同粒径组的滤料厚度必须符合设计要求。

15.4.3.2 铺设时由底部向上按层次逐层铺设,并保证层次清楚、互不混杂,不得从高处顺坡倾倒,对于边坡上的碎石、砂垫层的坡面控制,采用挂线的方法,用刮板将垫层刮平,并用平板振捣器振实。

15.4.3.3 碎石、砂垫层与干砌石、铺砾石垫层及铺土工布等工序配合进行,边铺边砌。

15.4.4 护脚墙砌筑

15.4.4.1 护脚墙基底除设计规定必须挖成斜坡形的以外,都应该是水平的,以避免脚墙建成后发生滑动(图15-1、图15-2)。

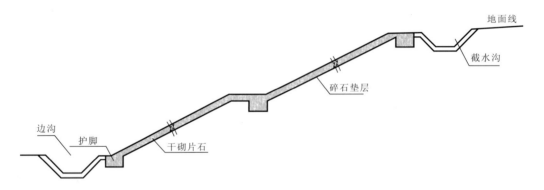

图15-1 干砌石护坡示意图

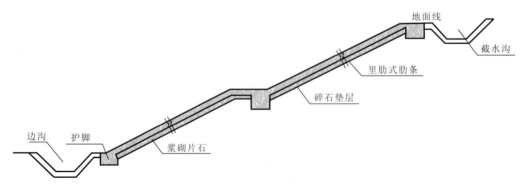

图15-2 浆砌石护坡示意图

15.4.4.2 土质的护脚墙基底如被雪、雨或地下水浸软,必须夯入厚10cm的碎石或卵石,使地基坚实。

15.4.4.3 石质基底应大致平整，并将泥土碎块清除洗刷干净。砌石前应将基面打湿并坐浆，使砌石与岩层连成整体。

15.4.4.4 若护脚墙基础坑内有水，必须在基础范围外先挖好排水沟，将坑内积水排干，保证砌石在干地上进行，防止灰浆被水冲走。

15.4.4.5 脚墙基坑挖成验收合格后，立即进行浆砌石铺砌。浆砌块石采用铺浆法砌筑。

15.4.4.6 砌筑时，先铺砂浆后安放块石，块石应卧砌，上下错缝，内外搭接，砌立稳定。砌筑缝宽度应控制在20～30mm，如缝隙较大，则应用碎石塞填。

15.4.4.7 砌体基础的第一层块石应将大面向下，砌体的第一层及其转角、交叉与洞穴、孔口等处，均选用较大的平整块石，所有的砌筑块石均应放在砂浆上，砂浆缝必须饱满、密实，所有的砌筑块石均不可直接接触，中间均须以砂浆填充，施工中严禁侧立石、填心石出现。

15.4.5 护坡砌筑

15.4.5.1 砂浆石砌筑应符合下列规定：

（1）砌体应采用挤浆法分层、分段砌筑。分段位置宜设在沉降缝或伸缩缝处，两相邻段的砌筑高差不得大于120cm，分层水平砌缝应大致水平。各砌块的砌缝应互相错开，砌缝应饱满。

（2）各砌层应先砌外圈定位砌块，并与里层砌块交错连成一体。定位砌块宜选用表面较平整且尺寸较大的石料，定位砌缝应满铺砂浆，不得镶嵌小石块。

（3）定位块砌完后，应先在圈内底部铺一层砂浆，其厚度应使石料在挤压安砌时能紧密连接，且砌缝砂浆密实、饱满。砌筑腹石时，石料间的砌缝应互相交错、咬搭砂浆密实。石料不得无砂浆直接接触，也不得干填石料后铺灌砂浆；石料应大小搭配，较大的石料应以大面为底，较宽的砌缝可用小石块挤塞。挤浆时可用小锤敲打石料，将砌缝挤紧，不得留有孔隙。

15.4.5.2 浆砌片石的砌缝应符合下列规定：

（1）定位砌块表面砌缝的宽度不得大于4cm。砌体表面与三块相邻石料相切的内切圆直径不得大于7cm，两层间的错缝不得小于8cm，每砌筑120cm高度以内应找平一次。

（2）填腹部分的砌缝宜减小，在较宽的砌缝中可用小石块塞填。

（3）块石砌筑可不按同一厚度分层，但每砌筑70～120cm的高度后应找平一次。两层之间的错缝不得小于8cm。

（4）用块石填腹时，水平砌缝宽度不得大于3cm，竖向砌缝不得大于4cm。填腹石的砌缝应彼此错开。镶面石宜用一顺一丁或两顺一丁方式砌筑，砌缝宽度不得大于3cm。

15.4.5.3 镶面粗料石的砌筑应符合下列规定：

（1）镶面石应水平分层砌筑，每层中相邻石块间的砌缝应竖直。

（2）镶面石层每层高度宜固定不变，也可向上逐层递减。

（3）每一层镶面石应以一丁一顺的方式砌筑。

（4）相邻层中垂直砌缝相错不得小于10cm。在丁石的上层或下层，均不得有垂直砌缝。当错缝确有困难时，丁石顶面或底面一侧的错缝可稍小，但不得小于4cm。

（5）镶面石砌缝的宽度应为1.5～2.0cm。

15.4.5.4 粗料石砌体应符合下列规定：

（1）砌筑前，应先计算层数，选好用料，砌筑时应控制平面位置和高度。

（2）在砌筑镶面石处，先铺一层比砌缝稍厚的砂浆，顺序安砌粗料石，随即填塞垂直砌缝并捣实。

（3）每层镶面石均应从砌体的转角部分开始安砌，并应首先安砌角石。

（4）每层镶面石砌成后再填砌腹石，腹石应与镶面石大致同高。当用混凝土填腹，可先砌筑数层镶面石后，再浇筑混凝土。镶面石层数应视填腹混凝土的侧压力而定，以不超过3层为宜。

15.4.6 泄水孔和伸缩缝施工

15.4.6.1 在泄水孔位置处先砌成截面尺寸为5cm×5cm、10cm×10cm、5cm×10cm，并向外倾斜

3%～5%的沟槽,用砂浆抹平,然后干砌沟槽顶面,用水泥袋、塑料布等工地废旧薄层材料盖住沟槽顶的干砌片石后,接着砌筑上面的墙体。

15.4.6.2 在泄水孔位置处放置直径为5～10cm的PVC管、竹筒等材料,并按设计的向外倾斜比(一般为3%～5%)安装泄水管,然后继续砌筑上面的护坡。

15.4.6.3 泄水孔的进水口需设置反滤层。

15.4.6.4 沿护坡及墙身长度每隔10～15m设一道沉降缝;基底土质有变化处,亦需设置沉降缝,缝宽2cm。在施工过程中可在沉降缝设计位置处先放置2cm厚的杉木板,以保证沉降缝的直顺度。当边坡为浸水坡面时,缝内应填塞沥青麻絮,防止江水倒灌。

15.4.7 混凝土预制块的铺设

15.4.7.1 垫层铺筑经检验合格后,开始铺设混凝土护坡切块。护坡块的强度、形状、平面尺寸和厚度等经检验及送检,均应符合设计要求。

15.4.7.2 混凝土预制块铺设应自下而上进行,表面平整,砌缝紧密,整齐有序,无通缝;砌块底部垫平填实,无架空,块间自锁连结,以确保护坡的整体性和稳定性(图15-3)。

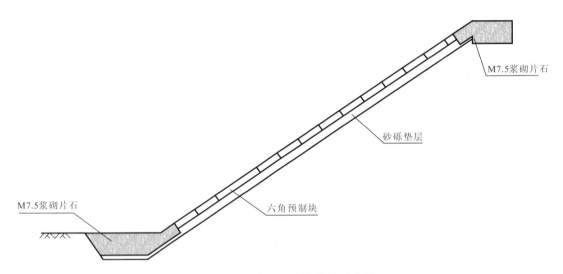

图15-3 混凝土预制块护坡示意图

15.4.8 水泥砂浆勾缝

15.4.8.1 勾缝砂浆应采用细砂和较小的水灰比,水灰比控制在1∶1～1∶2之间。

15.4.8.2 防渗用砂浆采用强度等级42.5以上的普通硅酸盐水泥。

15.4.8.3 清缝应在砌筑24h后进行,缝宽不小于砌缝宽度,缝深不小于缝宽的2倍,勾缝前必须将槽缝冲洗干净,不得残留灰渣和积水,并保持缝面湿润。

15.4.8.4 勾缝砂浆必须单独拌制,严禁与砌体砂浆混用。

15.4.8.5 勾缝完成,砌体表面应刷洗干净。需用麻袋或草袋覆盖,并经常洒水养护,保持表面湿润,避免碰撞和振动,养护时间一般不少于7d。冬季期间不再洒水,而应用麻袋覆盖保温。

15.4.8.6 在砌体未达到要求的强度之前,不得在其上任意堆放重物或修凿石块,以免砌体受振动破坏。

15.5 施工质量检验

15.5.1 基本要求

15.5.1.1 砌石所用石料质量、规格和砂浆配合比、强度等应符合设计要求。

15.5.1.2 护坡坡脚地基应符合设计要求。

15.5.1.3 砌筑时砌块要上下错缝、内外搭砌。浆砌时坐浆挤紧,嵌缝后砂浆饱满,无空洞现象;干砌时不松动、叠砌和浮塞。

15.5.1.4 垫、滤层的材料、规格、粒径等应符合设计要求。填筑铺设应密实,并层次分明。

15.5.1.5 混凝土预制块强度应符合设计要求。预制块铺砌应平整、稳定,缝隙应紧密,缝线应规则。

15.5.2 检验项目

砌石护坡质量检验项目及标准如表 15-1 所示。

表 15-1 砌石护坡质量检验标准

序号	检查项目		规定值或允许偏差	检查方法及频率	规定分
1	石材质量		符合设计要求,且毛石大小均匀、质地坚硬、重量≥25kg,且厚度≥15cm	同一产地、品种每 2 000m³ 不少于 1 组	20
	或:混凝土预制块	外观	符合设计要求	观察	
		铺砌		观察	
		平整度		尺检测,2m 凹凸不超过 1cm	
2	砂浆原材料		符合设计要求	每 400m³ 至少 1 组	15
3	砂浆强度等级		在合格标准内	根据附录 H,查试验报告	15
4	竖直度或坡度 (%)	浆砌石	0.3	用吊垂线量,每长 20m 测 3 点,且不少于 3 点	10
		干砌石	0.5		
5	顶面高程 (mm)	浆砌石	±15	用水准仪测,每长 20m 测 3 点,且不少于 3 点	10
		干砌石	±20		
6	断面尺寸 (mm)	浆砌石	±20	用尺量,每长 20m 量 3 处,且不少于 3 处	10
		干砌石	±30		
7	垫、滤层厚度(mm)		−20	用尺量,每长 20m 量 3 处,且不少于 3 处	12
8	表面平整度 (mm)	浆砌石	10	用尺量,每长 20m 量 5 处,且不少于 5 处	8
		干砌石	20		

15.6 施工注意事项

15.6.1 砌石护坡土工布铺设、基槽砌筑、垫层铺设、护坡砌筑、泄水孔施工等为重要施工工序,监理单位必须旁站监理,需在监理日志中记录基槽深度、土工布搭接长度、垫层厚度、泄水孔布置等内容。

15.6.2 对干砌石石料的块径要严格要求。小块径石料在波浪淘刷、水流冲刷、漂浮物的冲击下,库水位变动区的干砌块石护坡工程可能被毁。所以,块径必须大于局部波浪作用下所需块石直径的计算值。

15.6.3 花岗岩块石坚硬,敲打成平面难度大,容易产生块石间缝隙过大的问题,干砌嵌固稳定难度大;碳酸盐岩块石易成型,护坡表面平直好看,但遇到薄层灰岩,岩石块径(厚度)难以达到设计要求;在混凝土预制块严格统一尺寸下,砌筑混凝土预制块石间缝隙达到设计要求,但模具若有变形,预制块石大小不一,会出现明显的缝隙偏大现象。

15.6.4 护坡干砌块石坡角应修筑浆砌脚墙基础,周边应采用浆砌石作封边,防止暴雨流水的冲刷毁坏工程。

15.6.5 浆砌块石护坡必须设置排水孔,以排泄护坡内的积水,减少渗透压力。排水孔之间的间距为 2~3m。排水孔必须向下倾斜,防止排水孔上仰排水不畅或堵塞。

15.6.6 排水孔后 0.5m 范围内应设置反滤层,防止水将坡体细颗粒物质带走,引起浆砌块石护坡工程沉陷变形。反滤层达不到要求,浆砌石内侧地下水不能顺畅排出,会造成水压力加大而影响浆砌石护坡工程的安全。

16 石笼护坡

16.1 一般规定

16.1.1 石笼护坡适用于受水流冲刷和风浪侵袭,且防护工程基础不易处理或沿河挡土墙、护坡基础局部冲刷深度过大的沿河路堤坡脚或河岸(图16-1)。

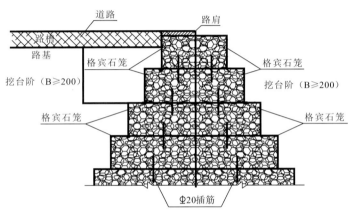

图16-1 石笼护坡示意图

16.1.2 石笼护坡施工前,应严格检查石料和石笼等材料与器具,必须符合相关规范。
16.1.3 应按基础面施工→石笼组装→石料安装→装填石料→网箱封盖、回填的顺序进行施工。
16.1.4 石料和石笼强度应进行检测检验,达到设计要求。

16.2 施工前准备

16.2.1 正式施工前,对参加施工的全体人员进行技术交底和安全技能教育,做到施工工艺人人懂、安全生产大家知。
16.2.2 应做好各项技术准备工作,认真学习施工设计图纸,复核图纸有无错误及标识不清楚之处。学习招标文件、施工规范及国家标准要求,确定施工所需材料及设备,编制施工方案及劳动力需求计划。
16.2.3 石笼护坡施工前,操作人员应经过技术培训,持证上岗,未经培训、考核不合格者不得上岗操作。
16.2.4 根据水文气象资料和工地实际情况,合理安排施工计划,包括施工进度、材料进场及质量控制等。
16.2.5 石笼护坡施工前,要做好路通场地平整、临建工程等准备工作。
16.2.6 分批、分类备足符合设计要求的石笼、块石和设备。

16.3 材料及机具

16.3.1 按设计要求编制石笼。
16.3.2 为节省钢材,在盛产竹材地区可用竹材编制,但因其耐久性差,只能用于临时性防护工程。
16.3.3 块石质量和技术要求符合以下规定:
(1)块石要求石质坚硬,遇水不易碎或水解,硬度3~4,重度不小于26kN/m³。
(2)充填网笼的块石粒径、单块重量应符合设计要求和有关技术要求,且块石粒径不得小于网笼孔径,一般为20~50cm。
(3)不容许使用薄片、条状、尖角等形状的块石,风化岩石、泥岩等亦不得用作充填石料。岩石的抗压强度应大于Mu40。
(4)施工机械、施工工具、设备应根据设计、工程施工进度和强度合理安排与调配。

16.4 施 工

16.4.1 基础施工

16.4.1.1 基础开挖的高程、坡度及尺寸应符合设计要求,清除表面的植被、杂物等,同时采用人工配合挖机对基础面进行平整。
16.4.1.2 在基础面和石笼之间铺设透水垫层,用以排水、反滤和保护基础面。铺设石笼的基底应以卵砾石或碎石作垫层,并大致整平,厚度一般为0.2~0.4m。

16.4.2 拼装石笼网箱

16.4.2.1 石笼在铺设前在硬化场地中进行展开、组装。
16.4.2.2 组装体网箱的间隔网片与网身应呈90°,才可以进入绑扎工序,组装绑扎成网箱。
16.4.2.3 组装网箱时,绑扎用的组合丝、螺旋固定丝及水平拉力丝必须与网丝同材质。
16.4.2.4 组装网箱时,组合丝绑扎必须是双股线并绞紧;螺旋组合丝绑扎必须绞绕收紧。
16.4.2.5 构成网箱组或网箱的各种网片交接处绑扎道数应符合以下要求:
(1)间隔网与网身的四处交角各绑扎一道;
(2)间隔网与网身交接处每间隔25cm绑扎一道;
(3)间隔网与网身间的相邻框线必须采用组合线联结,即用绑扎线一孔绕一圈接一孔绕二圈呈螺旋状穿孔绞绕联结。

16.4.3 安放石笼

16.4.3.1 组装完成的网箱必须按设计图示位置依次安放到位。
16.4.3.2 石笼箱体安装时,先测量定好位置,依照设计图纸要求的坡度做好坡度架,箱体要联结绑扎,确保箱体位置不能错位。
16.4.3.3 网箱组间连接绑扎应符合下列要求(图16-2):
(1)相邻网箱组的上下四角各绑扎一道,绑扎可以采用绑扎丝或者金属扣环;
(2)相邻网箱组的上下框线或折线间隔绑扎,最大间隔不得超过25cm;
(3)相邻网箱组的网片结合面每平方米绑扎两处;
(4)裸露部位的网片,应在每次箱内填石1/3高后设置拉筋线,呈"八字形"向内拉紧固定。
16.4.3.4 层与层间的网箱施工应符合下列要求:
(1)层与层间的网箱应纵横交错或"丁字形"叠砌,上下联结,严禁出现"通缝";
(2)将安放到位的网箱边框线与下层交接处每20cm双股绑扎;

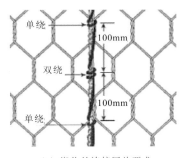 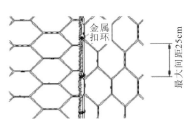

(a) 绑扎丝连接网片要求　　　　(b) 金属扣连接网片要求

图 16-2　网箱间绑扎示意图

（3）上层网箱的底部与下层网箱的顶部每平方米应均匀 4 点双股绑扎；

（4）多层网箱施工时，放置、绑扎上方网箱时，必须与下方网箱两层框线或网片绑扎在一起，使整个结构体连成一体。

16.4.3.5　网箱组在施工填充料前，应在网箱外露面绑扎竹竿、木棒、钢管或木板等，以免箱体变形，待施工后拆除。

16.4.4　填充石料

16.4.4.1　网箱填料时必须依次、均匀、分批向同层的各箱内投料，严禁往单个网箱一次投满填充料。

16.4.4.2　填料施工中，应控制每层投料厚度在 30cm 以下，一般一米高网箱分四层投料为宜。

16.4.4.3　在同一水平层施工时，应将网笼全部就位后才开始填充石料，为防止石笼变形，相邻两个网笼的填石高差不应大于 35cm。

16.4.4.4　每批投料后，应用小碎石填满空隙，宜采用捣实措施，确保结构体内填充料的密实度。

16.4.4.5　裸露的填充石料，表面应以人工或机械砌垒整平，石料间应相互搭接。

16.4.5　石笼封盖

16.4.5.1　每层石笼箱体填充料完成，并在顶部石料砌垒平整后，进行加盖施工。

16.4.5.2　必须先使用封盖夹固定每端相邻结点后，再加以绑扎。

16.4.5.3　封盖与网箱边框相交线，应每相隔 25cm 绑扎一道。

16.4.6　土壤回填

16.4.6.1　网箱封盖后可进行土壤回填。将空隙处填满土壤，确保石笼的稳定性。

16.4.6.2　石笼与土壤接触部分设置反滤土工布或其他反滤材料。

16.4.6.3　回填土壤宜高出石笼网箱顶约 5cm，并夯实达到设计要求。

16.5　施工质量检验

16.5.1　基本要求

16.5.1.1　石笼基底的处理必须符合设计要求。基面平整，石笼不得架空。

16.5.1.2　石笼编笼材料的质量、规格及其防腐（锈）蚀性能等应符合设计要求。

16.5.1.3　石料的规格、品种、质量等应符合设计要求。石料应不易风化并装填饱满密实。

16.5.1.4　石笼的坐码或平铺应符合设计要求，搭叠衔接稳固。

16.5.2　检验项目

石笼护坡质量检验项目及标准如表 16-1 所示。

表 16-1 石笼护坡质量检验标准

序号	检查项目	规定值或允许偏差	检查方法及频率	规定分
1	材料质量	符合设计要求	同一产地、品种每 10 000m³ 不少于 1 组	20
2	基底处理	符合设计要求	观察，全部	20
3	长度(mm)	-200	用尺量或用经纬仪测	12
4	宽(厚)度(mm)	-100	用尺量，每长 20m 量 3 处，上、中、下各 3 点，且不少于 3 处	16
5	高度(mm)	不低于设计要求	用水准仪测或尺量，每长 20m 量 3 处，且不少于 3 处	12
6	坡度	±10%设计坡度	用尺量，每长 20m 量 3 处，且不少于 3 处	10
7	底面高程	不高于设计要求	用水准仪测，每长 20m 测 3 点，且不少于 3 点	10

16.6 施工注意事项

16.6.1 石笼护坡基础开挖、石笼组装、石笼填充、石笼搭接等为重要施工工序，监理单位必须旁站监理，需在监理日志中记录基槽深度、石笼组装、石笼填充情况、石笼搭接情况等内容。

16.6.2 石笼内外层应用大石块，并使石块棱角突出网孔，以起保护铁丝网的作用，内层可用较小石块填充。

16.6.3 石笼下面须用碎石或砾石整平做垫层。必要时底层石笼的各角应用直径 16~19mm 的钢筋固定于基底上。

16.6.4 编制石笼时，要注意保持石笼各部分的正确尺寸，以利于石笼与石笼之间的紧密连接。用机器将铁丝弯成网孔元件，在工地上再编结成网、成笼，既可提高工效，又可保证质量。

16.6.5 如用于防止冲刷掏底时，一般在河床上将石笼平铺并与边坡坡脚线垂直，同时固定坡脚处的尾端。靠河床中心一端不必固定，掏底时便于向下沉落。当石笼用于防止岸坡受冲刷时，则用垒码或平铺坡面的形式。

16.6.6 当石笼用于水流速为 4~5m/s 的岸坡防护时，石笼大小视需要和抛投手段而定。单个石笼的大小，应以不被相应流速的水流所冲动为宜。抛填石笼应先从最能控制险情的部位抛起，依次扩展，并适时进行水下探测，坡度和厚度应符合设计要求。抛完后，须用大石块将石笼与石笼之间不严密处抛填补齐。为安全稳固，可将单个石笼用粗铁丝捆扎，相互连接，使之成为一个统一的整体。

17 抛石护坡

17.1 一般规定

17.1.1 抛石适用于经常浸水且水深较大的边坡或坡脚以及挡土墙、护坡的基础防护。抛石一般多用于抢修工程。

17.1.2 抛石施工前,应严格检查石料材料与器具,必须符合相关规范。

17.1.3 应按抛石网格划分→施工测量放样→抛投试验→定位船定位→抛石作业的顺序进行。

17.1.4 石料强度、抛石船吨位应进行检测检验,达到设计要求。

17.2 施工前准备

17.2.1 落实人员,建立工程施工质量保证体系。人员落实、制度健全、措施得力,防止流于形式;工程施工质量保证体系要求完善、协调,利于工作的正常开展。

17.2.2 确定水上运输、施工设备。定位船、抛石船、运输船数量要求满足工程进度需要,定位船的航道资质、吨位要满足标书中规定的要求,最好选用有自航动力的船只;抛石船舱面要牢固;交通船的配备只数、性能必须满足工作与处理突发性水上事故的需要;测量仪器、测速仪器要能有效对工程进行控制。

17.2.3 编制《施工组织设计》。施工单位应根据合同工期、设计文件、技术规范、现场自然条件和施工单位自身情况编制《施工组织设计》,并提交监理单位审核批准。

17.2.4 设计图纸及资料复核。监理和施工单位在收到正式下达的施工设计文件后,在设计交底以前须对其进行全面细致的了解和审查。

17.2.5 设计交底。帮助施工和监理单位正确贯彻设计意图,加深对设计文件特点、难点、疑点的理解,掌握关键工程部位的质量要求,确保工程质量。

17.2.6 单元工程划分与编码。水下抛石护坡工程按施工段划分单元工程,每个单元工程长度不宜超过100m。

17.2.7 材料检验。原材料进场前须对材料样品进行质量检验。

17.2.8 开工前,施工单位的施工员、质检员应到岗,否则现场监理人员可指示暂缓开工。

17.2.9 抛石施工前,应检查各项准备工作及相应工作表格是否准备完好。

17.3 材料及机具

17.3.1 施工材料根据料场具体情况、施工条件等因素选定,并应符合下列要求:

(1)石料要求石质坚硬,遇水不易破碎或水解,不允许使用薄片、条状、尖角等形状的块石和风化石、泥岩等。

(2)石料抗压强度大于Mu50,软化系数大于0.7,重度不小于$26kN/m^3$。

(3)抛石大小的选用,根据流速、水深、浪高以及抛石边坡等因素而定,在流速、水深及浪高三者兼有时,应采用较大的石块,且石料粒径应符合设计要求。

(4)抛石施工时,宜用不小于规定尺寸的、大小不同的石块抛投,以使抛石保持一定的密度。

(5)平顺抛石块石粒径应根据最大流速和工程设计抛石厚度来确定。

(6)石料块径应满足设计要求。设计无具体要求时,可参考表17-1施工。

表17-1 石料粒径与水深、流速关系表

石料块径 (cm)	水深(m)				
	0.4	1.0	2.0	3.0	5.0
	允许流速(m/s)				
30	3.50	3.95	4.25	4.45	5.00
40	—	4.30	4.45	4.80	5.05
50	—	—	4.85	5.00	5.40

17.3.2 施工器具应符合下列要求:

(1)抛石船和抛投设备。一般采用钢质机动驳船作为抛石船,舱面有效装载范围长15~20m、宽5~7m,兼作石料运输和现场抛投船只,抛投作业由人工完成。

(2)定位船和工作船。定位船一般采用200t以上钢质趸船或机动驳船充当。采用趸船作定位船时,须配一艘相当马力的机动工作船,以协助定位船移位和定位。

17.3.3 测量工作应配备下列仪器设备:

(1)全站仪(或全球卫星定位系统(GPS)、测距仪、经纬仪、水准仪等成套常规测绘仪器)。

(2)测探仪。测探仪一般以声纳为主进行测距。

(3)流速仪、20m卷尺、2m卷尺、磅秤、测绳等。

17.4 施 工

17.4.1 施工前将抛石水域划分为矩形网格,将设计抛石工程量计入到相应网格中去,在施工过程中再按照预先划分的网格及其工程量进行抛投,这样就能从抛投量和抛投均匀性两方面有效地控制施工质量。

17.4.2 施工测量放样。

17.4.2.1 建立测量控制网。首先布设施工控制网。控制网在转折处设一控制点,直线段每200m左右设一点,控制点采用混凝土护桩,并作明显标志,以防破坏。

17.4.2.2 施工测量。依据设计图纸给定的断面控制点和抛石网格划分,结合岸坡地形,采用全站仪精确定位,确定抛石网格断面线上的起抛控制点和方向控制点。

17.4.3 抛投试验。在正式抛石前先进行抛投试验,通过试验获得在施工水域内不同重量块石在不同流速和水深时的落点漂移规律,在此基础上得到适用于该水域的漂距计算经验公式。

17.4.4 水下断面测量。水下抛石层厚度是护坡工程质量验收的检测项目之一,检测值通过抛前抛后水下地形测量结果分析计算得出。

17.4.5 定位船定位。从定位形式上可分为单船一字形定位、单船横一字形定位和双船L形定位3种。

17.4.6 石料计量。水下抛石的石料计量可以采用体积测量方法,也可采用重量测量方法。

17.4.7 抛石挡位划定和挂挡作业方法。一般在施工前,均应预先按照抛石覆盖宽度制定出抛石船横向移动挡位。施工过程中,一方面,按照抛投挡位间距在定位船上作出相应标记,以控制抛石船按挡位挂靠和位移,确保不出现抛石空档区;另一方面,还须将设计抛石工程量细化为挡位抛投量,并编制水下抛石挡位记录表,用于施工现场作业调度,以便控制施工质量。

17.4.8 抛石作业。抛石作业一般采用经过培训、具有抛石作业资格的人员实施人工抛投。

17.4.8.1 抛投顺序安排应符合从上游向下游依次抛石的规定(图17-1)。

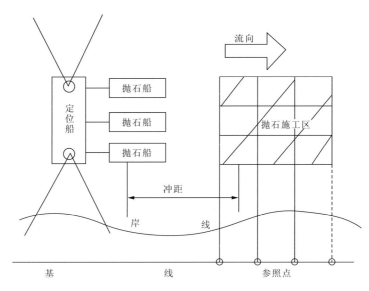

图17-1 抛投作业示意图

17.4.8.2 挡位抛投量和网格抛投量应依据设计方量进行控制,按照"总量控制、局部调整"的原则施工。网格抛石量误差必须控制在0～+10%以内。

17.4.8.3 在抛投作业中,现场监理工程师应对抛投过程进行旁站监理,检查定位船定位记录和抛石船的挂挡抛石记录,并予以签证。

17.4.8.4 完成一个单元的全部抛石断面施工后,应及时进行单元工程量汇总,并由监理工程师签证,作为单元工程验收和工程量支付的依据。

17.5 施工质量检验

17.5.1 基本要求

17.5.1.1 抛石基底的处理应符合设计要求。

17.5.1.2 抛石所用石料的质量、强度、块度和级配等应符合设计要求。

17.5.1.3 抛石的程序和不同石料抛投位置、数量、密实度应符合设计要求。抛石表层应整理平顺,坡度应符合设计要求。

17.5.2 检验项目

抛石护坡质量检验项目及标准如表17-2所示。

表 17-2 抛石护坡质量检验标准

序号	检查项目	规定值或允许偏差	检查方法及频率	规定分
1	材料质量、强度、块度及级配	符合设计要求	查试验报告、施工记录	15
2	断面尺寸	不小于设计要求	尺量,每 20m 至少测 1 条剖面	15
3	坡度	不陡于设计要求	水准仪测,每 20m 至少测 1 条剖面	15
4	抛石范围与厚度	符合设计要求	用经纬仪测或尺量,每长 20m 测 3 处,上、中、下各 3 点,且不少于 3 处	15
5	各种抗冲体体积	符合设计要求	查抛投记录	10
6	护坡坡面相应位置高程(m)	0.3	用水准仪测,每长 20m 测相应位置高程各 3 处,且不少于 3 处	10
7	平面位置	不小于设计要求	尺量,每 20m 至少测 1 条剖面	10
8	护脚顶宽度	不小于设计要求	用水准仪测,每 20m 至少测 1 条剖面	10

17.6 施工注意事项

17.6.1 抛石护坡抛石网格划分、施工测量放样、抛投试验、定位船定位、抛石作业等为重要施工工序,监理单位必须旁站监理,需在监理日志中记录抛石质量、强度、水流速度、测量放样情况、抛石范围与厚度等内容。

17.6.2 抛石落距公式的确定和选用。进行抛投落距试验,以验证和选用合适的公式确定落距。

17.6.3 施工船舶定位方式的确定。根据抛区所在水域水流条件、抛区宽度、航道通航情况、抛区距近岸距离并考虑施工安全等因素,以决定施工船舶是顺水流向抛锚定位还是垂直流向抛锚定位以及采用何种定位方法。

17.6.4 施工定位过程中的质量控制。应从定位坐标的计算、仪器的检校、断面的测放、数据的采集和记录等方面加强质量控制。

17.6.5 凡进入现场的施工船只必须配备救生衣、灭火等器材,所有施工人员必须身穿救生衣方可进入现场。

17.6.6 施工区段设置航道标志,以防非施工船只进入作业区,必要时登报告示来往船只。

17.6.7 定位船、材料船严格按规定显示信号,施工中派安全监督员维护现场秩序和实施救生。

17.6.8 大雾天严禁施工,为保证船只安全,等雾散后再施工。

17.6.9 抛石工人必须严格服从现场指挥人员的调动,不得私自上船。

18 植被护坡

18.1 一般规定

18.1.1 植被护坡适用于需要快速绿化,且坡率缓于 1∶1 的土质边坡和严重风化的软质岩石边坡。草皮应选择根系发达、茎矮叶茂的耐旱草种,不宜采用喜水草种,严禁采用生长在泥沼地的草皮。

18.1.2 植被护坡施工前,严格检查草皮、草种、三维植被网等材料与器具,必须符合相关规范。

18.1.3 应按修坡→改良土质→铺草皮(播种)施工→前期养护的顺序进行施工。

18.1.4 草种、草皮和三维植被网等应进行检测检验,达到设计要求。

18.2 施工前准备

18.2.1 正式施工前,对参加施工的全体人员进行技术交底和安全技能教育,做到施工工艺人人懂、安全生产大家知。

18.2.2 认真学习施工设计图纸,复核图纸有无错误及标识不清楚之处。学习招标文件、施工规范及国家标准要求,确定施工所需材料及设备,编制施工方案及劳动力需求计划。

18.2.3 施工前,操作人员应经过技术培训,持证上岗,未经培训、考核不合格者不得上岗操作。

18.2.4 植被护坡施工前,应根据设计要求做好草皮、草种的备料工作,以及合理选用机器配套设备。

18.2.5 排水设施。对于长大边坡,坡顶、坡脚及平台均需设置排水沟,并应根据坡面水流量的大小考虑是否设置坡面排水沟。一般坡面排水沟横向间距为 40~50m。

18.3 材料及机具

18.3.1 草皮。草皮的规格应符合设计要求,应选择根系发达、茎矮叶茂的耐旱草种。

18.3.2 三维植被网应符合设计及有关标准。

18.3.3 液压喷播材料和机械设备应符合以下规定:

(1)草种。草种应具有优良的抗逆性,并采用两种以上的草种进行混播。

(2)木纤维。加工时纤维的长短和粗细比例应达到合适的纤维分离度,从而保证喷播层有良好的性能。

(3)保水剂。保水剂是喷播材料中另一重要组分,一般常用合成聚合物系列,保水剂的用量取决于当地气候、边坡状况等。

(4)粘合剂。粘合剂的性能应与保水剂相互匹配而不消弱各自功能,同时也要求对草坪和环境无害。

(5)肥料。喷播时配以草坪植物种子萌芽和幼苗前期生长所需的营养元素,一般采用氮磷钾复合肥。

(6)染色是为了提高喷播时的可见性,便于喷播者观察喷播层的厚度和均匀性。可根据需要在搅拌箱中加染色剂进行着色。

(7)水作为主要溶剂,将各种材料进行溶合。参考用水量为 $4L/m^2$。

18.3.4 动力装置。动力装置是喷播机的核心部件。发动机一般采用柴油发动机或汽油发动机。

18.3.5 容罐。承装混合物料。罐体容量的大小决定额定释放时间和喷播面积。

18.3.6 搅拌装置。为使物料能充分混合,采用浆叶式搅拌器进行机械搅拌。

18.3.7 水泵。使罐内混合的物料压出罐外,一般采用具有一定吸程和扬程的离心泵。

18.3.8 喷枪。其作用是将容罐内的混合物料均匀地喷播到坡面上。喷枪的性能结构和制造质量直接影响到喷播的质量。

18.3.9 喷播机的型式有车载式和拖车式。

18.4 施 工

18.4.1 修坡与改良土质

18.4.1.1 平整坡面。交验后的坡面采用人工细致整平,清除所有的岩石、碎泥块、植物、垃圾和其他地面阻碍物。

18.4.1.2 客土改良。对土质条件差、不利于草种生长的坡面采用回填改良客土。回填客土厚度为 50~75mm,并用水湿润让坡面自然沉降至稳定。若改良客土 pH 值不适宜,尚需改良其酸碱度,一般土壤 pH 值改良应于播种前一个月进行,以增加改良效果。

18.4.2 铺草皮

18.4.2.1 铺草皮可自坡脚向上钉铺,也可自上而下钉铺。护坡顶部和两端的草皮应嵌入坡面内,草皮护坡的边缘与坡面衔接处应平顺,防止水和雨水沿草皮与坡面间隙渗入而使草皮下滑。

18.4.2.2 草皮块与块之间应保留 5mm 的间隙,块与块的间隙填入细土。草皮的四角用尖桩固定,尖桩露出草皮表面不超过 2cm,草皮应铺过坡顶肩部 100cm 或铺至天沟,坡脚应采用砂浆抹面处理。

18.4.2.3 间铺法:草皮块可切成正方形或长方形,按照草皮的形状和厚度,在计划铺草皮的地方挖去土壤,然后攘入草皮,必须使草皮块铺下后与四周土面相平。

18.4.2.4 条铺法:将草皮切成 6~12cm 宽的长条,两根草皮条平行铺装,其间距为 20~30cm,铺装在平整好的坡面上,按草皮的宽度和厚度,在计划铺草皮的地方挖去土壤,然后将草皮镶入,保持与四周土面相平。

18.4.3 三维植被网

18.4.3.1 开挖沟槽。三维网植被护坡在坡顶及坡底沿边坡走向开挖一矩形沟槽,沟宽 30cm,沟深不少于 20cm。坡面顶沟离坡面 30cm,用以固定三维植被网。

18.4.3.2 三维网应顺坡铺设,剪裁长度比坡面长 130cm。铺网时,应让网尽量与坡面贴附紧实,防止悬空。应使网保持平整,不产生褶皱,网之间要重叠搭接,搭接宽度 10cm(图 18-1)。

18.4.3.3 三维网采用 U 型钉或聚乙烯塑料钉,也可用钢钉固定。钉长为 20~45cm,松土用长钉,仅需配以垫圈。钉的间距一般为 90~150cm(包括搭接处),在沟槽内应按 75cm 的间距设钉固定,然后再填土压实(图 18-2)。

18.4.3.4 覆土以肥沃表土为宜,对于瘠薄土应填有机肥、泥炭、化肥等提高其肥力。为保证覆土充满网包且不压包,应分层多次填土,并洒水浸润。

18.4.3.5 播种可采用人工撒播,也可采用液压喷播。采用人工撒播后应撒 5~10cm 细粒土。

18.4.3.6 为使草种免受雨水冲刷,并实现保温、保湿,应加盖无纺布,促进草种的发芽生长。也可用稻草、秸秆编织席覆盖。

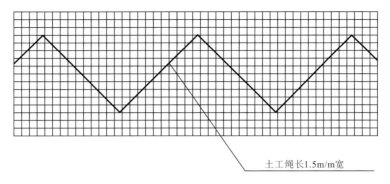

图 18-1 三维植被网搭接示意图

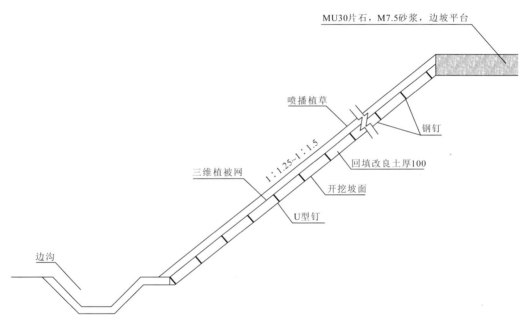

图 18-2 植被护坡示意图

18.4.4 液压喷播植草

18.4.4.1 按设计比例配合草种、木纤维、保水剂、黏合剂、肥料、染色剂及水的混合物料，并通过喷播机均匀喷射于坡面。

18.4.4.2 用高压喷雾器使养护水成雾状均匀地湿润坡面，应注意控制好喷头与坡面的距离和移动速度，保证无高压射流水冲击坡面形成径流。

18.4.4.3 养护期视坡面植被生长状况而定，一般不少于45d。

18.4.4.4 为使草种免受雨水冲刷，按照18.4.3.6施工。

18.4.4.5 病虫害防治。应定期喷广谱药剂，及时预防各种病虫害的发生。

18.4.4.6 追肥。应根据植物生长需要及时追肥。

18.4.4.7 及时补播。草种发芽后，应及时对稀疏无草区进行补播。

18.5 施工质量检验

18.5.1 植被护坡植物种类的选用，应适合被保护斜坡的土石特点（物质成分、结构等）和自然环境条件,并与社会环境相协调。

18.5.2 检验项目

植被护坡质量检验项目及标准如表 18-1 所示。

表 18-1 植被护坡质量检验标准

序号	检验项目	规定值或允许偏差	检验方法和频率	规定分
1	植物成活率(%)	<10(90%以上应成活)	草皮:尺量,计面积 植株:点数,统计计算每 100 m² 范围内 3 条带	30
2	树种	符合要求	检查施工日志	15
3	树径、树高(m)	符合设计要求	尺量	15
4	种植间距、树坑深度(m)	符合设计要求	尺量	20
5	客土肥质	符合设计要求	查施工日志	20

18.6 施工注意事项

18.6.1 植被护坡修坡、三维植被网施工、铺草皮、液压喷播植草等为重要施工工序,监理单位必须旁站监理,需在监理日志中记录三维植被网搭接长度、草皮铺种方法,以及木纤维、保水剂、黏合剂、肥料的含量等内容。

18.6.2 铺草皮前表层土要挖松整平,洒水湿润。

18.6.3 铺草皮施工一般应在春季或初夏进行。

18.6.4 铺种草皮应洒水养护,使坡面湿润,直至草皮成活。

18.6.5 草籽应均匀撒布在已清理好的坡面上,草籽埋入深度应不小于 5cm,种完后将土耙匀拍实。

18.6.6 草籽播种后,应适时进行洒水施肥、清除杂草等养护管理,直到草覆盖坡面。

19 削方减载

19.1 一般规定

19.1.1 削方减载工程主要适用于规模不大滑坡的局部治理,或者体积大、厚度大且采用支挡工艺难度大的滑坡治理。对于一般牵引式滑坡或滑带、具有卸载膨胀性质的滑坡以及滑动块体较为破碎或分割成多个块体的,不宜采用削方减载措施。

19.1.2 削方减载可依据运距及坡体类型选用不同的施工方法。当坡面较缓、运距较远时,应采用运土法;当坡面较陡、运距较近时,采用挖推法;坡面较陡的基岩应采用爆破法。

19.1.3 削方顺序要遵循由上至下的顺序开挖,不得先下后上,否则会引起开挖区不稳定,易造成新的滑移。

19.1.4 施工过程中要做好临时排水设施,开挖面上部要设截水沟,开挖面要有临时排水沟,及时疏排地表水。

19.1.5 对削方范围、削方厚度、削方后边坡坡度和平整度应进行检测检验,达到设计要求。

19.2 施工前准备

19.2.1 削方减载工程施工前,应取得当地实测地形图、原有地下管线或构筑物竣工图、削方设计图以及工程地质、气象等技术资料。

19.2.2 应根据削方工程的设计条件、场地地层条件和环境条件编制施工组织设计,并根据不同的岩土体类型制定施工工艺细则。

19.2.3 削方减载工程的开挖、爆破、运输等相关人员应经过技术培训,持证上岗,未经培训、考核不合格者不得上岗操作。

19.2.4 削方减载工程施工前,应做好挖土、运输车辆及各种辅助设备的维修检查、试运转和进场工作等。

19.2.5 削方减载工程施工前,应对施工机械进入现场所经过的道路、桥梁和卸车设施事先做好必要的加宽、加固等准备工作。

19.2.6 削方减载工程施工前,应了解地下水赋存状况,以确定临时截(排)水措施。

19.3 材料及机具

19.3.1 水下爆破工程应选用具有防水性能或经过防水处理的爆破器材,炸药宜采用乳化炸药或其他防水性能较好的炸药,雷管宜选用防水 8 号金属雷管。

19.3.2 用于深水区的爆破器材,应具有足够的抗压性能或采取有效的抗压措施,使用前应进行同等施工条件下的抗水和抗压试验。

19.3.3 预裂爆破、光面爆破宜采用低猛度、高爆力炸药。

19.3.4 若采用电力起爆,在同一串联网路上,必须使用同厂、同批、同牌号的电雷管,雷管之间(绞线长度为 2m)的电阻差值不得大于:①康铜桥丝:铁绞线 0.3Ω;②钢绞线 0.25Ω;③镍铬桥丝:铁绞线

0.8Ω;④铜绞线 0.3Ω。

19.3.5 施工机械有挖掘机、装载机、推土机、自卸汽车等。

19.3.6 一般机具有空压机、手持式风镐、铁锹(尖、平头两种)、手推车、小白线或钢卷尺以及坡度尺等。

19.4 施 工

19.4.1 削方减载后形成的边坡高度大于 8m 时,开挖必须采用分段开挖,边开挖边护坡,护坡之后才允许开挖至下一个工作平台,严禁一次开挖到底。根据岩土体实际情况,分段工作高度宜为 3~8m。

19.4.2 边坡开挖应随时做成一定的坡势,以利泄水,不得在影响边坡稳定的范围内形成积水。

19.4.3 机械开挖时,不得挖至设计标高以下,如不能准确地挖至设计标高,可在设计标高以上暂留一层土不挖,在抄平后由人工挖除。

19.4.4 运土法施工适合于人工施工,且必须符合以下规定:

(1)开挖土方的操作人员之间应保持足够的安全距离,横向间距不小于 2m,纵向间距不小于 3m;

(2)风化基岩宜采用镐头机并配合手持式风镐碎岩进行开挖;

(3)边坡开挖中如遇地下水涌,应先排水,后开挖。

19.4.5 运土法采用机械施工时,还应符合以下规定:

(1)挖掘机正铲[图 19-1(a)]作业时,除松散土壤外,其最大开挖高度和深度不应超过机械本身性能规定。在拉铲或反铲作业时,履带距工作面边缘距离应大于 1.0m,轮胎距工作面边缘应大于 1.5m。

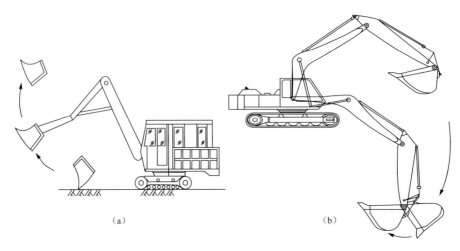

图 19-1 正铲、反铲开挖示意图
(a)正铲开挖;(b)反铲开挖

(2)正铲挖掘机作业方法采用正向开挖和侧向开挖两种方式。运土汽车应布置于挖土机的后面或侧面。

(3)反铲挖掘机作业[图 19-1(b)]常采用沟端开挖和沟侧开挖两种方法。当开挖深度超过最大挖深时,可采取分层开挖。运土汽车布置于反铲的一侧,以减少回转角度,提高生产率。对于较大面积开挖,反铲可作"之"字形移动。

(4)自卸汽车数量应按挖掘机大小、生产率和工期要求配备,应能保证挖掘或装载机械连续作业。汽车载重容量宜为挖掘机斗容量的 3~5 倍。

19.4.6 采用挖推法施工时,应符合以下规定:

(1)推土机一般应从两端或顶端开始(纵向)推土,把土堆向中部或顶端,暂时堆积,然后再横向将土推离到滑坡的两侧。

(2)推土机在坚硬土壤或多石土壤地带作业时,应先进行爆破或用松土器翻松。

(3)两台以上推土机在同一地区作业时,前后距离应大于8.0m,左右距离应大于1.5m。在狭窄道路上行驶时,未得前机同意,后机不得超越。

19.4.7 采用爆破法施工时,应符合以下规定:

(1)在清除表层危岩体和确保施工安全的情况下,宜采用导爆索进行光面爆破或预裂爆破。凿岩一般3~4m,由上至下一次成型。以机械浅孔台阶爆破为主,并对超、欠挖部分进行修整成型。

(2)块石爆破采用岩体内浅孔爆破与块体表面聚能爆破相结合的方式。对块体厚度大于1.5m又易于凿岩的块石,以块体内浅孔爆破为主;对厚度大于1.5m、凿岩施工条件极差的块石,以表面聚能爆破为主;对厚度在1.5m左右、宽厚比近似等于1的块石,可以两种方法并用。

19.5 施工质量检验

19.5.1 基本要求

19.5.1.1 削方减载的位置和数量应符合设计要求。

19.5.1.2 一般应采用人工或机械开挖的方法施工,不得因施工影响后壁和两侧岩土体的稳定。

19.5.1.3 边坡坡度应符合设计要求,严禁出现反坡、坑槽。

19.5.1.4 坡面要稳定平顺,危石要清理干净。

19.5.1.5 削方减载的弃土、弃石位置应符合设计要求。

19.5.2 检验项目

削方减载质量检验项目及标准如表19-1所示。

表19-1 削方减载质量检验标准

序号	检查项目		规定值或允许偏差	检查方法及频率	规定分
1	削方体积(%)	机械削方、机械削坡	-2	测量、计算,全部	20
		机械削方、预留人工削坡层	-1		
2	减载范围(m)		±0.5	测量,全部	20
3	平台平面位置(m)	机械削方、机械削坡	±0.2	用全站仪、经纬仪、水准仪测量剖面图,对比剖面数据,每长20m量3处,且不少于3处	20
		机械削方、预留人工削坡层	±0.1		
4	坡度(%)	机械削方、机械削坡	±3		20
		机械削方、预留人工削坡层	±2		
5	高程(mm)	机械削方、机械削坡	±100		20
		机械削方、预留人工削坡层	±50		

19.5.3 外观鉴定

(1)坡面上不得有松石、危石。不符合要求的每处扣1~2分。

(2)坡面平顺,不得有反坡、坑槽。不符合要求的每处扣1~3分。

19.6 施工注意事项

19.6.1 削方减载过程中削方顺序为重要施工工序,监理单位必须旁站监理,需在监理日志中记录削方范围、削方厚度、削方后边坡坡度、削方后边坡平整度等内容。

19.6.2 应修建临时排水设施,防止地面水流入坡体内。经常对边坡进行检查,发现问题要及时处理。

19.6.3 严禁在滑坡体上部弃土或堆放材料。清理出的土石可采用挖掘机和装载机挖装,自卸汽车转运。开挖料必须运至指定位置堆放,不得阻塞河道或影响排水。

19.6.4 及时做好坡面保护,防止边坡坍塌,造成事故。

19.6.5 对于不稳定边坡的开挖,尽量避免采取爆破方式施工,应及时进行边坡加固。

19.6.6 应严格控制施工质量,避免超、欠挖或倒坡。

19.6.7 为了减少超挖及对边坡的扰动,机械开挖必须预留 $0.5\sim1.0$ m 保护层,然后人工开挖至设计位置。

19.6.8 采用爆破方法对后缘滑体或危岩体进行削方减载,必须专门对周围环境进行调查,对爆破振动对整体稳定性的影响和爆破飞石对周围环境的危害作出评估。

19.6.9 挖掘悬崖时,应采取防护措施。作业面不得留有松动的大块石,当发现有塌方危险时,应立即处理或将挖掘机撤离至安全地带。

19.6.10 施工过程中应密切关注作业部位和周边边坡、山体的稳定情况,一旦发现裂痕、滑动、流动等现象,应立即停止作业,撤出现场作业人员。

19.6.11 削方减载应注意保护生态环境和土地的有效利用。

19.6.12 削方减载工程不宜在雨期进行。当必须在雨期施工时,工作面不宜过大,应逐段、逐片分期完成;应注意开挖边坡的稳定状态,开挖面必须用塑料布遮盖,必要时可适当放缓边坡坡度,或设置支撑。

20 土石压脚

20.1 一般规定

20.1.1 土石压脚是将土石等材料堆填在滑坡体前缘的压脚方法,通过提高滑坡前缘阻滑力,设置反滤层和进行防冲刷护坡,实现提高滑坡稳定性、保护库岸的功能,适用于滑坡前缘有阻滑段的滑坡治理。

20.1.2 土石压脚工程施工前,严格检查压脚材料、反滤及土工材料、土方机械、碾压设备等材料与机具,并必须符合相关规范。

20.1.3 应按基底地坪清理→土质检验→分层铺土→分层碾压密实→压实度检验的顺序进行施工,水下土石压脚回填应做好反滤、排水、护坡设施。

20.1.4 对土石压脚长度、底宽、高度、边坡坡度、压实度等应进行检测检验,达到设计要求。

20.2 施工前准备

20.2.1 土石压脚工程施工前,应取得回填压脚设计图纸、技术文件及施工条件等资料。

20.2.2 应根据压脚工程的设计条件、场地地层条件和环境条件编制施工组织设计,并根据不同的施工条件制定施工工艺细则。

20.2.3 应按设计要求进行回填岩土体基本试验,如颗粒级配试验、含水量试验及压实度试验等,以验证设计参数,完善施工工艺。

20.2.4 土石压脚工程的圬工、运输及机械操作等人员应经过技术培训,持证上岗,未经培训、考核不合格者不得上岗操作。

20.2.5 土石压脚工程施工前,应根据设计要求做好回填压脚料的备料工作,以及合理选用土方机械、碾压机具等配套设备。

20.2.6 土石压脚工程施工前,应对填方基底地坪进行清理,并做好对土方机械、车辆行走路线进行必要的加固、加宽等工作。

20.2.7 土石压脚工程施工前,应了解地表水及地下水赋存状况,以确定排水、截水措施。

20.2.8 土石压脚工程施工前,应查明施工区范围内地下埋设物的位置状况,并预测回填压脚土体对其影响的可能性与后果。

20.3 材料及机具

20.3.1 土石压脚的材料一般采用碎石类土、砂性土和爆破石渣。碎石土碎石粒径小于8cm,碎石含量30%~80%。碎石土最优含水量应做现场碾压试验,含水量与最优含水量误差应小于3%。黏性土可作为各层填料,但应检验其含水率,必须达到设计控制范围方可使用。

20.3.2 土石压脚的反滤层材料宜选用无纺土工织物和机织土工织物,不得采用编织土工织物。当采用无纺土工织物时,其单位面积质量宜为300~500g/m²,抗拉强度不宜小于6kN/m。

20.3.3 对设在构件安装缝处的滤层,宜选用抗拉强度较高的机织土工织物。

20.3.4 当遇往复水流时,应采用较厚的无纺土工织物。

20.3.5 当采用的无纺土工织物排水能力不足时,应采用其他复合排水材料。

20.3.6 应使用表面无损伤、无脏物污染的土工织物材料。

20.3.7 施工机械有挖掘机、推土机、自卸汽车、平碾、羊足碾、振动平碾、蛙式柴油式打夯机等。

20.3.8 一般机具有铁锹(尖、平头两种)、手推车、小白线或钢卷尺以及坡度尺等。

20.4 水上土石压脚施工

20.4.1 基底清理

20.4.1.1 基底上的树墩及主根应拔除,坑穴应清除积水、淤泥和杂物等,并分层回填夯实。

20.4.1.2 在土质较好的平坦地上(地面坡比不陡于1∶10)填方时,可不清除基底上的草皮,但应割除长草。

20.4.1.3 当坡比为1∶10～1∶5时,应清除基底上的草皮;当坡比陡于1∶5时,应将基底挖成阶梯形,阶宽不小于1m。

20.4.1.4 当填方基底为耕植土或松土时,应将基底碾压密实。

20.4.1.5 在水田、沟渠或池塘上填前,应根据实际情况采用排水疏干、挖除淤泥或抛填块石、砂砾、矿渣等方法处理后,再进行填土。

20.4.2 土质检验

20.4.2.1 检验回填土料的种类、粒径,有无杂物,应符合设计规定。

20.4.2.2 对土料的含水量进行检验,如含水量偏高,应采取翻松、晾晒或均匀掺入干土等措施;如遇填料含水量偏低,应采取预先洒水润湿、增加压实遍数或使用大功能压实机械等措施。

20.4.3 分层铺土及碾压

20.4.3.1 填方每层铺土厚度和压实遍数应根据设计要求确定,如无要求,可按照表20-1选用。

表20-1 填方每层的铺土厚度和压实遍数

压实机具	每层铺土厚度(cm)	每层压实遍数(遍)
平碾	20～30	6～8
羊足碾	20～35	8～16
振动平碾	60～150	6～8
蛙式柴油式打夯机	20～25	3～4
人工打夯	不大于20	3～4

注:人工打夯时,土块粒径不应大于5cm。

20.4.3.2 采用机械填方时,应保证边缘部位的压实质量。填土后,如设计不要求边坡修整,宜将填方边缘宽填0.5m;如设计要求边坡整平拍实,宽填可为0.2m。

20.4.3.3 填料为碎石类土时,碾压前宜充分洒水浸透,以提高压实效果。

20.4.3.4 填料为爆破石渣时,应通过碾压试验确定含水量的控制范围。

20.4.3.5 振动平碾适用于填料为爆破石渣、碎石类土、杂填土或轻亚黏土的大型填方(填料为亚黏土或黏土时,宜使用振动凸块碾)。

20.4.3.6 使用8～15t重的振动平碾压实爆破石渣或碎石类土时,铺土厚度一般为0.6～1.5m,宜先静压后振动。

20.4.3.7 碾压机械压实填方时,应控制行驶速度,一般不应超过以下规定:平碾:2km/h;羊足碾:3km/h;振动碾:2km/h。

20.4.3.8 碾压时,轮(夯)迹应相互搭接,防止漏压或漏夯。长度比较大时,填土应分段进行。每层接缝处应做成斜坡形,碾迹重叠0.5~1.0m,上下层错缝距离不应小于1m。

20.4.3.9 在机械施工碾压不到的填土部位,应配合人工推土填充,用蛙式或柴油打夯机分层夯打密实。

20.4.4 压实度检验

20.4.4.1 回填土每层压实后,应按规定每压实一层200m² 内至少1处进行环刀取样,测出干土的压密度;达到要求后,再进行上一层的铺土。对检测不合格的,应进行返工洒水、碾压,经复检合格后才可进行上一层的铺土。

20.4.4.2 碎石土应碾压,无法碾压时应夯实。距表层0~80cm,填料压实度≥93%;距表层80cm以上,填料压实度≥90%。

20.5 水下土石压脚施工

20.5.1 基底清理

20.5.1.1 水下土石压脚基底清理,在地表体水位退至基底以下时进行施工。

20.5.1.2 铺反滤层前,应将基面用挖除法整平,对个别低洼部分,应采用与基面相同土料或与反滤层第一层相同的滤料填平。

20.5.1.3 水下土石压脚基底清理可参照"20.4.1 基底清理"施工。

20.5.2 土质检验

水下土石压脚土质检验参照"20.4.2 土质检验"执行。

20.5.3 土工织物铺设

20.5.3.1 铺设前应对土工织物材料的质量进行复验。材料质量必须合格,有扯裂、蠕变、老化等现象的材料均不得使用。

20.5.3.2 铺设土工织物时,应按其主要受力方向铺放,其长边宜顺河岸铺设。自下游侧开始依次向上游侧铺展,上游侧织物沿填土的延伸方向搭接在下游侧织物上,搭接宽度一般在5~6cm以上;在填土的延伸方向有拉张应力作用的部位,宜用尼龙绳或聚乙烯绳缝接。

20.5.3.3 可用手提缝纫机将两片土工织物缝接。缝合形式有平接、对接、J字形接和蝶形接等,缝线可为一道、两道甚至三道,两道缝线的间距为10~25mm。

20.5.3.4 为防止填土及碾压时土工织物的错位、移动,可在土工织物上铺砂,此时织物接头不宜用搭接法连接。

20.5.3.5 土工织物铺设时,两端应有富余量,每端富余量不少于1 000mm,且应按设计要求加以固定。

20.5.3.6 土工织物铺设时应避免张拉受力、折叠、打皱等情况发生,边铺边及时进行压固。

20.5.3.7 当土工织物铺设遇到马道时,应对其位置向上或向下调整,以免马道排水沟开挖损坏土工织物。

20.5.3.8 土工织物应放置于不被阳光直射或雨水淋湿的地点。

20.5.3.9 若土工织物作压脚回填土中的加筋时,在下层土方碾压完成后,再铺设上一层土工织物,并应尽快铺设上一层填料,进行碾压。

20.5.4 反滤层铺设

20.5.4.1 铺筑前应做好场地排水,设好样桩,备足反滤料。

20.5.4.2 不同粒径组成的反滤料层厚度必须符合设计要求。

20.5.4.3 应由底部开始向上按设计结构层要求逐层铺设,并保证层次清楚、互不混杂,不得从高处顺坡倾倒。

20.5.4.4 分段铺筑时,应使接缝层次清楚,不得发生层间错位、断缺、混杂等现象。

20.5.4.5 陡于45°的反滤层施工时,应采用挡板支护铺筑。

20.5.4.6 已铺好反滤层的工段,不允许人车通行,应及时铺筑上层堤料。

20.5.4.7 下雪天应停止铺筑,雪后复工时,应严防冻土、冰块和积雪混入料内。

20.5.4.8 堆石排水体应按设计要求分层实施,施工时不得破坏反滤层,靠近反滤层处用较小石料铺设,堆石上下层面应避免产生水平通缝。

20.5.5 分层铺土及碾压

水下土石压脚分层铺土及碾压参照"20.4.3 分层铺土及碾压"执行。

20.6 施工质量检验

20.6.1 基本要求

20.6.1.1 压脚土石方填料的品种、质量等应符合设计要求。

20.6.1.2 填筑时应分层压实,密实度应达到设计要求。

20.6.1.3 填筑表面应平整、顺直,有利于排水,不得有坑槽。

20.6.2 检验项目

土石压脚质量检验项目及标准如表20-2所示。

表20-2 土石压脚质量检验标准

序号	检查项目		规定值或允许偏差	检查方法及频率	规定分
1	填料质量		符合设计要求	查试验报告	15
2	压实系数	填土	符合设计要求	环刀法、灌砂法,查施工记录、土工试验报告,每压实层200m² 内至少1处,且送检数量不少于总数的10%	15
		填石		查施工记录,全部	15
3	长度		符合设计要求	尺量,每长20m量3处,且不少于3处	10
4	宽度		不小于设计值	尺量,每长20m量3处,且不少于3处	10
5	平面位置(m)		±0.5	测量,全部	9
6	分层厚度(mm)		±50	尺量,查施工记录	9
7	坡度		不陡于设计值	用水准仪测,每长20m测3处,上、中、下各3点,且不少于3处	9
8	高程(mm)		±50	用水准仪测,每长20m测3处,上、中、下各3点,且不少于3处	8

注:平面位置"+"指向外,"-"指向内。

20.6.3 外观鉴定

坡面要平顺。不符合要求的扣1~3分。

20.7 施工注意事项

20.7.1 基底地坪清理、土质检验、分层铺土、分层碾压密实、压实度检验等为重要施工工序,监理单位必须旁站监理,需在监理日志中记录回填土方长度、底宽、高度、边坡坡度、压实度等内容。

20.7.2 淤泥、淤泥质土和盐渍土一般不能用作压脚填料。碎块草皮和有机质大于8%的土,仅用于无压实要求的填方。

20.7.3 碎石类土作辅料时,大块料不应集中,且不得填在分段接头处或填方与山坡连接处。

20.7.4 在降雨量较大的地区,应按设计要求做好填方的表层处理。

20.7.5 填方工程不宜在雨期施工。若在雨期施工,应有防雨措施或方案,要防止地面水流入坑内和地坪内,以免边坡塌方或基土遭到破坏。

20.7.6 冬期填方前,应清除基底上的冰雪和保温材料;距离边坡表层1m以内不得用冻土填筑;填方上层应用未冻、不冻胀或透水性好的填料填筑,其厚度应符合设计要求。

20.7.7 冬期回填土方,每层铺筑厚度应比常温施工时减少20%~25%,其中冻土体积不得超过填方总体积的15%,其粒径不得大于15cm。铺冻土块要均匀分布,逐层压(夯)实。回填土方的工作应连续进行,并及时采取防冻措施,防止基土或已填方土层受冻。

21 截(排)水沟

21.1 一般规定

21.1.1 地表截(排)水工程主要包括截(排)水明沟、跌水、急流槽,其作用在于拦截、引离坡体范围外的地表水,使其不致进入防治的坡体或将防治坡体范围内的入渗降水及上层滞水(或埋藏很浅的潜水)进行引排,使其不至于渗入坡体内。

21.1.2 截水沟一般是设在所防治坡体的后缘,用以拦截上方来水,防止坡体外的水流入防治坡体内。

21.1.3 排水沟用于引排截水沟的汇水和坡体附近及坡体内低洼处积水或出露泉水等水流。也可用于挡土墙前,引排挡土墙上排水孔排出的墙后地下水。

21.1.4 跌水和急流槽设置在陡坡地段,主要用于排水、水流消能和减缓流速。

21.1.5 截(排)水沟断面形式常用梯形和矩形。矩形断面一般适用于地下水埋藏很浅、深度仅2m范围内,或水沟通过的地层稳定且能够进行较深明挖的地方;梯形断面则适用于引排地下水埋藏相对较深,或地质条件不良、水沟边坡容易发生滑塌的地方。

21.1.6 应按测量放样→沟槽开挖、清理→圬工砌体施工→砌体勾缝的顺序进行施工。在坡度较陡坡段增设跌水或急流槽、消力槛及消力池。

21.1.7 沟槽水平位置、长度、断面尺寸,沟槽开挖、沟槽清理、沟底纵坡度、沟底高程、铺砌厚度、表面平整度等应进行检测检验,达到设计要求。

21.2 施工前准备

21.2.1 工程施工前,应取得地表截(排)水工程的设计图纸、技术文件及施工条件等资料。

21.2.2 应根据地表截(排)水工程的设计条件、场地地层条件和环境条件编制施工组织设计,并根据不同的工程类型制定施工工艺细则。

21.2.3 应根据设计要求做好钢筋、水泥、砂子的备料工作,并提前对所有原材料(水泥、砂子、石子)由监理见证采样送实验室进行材料试验,砂浆、混凝土的配合比和强度试验应在施工前进行,材料合格才能进行相关的施工。

21.2.4 应根据设计要求合理选用挖槽机具等配套设备。

21.2.5 施工的圬工、钢筋工、测量、运输及机械操作等人员应经过技术培训,持证上岗,未经培训、考核不合格者不得上岗操作。

21.2.6 应对施工场地进行清理,妥善处理有碍施工的已有建筑物和构筑物。

21.2.7 应查明施工区范围内地下埋设物的位置状况,并预测截(排)水施工对其的可能影响与后果。

21.2.8 应了解地表水及地下水赋存状况及其化学成分,以确定临时截(排)水措施以及防腐措施。

21.3 材料及机具

21.3.1 应采用低强度等级且符合设计要求的合格水泥。

21.3.2 应采用煅烧适度、白色、质纯的生石灰或贝灰,宜选用一、二级石灰。

21.3.3 宜采用质地坚硬、无杂质天然级配的河砂、山砂或人工砂。

21.3.4 水泥符合附录C要求。

21.3.5 不得使用污水、未经处理的工业废水。

21.3.6 加固用片石应强韧、密实、坚固与耐久,质地适当细致,色泽均匀,无风化剥落和裂纹及结构缺陷,厚度尺寸符合设计要求,其强度不得小于MU30。

21.3.7 加固用石料的运输、储存和处理,不得有过量的损坏和废料。

21.3.8 加固用卵石的石质强度及规格必须符合片石相关要求,外型应以椭圆形为宜,其长轴不得小于20cm。

21.3.9 浆砌块石的厚度宜采用边长20～30cm,浆砌石板的厚度不宜小于3cm,其他要求必须符合片石相关要求。

21.3.10 块石及片石应在材料场粗加工后运到施工现场,并按用量分别堆放在每个施工段。

21.3.11 加固措施中胶结材料砂浆的用砂应做级配检测,宜选用中砂或粗砂,砂的最大粒径不宜大于0.5cm,含泥量不得大于5%。

21.3.12 沥青混凝土的配合比应根据技术要求,经过室内试验和现场试铺筑确定:

(1)防渗层沥青混凝土的孔隙率不得大于4%,渗透系数不得大于10cm/s,斜坡流淌值应小于0.8cm,水稳定系数应大于0.9,低温下不得开裂。

(2)整平胶结层沥青混凝土渗透系数不得小于10cm/s,热稳定系数应小于4.5。

(3)一般沥青含量,防渗层应为6%～9%,整平胶结层应为4%～6%。

(4)石料的最大粒径,在防渗层中不得超过一次压实厚度的1/3～1/2;在整平胶结层中不得超过一次压实厚度的1/2。

21.3.13 聚乙烯膜宜选用厚度为0.18～0.22mm的深色塑膜。

21.3.14 油毡膜料宜选用厚度0.6～0.65mm,且用无碱玻璃纤维布制造的油毡。

21.3.15 施工机械有挖掘机、自卸汽车、翻斗车、搅拌机、蛙式柴油式打夯机等。

21.3.16 一般机具有铁锹(尖、平头两种)、手推车、线坠、小白线或钢卷尺以及坡度尺等。

21.4 施 工

21.4.1 测量放样

21.4.1.1 采用经纬仪或全站仪进行放样,应根据设计渗沟位置,在现场实地定出明沟的中线桩位,并撒石灰线标出沟槽开挖位置。

21.4.1.2 临时水准点和控制桩的设置应便于观测且必须牢固,并应采取保护措施。开槽挖沟沿线临时水准点,每200m不宜少于1个。

21.4.1.3 放样点间距直线段一般为10m一点,曲线段根据转弯半径大小为2～5m一点。

21.4.1.4 临时水准点、轴线控制桩、高程桩,应经过复核方可使用,并应经常校核。

21.4.1.5 开挖工程放样应测放出设计开挖轮廓点,并用明显标志对桩号、高程及开挖轮廓点进行标明。

21.4.1.6 开挖部位接近竣工时应及时测放开挖轮廓线和散点高程,并将欠挖部位及尺寸标于实地;必要时,在实地以适当密度标出开挖轮廓点以备验收之用。

21.4.1.7 开挖前须对测量放线复核验收,如须变更设计平面布置,应经过监理批准。

21.4.2 沟槽开挖

21.4.2.1 应根据明沟宽度大小以及现场条件,合理选择采用人工开挖或机械开挖方式,为保证施工质量和工期,大多采用人工配合挖掘机开挖。

21.4.2.2 开挖方向宜自下游向上游进行,沟槽开挖宽度及放坡可根据设计、土质、挖深及水位确定,宜采用挖直立沟或直立沟加支撑方式。

21.4.2.3 开挖过程中,应注意检查控制基底高程和断面尺寸,做到不超挖、不扰动槽底基土,机械开挖时在设计槽底高程以上保留20cm左右不挖,用人工清底。

21.4.2.4 若个别地方超挖时,应用与基底土相同的土质分层夯实到设计要求的密实度,或用浆砌片石、其他加固材料找补。

21.4.2.5 当下一步工序不能连续进行时,槽底宜留20cm左右土层不挖,待下一步工序开工时再挖。开挖过程中要做好排水引流,避免基槽受水浸泡。

21.4.2.6 石质沟槽的开挖,须放炮使石方松动后再开挖成型,为避免因此引起的超挖,应控制炮孔位置和爆破药量,超挖部分用浆砌片石或混凝土、砂浆找补。

21.4.2.7 开挖出的沟基,如地基承载力达不到设计要求时,应进行地基加固处理,如除泥换土、填砂砾石料、扰动土夯实、灰土夯实、打木桩、混凝土桩等。

21.4.2.8 沟槽开挖施工,尤其在边坡较高时必须注意安全,防止塌方。当土质均匀、地下水位低于沟底标高,且开挖深度符合表21-1要求时,开挖边坡可不加设支撑;但当开挖深度较深、土质又较差时,则必须进行支撑。沟槽挖好后,应及时进行浆砌块石等结构的施工。

表21-1 沟槽开挖要求

土质情况	可不支撑的允许深度(m)
密实、中密的砂土和碎石类土(充填物为砂土)	1.0
硬塑、可塑的轻亚黏土及亚黏土	1.25
硬塑、可塑的黏土及碎石类土(充填物为黏性土)	1.5
坚硬的黏土	2.0

21.4.2.9 在基础开挖开始之前,应通知监理工程师,以便检查、测量开挖平面位置和现有地面标高。在未完成检查测量及监理工程师批准之前不得开挖。

21.4.3 砌筑明沟

21.4.3.1 截(排)水沟明沟宜采用砌砖、浆砌片石或混凝土预制块加固,在透水高程处也可以采用无砂混凝土预制块加固。

21.4.3.2 砌砖宜用坐浆法砌,片石用坐浆法或灌浆法。

21.4.3.3 砌筑前宜洒水湿润石料或砖,石料或砖使用前应洗刷干净。

21.4.3.4 砌筑施工时,宜采用坐浆法铺砌沟底,砌筑砂浆强度等级一般为M7.5。

21.4.3.5 浆砌块石圬工砌筑时,沟壁块石尺寸大体均匀,沟槽面平整,砂浆饱满,块石及砂浆强度须满足设计要求,砌筑面整合稳定,内表面用M10砂浆抹面,同时满足其外观质量。

21.4.3.6 当采用无砂混凝土作为防渗与支护设施时,应采用预制无砂混凝土块,并按反滤准则选择无砂混凝土的骨料,且其厚度必须比普通混凝土块厚度大,水灰比可适当降低。

21.4.3.7 截水沟铺砌时应先砌沟壁,后砌沟底,以增加其坚固性。沟壁应嵌入边坡内,当地表水横向流入截水沟而对截水沟及坡顶面能产生冲刷时,则须铺砌到截水沟顶部,并向外侧延长0.3~1.0m

(视横向流入截水沟的水流流速和流量而定,流速、流量大者,取高值)。如无冲刷作用,只须铺砌到计算水位以上 0.2～0.25m 即可。

21.4.3.8 排水沟护面材料宜采用浆砌片石或块石砌成。地质条件较差,如坡体松软段,可用毛石混凝土砌筑。砌筑排水沟宜用强度等级 M10 的水泥砂浆。采用的毛石混凝土或素混凝土宜用强度等级不低于 C15 的混凝土,护面厚度不宜小于 2～3cm。

21.4.3.9 截(排)水沟底板和边墙砌筑为人工操作,质量不易均匀。砌筑工艺应符合总体要求:平(砌筑层面大体平整)、稳(块石大面向下,安放稳实)、紧(石块间必须靠紧)、满(石缝要以砂浆填满捣实,不留空隙)。

21.4.3.10 砌石时,基础铺设 5～8cm 砂浆垫层,第一层宜选用较大片石,分层砌筑,每层厚 25～30cm,每层由外向里,先砌面石,再灌浆塞实,铺灰坐浆要牢实。

21.4.3.11 砌片石(砖)时,应注意纵横缝互相错开,每层横缝厚度保持均匀。各砌缝要用小石块嵌紧,要求咬扣紧密,错缝,无叠砌、贴砌和浮塞。未凝固的砌层,应避免振动。

21.4.3.12 截水沟采用混凝土浇筑或浆砌块石砌筑时,应在沟壁与地水位以下、沟中最高水位以上设置向沟中倾斜的渗水孔。

21.4.3.13 沟壁外侧应填反滤层,防止坡内岩土颗粒等流出,引起坡面坍塌。反滤层应采用筛选过的中砂、粗砂、砾石等粗粒透水材料分层铺砌,并加以土工合成材料配合使用。

21.4.3.14 采用浆砌片石、混凝土修筑的截(排)水沟时,每隔 4～6m 应设沉降缝,缝内用沥青麻筋仔细塞实,表面勾缝,若发现断裂,随即修补。

21.4.3.15 陡坡和缓坡段沟底及边墙、软硬岩层分界处均应设伸缩缝。伸缩缝间的距离为 10～15m。伸缩缝处的沟底应设齿前墙。

21.4.4 砌筑跌水与急流槽

21.4.4.1 跌水与急流槽的砌筑顺序在纵向方向应从下游向上游砌筑,横向方向宜先砌沟底后砌墙。砌墙时,应从墙角开始,由下而上分层砌筑(图 21-1)。

21.4.4.2 跌水墙的厚度,砌石为 30～40cm,混凝土为 25～30cm,跌水墙高度最大不超过 2m,墙基埋深不小于 1m,冰冻地区应深入冻结线以下。

21.4.4.3 跌水槽槽身一般砌成矩形,如跌水高度不大,槽底纵坡较缓,亦可采用梯形。梯形跌水槽应在台阶前 50～100cm 和台阶后 100～150cm 范围内进行加固。

21.4.4.4 跌水的台阶高度可根据地形、地质等条件决定,多级台阶的各级高度可以不同,不带消力槛的跌水台阶高度一般不大于 50～60cm,以 30～40cm 较为普遍;带消力槛的跌水台阶高度可达 1m,其高度与长度之比应与原地面坡度相适应。

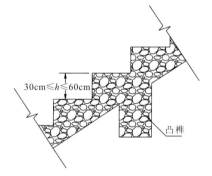

图 21-1 跌水结构纵断面示意图

21.4.4.5 若急流槽很长时,应分段砌筑,每段不宜超过 10m,接头用防水材料填塞,密实无空隙。

21.4.4.6 急流槽的砌筑应使自然水流与涵洞进、出口之间形成一个过渡段,基础应嵌入地面以下,基底要求砌筑抗滑平台并设置端护墙(图 21-2)。

21.4.4.7 急流槽纵坡较陡时,为防止槽体顺坡下滑,槽底可每隔 2.5～5.0m 以及在转折点处设置耳墙深入地基 30～50cm。

21.4.4.8 急流槽进出水槽处,底部宜用片石铺砌,长度一般不小于 10m,特殊情况下应在下游设厚 20～50cm、长 2.5m 的防冲铺砌。

21.4.4.9 为减小纵坡很大的急流槽中水流的流速,应采用人工加糙的方式对坡面进行处理。常

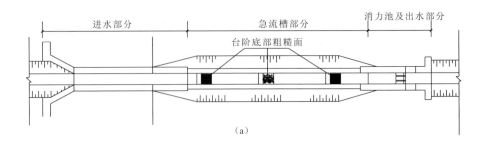

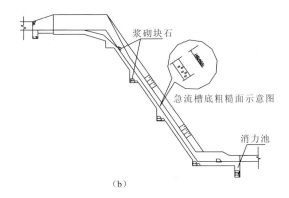

图 21-2 急流槽示意图
(a)平面布置图；(b)断面示意图

用的加糙形式有矩形肋条、棋盘式方格、逆水流人字形横条等。

21.4.4.10 在较陡急流槽的设计和施工中应尽量不要设置台坎，如必须设置时，应采取如下措施：
(1)尽量增加台坎的倾角；
(2)在急流槽中设置消能设置，降低急流槽中的水流速度；
(3)在开挖边坡台阶的急流槽进水口设置矮坎，尽量让水流从台阶上的截水沟流走，减少进入急流槽的水量和水流速度；
(4)在产生挑流的情况下，在挑流出口处设置挡板，避免挑流对周边设施的冲刷；也可以把台坎后移，避免挑流进入受保护的设施内。

21.4.5 消力池与消力槛

21.4.5.1 在开挖坡面的急流槽与边沟交汇处，应在边沟设置沉淤池或消力池(图 21-3)，一方面可以沉积泥砂，另一方面可以起到消能作用，避免泥砂堵塞边沟和水流冲刷边沟，导致边沟遭到破坏。

21.4.5.2 消力池起消能作用，必须坚定稳固，不易毁坏，底部应具有 1‰～2‰纵坡，底板厚 35～40cm，沟槽及消力池的边墙高度应高于计算水深的 20cm 以上，边墙厚可与跌水墙相同。

21.4.5.3 急流槽或急流管的进水口与沟渠泄水口之间应做成喇叭口式联结，变宽段应有至少深 15cm 的下凹，并铺砌防护。急流槽或急流管的出水口处应设置消能设施，可采用混凝土或石块铺筑的消力池或消力槛。

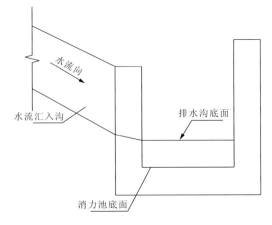

图 21-3 消力池断面示意图

21.4.5.4 消力槛的槛高一般低于水深，为跌水墙高度的 1/4～1/5，一般取 15～20cm，槛顶厚度不小于40cm,底部应留有泄水孔,以利水流中断时排泄池中积水。

21.4.6 抹面与勾缝

21.4.6.1 抹面必须平整、压光、直顺。如果沟底、沟帮都要抹面时,沟帮和沟底应用相同强度的砂浆抹面,且先抹沟帮顶,再抹沟底。

21.4.6.2 浆砌料石、块石、卵石宜在砌筑砂浆初凝前勾缝。

21.4.6.3 勾缝应自上而下用砂浆充填、压实和抹光。

21.4.6.4 浆砌料石、块石和石板宜勾平缝;浆砌卵石宜勾凹缝,缝面宜低于砌石面1～3cm。

21.4.6.5 勾缝砂浆强度不应低于砌体砂浆强度,一般主体工程不低于M10,附属工程不低于M7.5。流冰和严重冲刷部位应采用高强度水泥砂浆。

21.4.6.6 浆砌砌体应在砂浆初凝后洒水覆盖养护7～14d,养护期间应避免碰撞、振动或承重。

21.4.6.7 应严格控制砂子含泥量,砌缝砂浆砂子含泥量不大于5%。砂子含泥量不满足要求时,应进行水洗或过筛处理。

21.5 施工质量检验

21.5.1 基本要求

21.5.1.1 截(排)水沟地基、基础应符合设计要求。

21.5.1.2 砌体所用原材料(片石、块石、混凝土预制块等)的质量、规格和砂浆配合比、砂浆强度等应符合设计要求。砌缝内砂浆应均匀饱满,勾缝密实。

21.5.1.3 回填土、沉降缝与排水孔应符合设计要求,并进行防渗处理。

21.5.1.4 砌体抹面应平整、直顺,不得有裂缝、空鼓现象。

21.5.2 检验项目

截(排)水沟质量检验项目及标准如表21-2所示。

表21-2 浆砌排(截)水沟质量检验标准

序号	检查项目	规定值或允许偏差	检查方法及频率	规定分
1	原材料	符合设计要求	根据附录C,查质量合格证、复验报告	15
2	砂浆强度等级	在合格标准内	根据附录H,查试验报告	15
3	水平位置(mm)	±50	用经纬仪测,每长20m测3点,且不少于3点	10
4	长度(m)	±0.5	用尺量,全部	10
5	断面尺寸(mm)	±30	用尺量,每长10m量1点,且不少于3点	10
6	沟底纵坡度(%)	±1	用水准仪测,每长10m测1点,且不少于3点	10
7	沟底高程(mm)	±50	用经纬仪测,每长10m测1点,且不少于3点	10
8	铺砌厚度(mm)	不小于设计值	用尺量,每长10m量1点,且不少于3点	10
9	表面平整度(mm)	20	用直尺量,每长20m量3点,且不少于3点	10

注:平面位置"+"指向外,"-"指向内;表面平整度即凹凸差。

21.5.3 外观鉴定

21.5.3.1 沟体线条及沟底应平顺,水流通畅。不符合要求的扣1～2分。

21.5.3.2 进、出水口应排水通畅,沟边排水孔通畅,沟底不得有杂物。不符合要求的扣1～2分。

21.5.3.3 沟壁砌体顶面不高于地面,以利降雨径流进入排水沟;或采取措施(如打孔等)使降雨径流进入排水沟。不符合要求的扣 1~2 分。

21.6 施工注意事项

21.6.1 测量放样、沟槽开挖、清理、圬工砌体施工、砌体勾缝、跌水与急流槽施工、消力槛及消力池施工等为重要施工工序,监理单位必须旁站监理,需在监理日志中记录沟槽水平位置、长度、断面尺寸、沟槽开挖、沟槽清理、沟底纵坡度、沟底高程、铺砌厚度、表面平整度等内容。

21.6.2 人工挖槽时,堆土高度不宜超过 1.5m,且距槽口边缘不宜小于 0.8m。堆土不得影响周边构筑物及管线等设施的安全。

21.6.3 雨季施工时,沟槽的一次开挖长度应适当缩短,尽量做到开挖一段完成一段。沟槽晾槽时间不宜过长,避免发生泡槽塌槽事故。

21.6.4 应防止施工现场的雨水流入沟槽内,主要利用地面坡度设置沟渠进行疏导。一旦流入应及时排除。

21.6.5 对施工用水应严加管理,防止流入坡体内;坡体内不得积水,裂缝应夯填密实,洼地应整平压实,并采取搭接式或插接式槽、管等临时排水措施。发生变形的临时排水设施应立即调整。

21.6.6 各种排水设施应加强检查维修,保持完好、畅通。

21.6.7 当山坡覆盖层较薄又不稳定时,截水沟的沟底应设置在基岩上,以拦截覆盖土层与基岩面间的地下水,同时应保证截水沟的自身稳定和安全。

21.6.8 如遇雨天时,要做好防雨遮盖措施,以防大雨将砌筑砂浆冲洗,使砌体倒塌。

22 支撑盲沟

22.1 一般规定

22.1.1 支撑盲沟是设在地面以下利用碎块石引排集中水流的地下排水工程。其作用在于通过降排滑体内的地下水,降低滑动面(带)土体的含水率或孔隙水压力,同时又起到抗滑支挡的作用,提高滑坡体的稳定性(图22-1)。

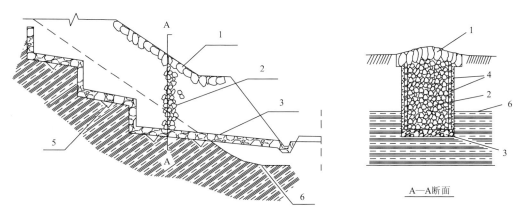

图 22-1 滑坡地下排水支撑盲沟断面示意图
1—大块干砌石;2—干砌石;3—浆砌石;4—不同粒径反滤层;5—石牙凸榫;6—滑动面

22.1.2 支撑盲沟主要用于滑体规模较小、滑面埋深较浅的滑坡,具有施工简便、效果明显的优点。支撑盲沟也可与挡土墙联合使用,形成一个抗滑整体,共同抵抗滑坡的滑动。

22.1.3 支撑盲沟排水工程应与地表截(排)水工程相配套,保证水路畅通无隐患。

22.1.4 支撑盲沟排水工程属于永久性结构物,维修困难,所用材料应经过质量检验合格才能使用,且上一道工序检验合格后才能进行下一道工序。

22.1.5 支撑盲沟排水工程施工前,应严格检查砌筑材料、反滤材料、挖掘及夯填设备等材料与器具,必须符合相关规范。

22.1.6 按测量放样→基槽开挖→验槽→基础砌筑→沟体填筑→填筑反滤层的顺序进行施工。

22.1.7 沟底纵坡度、断面尺寸、渗(滤)层厚度以及砂浆强度等应进行检测检验,达到设计要求。

22.2 施工前准备

22.2.1 工程施工前,应取得支撑盲沟的设计图纸、技术文件及施工条件等资料。如现场情况与设计有较大出入,须提出变更方案,并报监理和建设方批准后执行。

22.2.2 应根据地表下(排)水工程的设计条件、场地地层条件和环境条件编制施工组织设计,并根据不同的工程类型制定施工工艺细则。

22.2.3 应按设计要求进行坞工性能基本试验,如砂浆试验、强度试验、渗透试验等,以验证设计参数,完善施工工艺。

22.2.4 支撑盲沟工程施工的圬工、测量、爆破、运输及机械操作等人员应经过技术培训,持证上岗,未经培训、考核不合格者不得上岗操作。

22.2.5 应根据设计要求做好砌石、水泥、砂子的备料工作,以及机具的选用、进场、就位及安装工作。

22.2.6 应对施工场地进行清理,对有碍施工的已有建筑物和构筑物妥善处理,并对场地标高、水准点及控制点进行复核。

22.2.7 应了解地表水及地下水赋存状况及其化学成分,以确定临时截(排)水措施以及防腐措施。

22.2.8 支撑盲沟工程施工前,应查明施工区范围内地下埋设物的位置状况,并预测施工对其影响的可能性与后果。

22.2.9 砂石地材、水泥等必须经进场送检合格后方能使用。

22.3 材料及机具

22.3.1 支撑盲沟排水工程宜采用干砌块石。石料应采用爆破法或楔劈法开采,采用微风化或新鲜、坚硬、裂隙不发育、单轴抗压强度大于30MPa的岩石;同时应根据地下水所含介质选用不受侵蚀且通过实验吸水率低、强度高、耐性好的石料。

22.3.2 砌筑沟底浆砌石用砂宜采用中砂或粗砂,无杂质,洁净,含泥量不应大于2%。颗粒小于0.015cm的含量不应大于5%,禁止采用粉砂、细砂及风化砂。

22.3.3 水泥应按照设计要求和使用条件进行选择,一般来说,优先采用硅酸盐水泥,普通硅酸盐水泥砂浆强度不应低于M7.5。

22.3.4 支撑盲沟反滤层的材料应符合表22-1的规定。

表22-1 支撑盲沟反滤层的层次和粒径组成

反滤层的层次	场地地层为砂性土时 (塑性指数 $I_p<3$)	场地地层为黏性土时 (塑性指数 $I_p>3$)
第一层(贴天然土)	由0.1~0.2cm粒径砂子组成	由0.2~0.5cm粒径砂子组成
第二层	由0.1~0.7cm粒径小卵石组成	由0.5~1cm粒径小卵石组成

22.3.5 反滤集料级配按设计要求的颗粒,小于0.1mm的颗粒不应超过5%;不均匀系数不大于规定值8;材料中无片状、针状颗粒且坚固抗冻;含泥量宜小于3%;在加工、运输和施工过程中应防止污染。

22.3.6 土工合成材料宜采用无纺土工织物。

22.3.7 施工机械有挖掘机、自卸汽车、翻斗车、搅拌机、蛙式柴油式打夯机、凿岩机、装渣及运输机、钻机等。

22.3.8 一般机具有铁锹(尖、平头两种)、手推车、线坠、小白线或钢卷尺以及坡度尺等。

22.4 施 工

22.4.1 测量放样

22.4.1.1 现场放出支撑盲沟开挖路线,应以最短直线路径将水排出。

22.4.1.2 放线时出口沟底应高于排水沟常水位0.2m以上,不允许出现倒灌现象。

22.4.2　基槽开挖

22.4.2.1　根据施工条件、支撑盲沟断面大小确定开挖方式和沟壁支护办法,开挖方向应从下游往上游进行。

22.4.2.2　基底应挖至不透水层内。

22.4.2.3　支撑盲沟开挖基础应置于滑动面0.5m以下的稳定地基。基底纵向为台阶式,每级台阶长度应不小于4m,放坡系数控制在0.05以内。

22.4.2.4　在土质地基上使用机械开挖时,基底预留20cm左右使用人工挖土清底、清壁,确保基底不被扰动。

22.4.2.5　沟槽开挖至预定深度后,检查基底土质类型和承载力,当基底承载力不够时,应采取换土等基底加固措施处理。

22.4.2.6　基底开挖后,应尽快进行基槽整修、清理等工作。基底高程、断面尺寸等检验项目的允许偏差应符合施工质量检测规定。

22.4.2.7　基底开挖完毕,须经施工、监理、勘查、设计、建设五方代表验收合格签字后,方可进入下一道工序。

22.4.3　沟底基础砌筑

22.4.3.1　盲沟砌筑前,沟底应夯底、两壁应拍平。

22.4.3.2　一般砌筑沟底的浆砌石基础厚度不得小于30cm,块石、砂浆强度必须达到设计要求。

22.4.3.3　支撑盲沟在沟底基础下方,宜每隔1~3m砌筑一个石牙凸榫。开挖石牙凸榫沟槽,一般按设计开挖为与沟底同宽、沟纵断面方向高20~30cm、底小于2m、顶角向下的三角形棱柱沟槽。

22.4.3.4　石牙凸榫沟槽开挖完成后,用浆砌石砌筑。石牙凸榫与沟底浆砌石基础一起砌筑,砌筑石牙凸榫的块石在与沟底浆砌石基础接触处必须错缝砌筑。

22.4.3.5　为防止漏水,在沟底铺设水泥砂浆、聚乙烯布或沥青板。

22.4.4　支撑盲沟填筑

22.4.4.1　支撑盲沟内部填坚硬块石,填料既要有较大的孔隙度利于排水,又要有较大的内摩擦角便于支挡滑体。填料采用块径为10~20cm的块石。

22.4.4.2　填筑前应将块石表面泥垢清除干净。

22.4.4.3　由沟中间向沟壁填筑干砌石,自下而上,直至达到设计高度。填筑时要按设计与沟壁间预留出反滤层厚度。

22.4.5　反滤层施工

22.4.5.1　支撑盲沟两侧的反滤层铺设应保持各层厚度和密实度均匀一致,勿使污物、泥土混入滤水层。沟壁砂砾石反滤层厚度不应低于15cm。

22.4.5.2　铺设反滤层应构造层次分明。靠近土的四周应为粗砂滤水层;向内为小砾石滤水层;再向内为砾石滤水层。反滤层的各层砂、砾石粒径及层厚必须符合设计要求。可按不同粒径层厚用薄隔板隔开,再自下而上填筑;填筑一定高度,拔起薄隔板;再逐步向上填筑,直至设计高度。靠近土的一侧按照设计要求可设置土工织物做反滤层。

22.4.5.3　用带透水孔的混凝土板代替反滤层时,必须加土工织物。

22.4.5.4　支撑盲沟的出水口应设置滤水箅子。为了在使用过程中清除淤物,宜在盲沟的转角处设置窨井。

22.4.6　填筑沟顶

22.4.6.1　用大块干砌石填筑盲沟顶,厚度65cm,形成高出地面15cm向上拱起的沟顶。

22.4.6.2　在支撑盲沟顶部一般不做反滤层,但为防止泥土堵塞沟顶大块石孔隙,也可用碎(砾)石或土工布材料做成反滤层。

22.5 施工质量检验

22.5.1 基本要求

22.5.1.1 支撑盲沟所用原材料的规格、质量等应符合设计要求和施工规范要求。
22.5.1.2 支撑盲沟的埋置位置、深度、反滤层和防渗处理应符合设计要求。
22.5.1.3 支撑盲沟进水、出水应通畅。
22.5.1.4 排水层应采用石质坚硬的较大粒料填筑,以保证排水孔隙度。

22.5.2 检验项目

支撑盲沟质量检验项目及标准如表22-2所示。

表22-2 支撑盲沟质量检验标准

序号	检查项目	规定值或允许偏差	检查方法及频率	规定分
1	土工合成材料	符合设计要求	查合格证及试验报告,按每1 000m^{2}为一批,每批抽检至少一组	10
	反滤层材料	符合设计要求	查施工记录和材料试验报告,全部	10
2	断面尺寸	不小于设计值	尺量,每20m至少量3处	20
3	长度(m)	±0.5	尺量,全部	10
4	沟底纵坡度(%)	±1	用水准仪测,每长10m测1处,且不少于3处	10
5	沟底高程(mm)	±50	用水准仪测,每长20m至少测1处	10
6	反滤层厚度(mm)	±20	尺量,每长10m每层量1处,且每层不少于3处	20
7	表面平整度(mm)	±20	靠尺检查,每20m至少量3处	10

注:平面位置"+"指向外,"-"指向内。若渗、滤层采用土工布,应符合设计要求。

22.5.3 外观鉴定

22.5.3.1 反滤层应层次分明。不符合要求的扣1~2分。
22.5.3.2 出水口美观实用,出水应通畅。不符合要求的扣1~2分。

22.6 施工注意事项

22.6.1 测量放样、基槽开挖、验槽、沟底基础砌筑、盲沟填筑、反滤层回填为重要施工工序,监理单位必须旁站监理,需在监理日志中记录沟底纵坡度、断面尺寸、反滤层厚度以及砂浆强度等内容。
22.6.2 支撑盲沟易受滑坡运动引起的地基变形的影响,而使其作用显著降低,同时由于检修困难,支撑盲沟的长度应尽量短,坡度应大一些,最好使其尽快与容易检修的地表排水沟连接起来。
22.6.3 当排除层间水时,支撑盲沟底部应埋于最下面的不透水层上。
22.6.4 当支撑盲沟埋设较深时,则必须注意由于支撑盲沟的开挖,可能会加剧滑坡体的滑动,应在施工前在滑坡体滑动面剪出口设置阻止滑坡滑动的支挡构筑物。
22.6.5 应防止泥土或砂粒落入沟槽,以免堵塞。
22.6.6 寒冷地区的支撑盲沟应作防冻保温处理,或将支撑盲沟设在冻结深度以下,保证一年四季排水通畅。出口处也应进行防冻保温处理,坡度宜大于5%。

23 排水隧洞

23.1 一般规定

23.1.1 排水隧洞(图 23-1)可用于拦截滑坡体后缘深层地下水及降低滑坡体内地下水位,一般分为与地下水流向基本垂直的横向截水隧洞、分支截排水隧洞或与集水井组合使用的纵向排水隧洞。

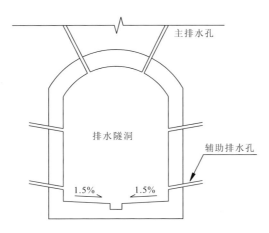

图 23-1 排水隧洞结构示意图

23.1.2 排水隧洞工程施工前,应严格检查钢材、灌浆材料、锚具、喷混凝土材料、爆破材料、张拉设备、凿岩设备、挖掘及运输设备等材料与器具,必须符合相关规范。

23.1.3 应按照短开挖、弱爆破、强支撑、快衬砌的原则及测量放样→洞口工程→开挖→支护与衬砌的顺序进行施工。

23.1.4 衬砌厚度、平面位置、长度、内空断面尺寸、洞底纵坡度、洞底高程等应进行检测检验,达到设计要求。

23.2 施工前准备

23.2.1 排水隧洞工程施工前,应取得隧洞施工的设计图纸、技术文件及施工条件等资料,领会设计意图,做好现场调查和图纸核对工作。

23.2.2 应根据隧洞工程的设计条件、场地地层条件和环境条件编制施工组织设计,并根据不同的分项工程制定施工工艺细则。

23.2.3 应按设计要求进行锚固性能基本试验以及爆破等试验,以验证设计参数,完善施工工艺。

23.2.4 排水隧洞工程施工的坑工、钢筋工、测量、爆破、运输及机械操作等人员应经过技术培训,持证上岗。未经培训、考核不合格者不得上岗操作。

24.2.5 排水隧洞工程施工前,应根据设计要求做好钢筋、水泥、砂子、爆破材料的备料工作,并合理选用钻机机具、挖掘、运输机器及其配套设备。

23.2.6 应对岩体表面进行活石和风化层清理。

23.2.7 应了解地下水赋存状况及其化学成分,以确定排水、截水措施以及防腐措施。

23.2.8 应查明施工区范围内地下埋设物的位置状况,预测钻孔及锚杆(索)施工对其影响的可能性与后果。

23.3 材料及机具

23.3.1 混凝土的材料应符合下列规定:

(1)宜选用硅酸盐水泥或普通硅酸盐水泥,特殊情况下可采用特种水泥。采用特种水泥时应进行现场试验,指标应满足设计要求。

(2)粗集料应采用坚硬耐久的碎石或卵石。喷射混凝土中的石子粒径不宜大于1.6cm;细集料应采用坚硬耐久的中砂或粗砂,细度模数宜大于2.5。集料级配宜采用连续级配。

(3)应采用对混凝土的强度及与围岩的黏结力基本无影响,并对混凝土和钢材无腐蚀作用、易于保存、不污染环境、对人体无害的外加剂,且使用前必须进行相应的性能试验。

(4)应采用初凝时间不大于5min,终凝时间不大于10min的速凝剂。

(5)不得采用含有影响水泥正常凝结与硬化等有害杂质的水。

(6)应采用符合设计要求的外掺料,且其剂量必须通过试验确定。

23.3.2 若使用支护锚杆,其材料应满足设计要求并符合下列规定:

(1)锚杆杆体宜选用HRB400钢筋,杆体直径20~28mm,杆体屈服抗拉力≥150kN,强屈比f_u/f_y≥1.2;

(2)锚杆用的各种水泥砂浆强度不应低于M20;

(3)锚杆垫板材料宜采用Q235钢。

23.3.3 钢筋网材料应满足设计要求,钢筋网钢筋使用前应调直,清除锈蚀和油渍。

23.3.4 钢架材料应满足设计要求。

23.3.5 混凝土用砂应采用级配良好、质地坚硬、颗粒洁净的河砂。河砂不易得到时,也可用山砂或硬质岩石加工的机制砂。

23.3.6 拌制混凝土宜采用饮用水。

23.3.7 严禁使用含氯化物的水泥,混凝土中氯化物总含量应符合下列规定:

(1)对于素混凝土,不得超过水泥含量的2%。

(2)对于钢筋混凝土,不得超过水泥重量的0.3%;环境潮湿并且含有氯离子时,不得超过水泥重量的0.1%。

23.3.8 混凝土中总碱含量应满足设计要求,不得大于3kg/m³。

23.3.9 由于滑坡排水隧洞断面普遍较小,宜选用钻爆法施工。当工程量小,隧洞长度较短或设备条件不足时,可选用手持式或支腿式凿岩机钻孔。

23.3.10 选择凿岩机应考虑岩石物理力学特性,如岩石坚固系数,应根据岩石硬度确定选用轻型、中型或重型凿岩机。

23.3.11 斜井和竖井开挖应根据井的断面尺寸和不同施工方法选择钻孔机械。

(1)小断面斜井和竖井开挖钻孔机械宜选用天井钻机(反井钻机)、向上式凿岩机配爬罐或向上式凿岩机配用作升降钻孔平台的吊罐;

(2)大、中断面斜井和竖井开挖钻孔机械宜选用履带式钻车或支腿式凿岩机。

23.3.12 选择通风机应根据已确定的施工所需通风量进行风机工作风量计算,并按风机工作风量和风机工作风压选择通风机。宜选用可逆转的轴流式风机。

23.3.13 装渣和运输机械应与钻孔机械类型相适应。

23.3.14 无轨运输方式装渣和运输机械应按下列条件选取:

（1）采用装载机装渣宜选用侧卸式或三向卸式轮胎装载机,装载机斗容应根据生产率要求及工作面的净宽和运输车辆的斗容确定。

（2）装载机械的斗容与自卸汽车斗容的适宜比例为1∶3～1∶6,运距远时取大值,反之取小值。

（3）地下工程严禁使用以汽油机为动力的车辆,应选用低污染或带有废气净化装置的柴油车辆。

（4）为避免汽车在洞内转向困难,单向行驶的自卸汽车应满足最小转弯半径的要求。大吨位自卸汽车可选用转弯半径小的铰接式车架或选用移动式汽车调向平台。

23.3.15 有轨运输方式的装渣和运输机械应按下列条件选取:

（1）小断面开挖宜选用立爪式扒渣机与梭车配套;

（2）当选用成组列车时,可配备渣斗装载机和胶装载机等;

（3）牵引设备宜选用蓄电池式电机车,当蓄电池式电机车的牵引力不能满足要求时,才考虑架线电机车或内燃机车。

23.3.16 应根据已确定的场内运输方案、现场条件和配套设施的标准、布置及规模,选择相适应的车种和车型。

（1）运量大、运输强度高,宜选用大吨位车辆;

（2）场内路况条件差,应选用功率大、爬坡能力强、变速换挡方便、轻弯半径小、重心低、底盘结构简单牢固、制动性能和通过性能好、悬挂系统能满足行驶平顺性和稳定性要求的车辆;

（3）卸料场地狭长,宜选用侧卸式、底卸式车辆或轴距短、车厢短的后卸式矿用车。

23.4 施 工

23.4.1 测量放样

23.4.1.1 施工前应进行测量方案设计,选定控制测量等级,确定测量方法,估算误差范围。

23.4.1.2 施工前应对设计交底进行复测。

23.4.1.3 当洞内有瓦斯等易燃易爆气体时,测量工作必须采取防爆措施。

23.4.1.4 控制测量应符合下列规定:

（1）控制测量桩点必须稳固、可靠;

（2）测量工作中的各项计算均应由两组独立进行,计算过程中应及时校核,发现问题应及时检查,并找出原因;

（3）隧洞洞外控制测量应在隧洞进洞施工前完成;

（4）用于测量的设计图资料应认真核对,确认无误后方可使用,引用数据资料必须核对;

（5）在控制网误差调整时,不得将低等级平面和高程控制网的误差传入隧洞控制网。

23.4.2 洞口工程

23.4.2.1 洞口削坡必须自上而下分层进行,开挖前应做好开挖范围以外一定范围内的危石清理和坡顶排水工作。随着坡面开挖,按设计要求做好坡面加固。

23.4.2.2 洞口周围岩体应尽量减少扰动,一般采用喷锚支护,并设置防护棚,必要时应在洞脸上部加设挡石栏栅。

23.4.2.3 进洞前须对洞脸岩体进行鉴定,确认稳定后方可开挖洞口。

23.4.2.4 洞口段开挖可采用以下方法:

（1）洞口段一般宜采用先导洞后扩挖的方法施工,中、小断面也可采用全断面开挖及时支护的方法,但应采取浅孔弱爆破;

（2）在Ⅳ、Ⅴ类围岩中,开挖前可先将附近一定范围的山体加固或浇筑成拱,然后开挖洞口,洞口宜在雨季前完成;

(3)大断面或特大断面,可参照特大断面洞室开挖的有关方法施工;

(4)当洞口明挖量大或岩体稳定性差时,可利用施工支洞或导洞自内向外开挖,并及时做好支护;

(5)当隧洞进出口位于河水位以下时,应按相应防洪标准设置挡水构筑物,挡水构筑物的型式根据地形条件、工程规模等因素选择。

23.4.3 开 挖

23.4.3.1 隧洞开挖方式可依据滑坡具体地质情况选择人工开挖方法或钻孔爆破方法进行。当使用钻孔爆破法时,根据岩层完整程度确定全断面开挖或导洞开挖,对于地下水比较丰富的地段,宜采用下导洞开挖。

23.4.3.2 在特别软弱或大量涌水地层中开挖隧洞,应采用超前灌浆加固方法先将地层预先加固,然后再进行开挖。

23.4.3.3 隧洞爆破应采用光面爆破技术。

23.4.3.4 隧洞双向开挖接近贯通时,两端施工应加强联系、统一指挥。当两开挖面间距离剩下15～30m时,应改为单向开挖,并落实贯通面的安全措施,直到贯通为止。

23.4.3.5 平洞开挖方法根据围岩类别、工程规模(隧洞长短、断面尺寸、工程量)、支护方式、工期要求、施工机械化程度、施工条件(有无支洞、出渣方式等)和施工技术水平等因素选定。

23.4.3.6 应根据围岩情况、断面大小和钻孔机械等条件,选择最优循环进尺,一般情况下循环进尺可采用以下数值:

(1)在Ⅰ～Ⅲ类围岩中,用手持凿岩机钻孔时进尺宜为2～4m;

(2)在Ⅳ、Ⅴ类围岩中,应适当减少循环进尺。

23.4.4 支护与衬砌

23.4.4.1 对于不稳定地层,在开挖爆破之后、永久衬砌之前,应采用木支撑、钢支撑或喷混凝土锚杆支护等临时支护措施。

23.4.4.2 支护与开挖的间隔时间、施工顺序及相隔距离,应根据地质条件、爆破参数、支护类型等因素确定,一般应在围岩出现有害松弛变形之前支护完毕。

23.4.4.3 进行现场监测,掌握围岩动态,指导设计和施工。

23.4.4.4 临时支护应尽可能与永久支护相结合,成为永久支护的一部分。

23.4.4.5 锚喷支护类型及参数选择,应根据围岩特性、断面尺寸、施工方法、使用条件等通过工程类比或试验确定。施工时,通过现场监测,及时调整支护参数。

23.4.4.6 锚喷支护施工应遵守以下原则:

(1)隧洞开挖后,根据围岩类别,适时给予锚喷支护,限制围岩变形,以发挥围岩的自承能力,对于Ⅴ类围岩或有水的破碎岩体,必要时进行二次支护;

(2)要保证围岩、喷层和锚杆之间有良好的黏结和锚固,使锚喷支护与围岩形成共同受力体;

(3)根据围岩类别确定施工程序、掘进进尺、支护顺序与支护时机;

(4)对易风化、易崩解和具膨胀性等岩体,开挖后要及时封闭岩体,并采取防水、排水措施。

23.4.4.7 构架支撑应符合设计规定。架设时,应满足下列要求:

(1)构架支撑系指木支撑、钢支撑、格栅支架等。支撑应有足够的整体性,接头牢固可靠,各排之间应用剪力撑、水平撑和拉条连接。

(2)每排支撑应保持在同一平面上,在平洞中该平面应与洞轴线相垂直。支撑构件各节点与围岩之间应楔紧。

(3)支撑柱基应放在平整的岩面上,柱基所处地基较软时应设垫梁或封闭底梁,在斜井中架设支撑时应挖出柱脚平台或加设垫梁。

(4)支撑和围岩之间应用板、楔块等混凝土或石材塞紧。

(5)支撑应定期检查,发现杆件破裂、倾斜、扭曲、变形等情况应立即加固。

(6)预计难以拆除的支撑,宜采用钢支撑或格栅支撑,其位置应在衬砌断面以外,需侵占衬砌断面时,应与设计人员商定。

(7)支撑拆除时,应采取可靠的安全措施。

23.4.4.8 衬砌模板施工应符合下列规定:

(1)混凝土衬砌模板及支架必须具有足够的强度、刚度和稳定性。

(2)应按设计要求设置沉降缝。衬砌施工缝应与设计的沉降缝、伸缩缝结合布置。

(3)安装模板时应检查中线、高程、断面和净空尺寸。

(4)模板安装前,应仔细检查防水板、排水盲管、衬砌钢筋、预埋件等隐蔽工程,并做好记录。

23.4.4.9 隧洞浇砌应沿轴线方向分段进行。当结构设有永久缝时,按永久缝施工和设置止水。如永久缝间距过大或无永久缝时,应设临时施工缝分段浇砌,段长宜为8~15m。在横断面上,浇砌顺序应为先底拱、后边墙和顶拱;若地质条件差,也可按先顶拱、后边墙、最后底拱的顺序浇砌。

23.4.4.10 混凝土施工应满足下列要求:

(1)混凝土的配合比应满足设计和施工工艺要求。

(2)混凝土应在初凝前完成灌筑。

(3)混凝土衬砌应连续灌筑。如因故间断,其间断时间应小于前层混凝土的初凝时间或能重塑时间。当超过允许间断时间时,应按施工缝处理。

(4)混凝土的入模温度,冬季施工时不应低于5℃,夏季施工时不应高于32℃。

(5)应采取可靠措施确保混凝土在浇灌时不发生离析。

(6)浇筑混凝土前,必须将基底石渣、污物和基坑内积水排除干净。

(7)拱墙衬砌混凝土浇筑时,应由下向上从两侧向拱顶对称浇筑。

(8)拱部混凝土衬砌浇筑时,应在拱顶预留注浆孔,注浆孔间距应不大于3m。

(9)拱顶注浆充填,宜在衬砌混凝土强度达到100%后进行,注入砂浆的强度等级应满足设计要求,注浆压力应控制在0.1MPa以内。

23.4.4.11 拆除拱架、墙架和模板应满足下列要求:

(1)不承受外荷载的拱、墙混凝土强度应达到5.0MPa;

(2)承受围岩压力的拱、墙以及封顶和封口的混凝土强度应满足设计要求。

23.4.4.12 衬砌拆模后应立即养护。寒冷地区应做好衬砌的防寒保温工作。

23.4.5 风、水、电供应

23.4.5.1 通风方式有自然通风和机械通风两种,应首先考虑自然通风方式,在自然通风难以满足快速掘进的要求时,应采用机械通风方式。机械通风有风管式通风、巷道式通风、风道式通风等方式。

23.4.5.2 风管式通风有压入式、抽出式和混合式等。通风方式可根据洞井布置特点、施工程序和方法、洞井长度、断面大小和工作面有害气体危害程度综合考虑确定。

23.4.5.3 隧洞空间狭小,宜选择效率高、体积小、结构紧凑的轴流式风机。

23.4.5.4 风管的通风效果与风管末端到工作面的距离、风管安装质量有关。应按通风设计要求进行布设,否则漏风量和沿程损失增加,达不到通风效果。

23.4.5.5 压风站的容量应根据工程需要配置。

23.4.5.6 可采用固定式压气站,也可采用移动式电动空压机,安设在用风地点附近供使用。小断面长隧洞工程,若风压损失大,可在洞内加设带有安全装置的储气罐。

23.4.5.7 供风管路布置在隧洞一侧边墙的下部,既可避免经常移动,浪费人力,又整齐美观。

23.4.5.8 高压风、水管路的安装使用应符合下列规定:

(1)洞内风、水管不宜与电缆电线敷设在同一侧。

(2)在空气压缩机站和水池总输出管上必须设总闸阀,主管上每隔300~500m应分装闸阀。高压风管长度大于 1000m 时,应在管路最低处设置油水分离器,定时放出管中的积油和水。

(3)高压风、水管在安装前应进行检查,有裂纹、创伤、凹陷等现象时不得使用,管内不得保留残余物和其他脏物。

23.4.5.9　为洞内供电的变压器,一般情况下放在洞口附近。洞外变压器应设置防雷击和防风装置。

23.4.5.10　为了安全,洞内工作照明应使用 36V 或 24V 电压。

23.4.5.11　漏水地段照明应采用防水灯头和灯罩,瓦斯地段照明应采用防爆灯头和灯罩。

23.4.5.12　洞内动力线与照明线宜分别架设,整齐排线,固定在隧洞的一侧。采用电力起爆的隧洞工程,其起爆主线必须与照明及动力线分两侧架设。

23.4.5.13　施工区的照明应严格按照设计要求规范。

23.4.6　监　　测

23.4.6.1　监测是在施工过程中,通过量测围岩变形,掌握围岩变形动态,对围岩稳定作出判断,以验证施工程序、支护体系的正确性和实际效果,指导设计和施工。

23.4.6.2　观测断面的设置主要根据工程规模、围岩特性及工程部位而定。

23.4.6.3　监测项目有周边收敛、拱顶下沉、围岩位移、围岩松弛区、锚杆和锚束内力、喷层应力等,应根据工程需要选择。

23.4.6.4　量测断面上仪器的布置,随隧洞断面形状、围岩条件、开挖方法及测线位置、数量的不同而有所不同。净空位移测线宜布置 3～6 条。拱顶下沉量测的测点,可与净空位移测点共用。围岩位移测孔的布置,除考虑地质、洞型、开挖等因素外,应与净空位移测线相应布设,以便量测结果互相印证。

23.4.6.5　开挖爆破后,仪器安设愈快、距开挖面愈近愈好,最好在 12h 内与下一循环爆破前完成,以取得较全面的资料。

23.4.6.6　仪器(测点)安设后量测频率由变化速度(时间效应)与距工作面距离(空间效应)确定。一般情况变形速率越大,距工作面愈近,量测次数应越多。

23.4.6.7　量测资料要及时用变化曲线关系图表示出来,即绘制变形随时间的变化规律—时态曲线、变形与距离之间的关系曲线,从而对围岩稳定及支护效果作出判断。

23.4.6.8　位移速率逐渐变小,说明围岩趋于稳定,若位移速率出现明显加大,则预示围岩将出现破坏,应采取紧急加固措施。加固措施包括调整施工方法、施工程序、支护时机、锚杆支护参数和喷层厚度等,应根据实际情况选用。

23.5　施工质量检验

23.5.1　基本要求

23.5.1.1　排水隧洞的设置位置和几何尺寸应符合设计要求。

23.5.1.2　排水隧洞的开挖应符合设计要求。

23.5.1.3　排水隧洞衬砌砌体所用原材料的规格、质量和砂浆、混凝土的配合比、强度等,均应符合设计要求。

23.5.1.4　排水隧洞衬砌砌体,砌缝内砂浆均匀、饱满,勾缝密实,符合设计要求。

23.5.1.5　排水隧洞洞周衬砌回填密实,洞底防渗处理和洞口稳定性应符合设计要求。

23.5.2　检验项目

排水隧洞质量检验项目及标准如表 23－1 所示。

表 23-1 排水隧洞质量检验标准

序号	类型	检查项目		规定值或允许偏差	检查方法及频率	规定分
1	开挖	洞身爆破开挖		公安部门批准	查施工方案及审批记录	8
2		工程与水文地质状况		地质编录资料齐全	查施工记录,每10m至少记录1点	8
3		洞顶浮石		不允许有	观察,全部	6
4		拱部超挖(mm)	Ⅰ类围岩	平均150,最大120	用水准仪或断面仪测,每10m至少测1点	4
			Ⅱ、Ⅲ类围岩	平均100,最大150		
			Ⅳ、Ⅴ类围岩	平均50,最大100		
5		边墙、仰拱、隧底超挖(mm)		平均100		4
6		边墙宽度(mm)	每侧	0,+100	用水准仪或断面仪测,每10m至少测1点	4
			全宽	0,+200		
7	支护	原材料		符合设计要求	查材料质量证明、复检报告	8
8		混凝土(砂浆)强度等级		在合格标准内	根据附录H,查试验报告	8
9		混凝土(砌体)支护厚度(mm)		-20	尺量,每10m至少测1点,且不少于3点	8
10		锚喷支护		符合设计要求	根据13.5检查	8
11	外观	洞底纵坡度(%)		±0.5	用水准仪测,每10m至少测1点,且不少于3点	6
12		洞底高程(mm)		±50	用水准仪测,每10m至少测1点,且不少于3点	6
13		平面位置(m)		±0.1	用经纬仪测,每10m至少测1点,且不少于3点	6
14		长度(m)		-0.1	尺量,全部	6
15		断面尺寸(mm)		-50	用断面仪或用尺量,每10m至少测1点,且不少于3点	6
16		沉降缝、泄水孔的留设		符合设计要求	观察,全部	4

23.5.3 外观鉴定

23.5.3.1 排水隧洞衬砌混凝土要内实外光,表面平顺,蜂窝、麻面面积不超过5%,每超过0.5%扣5分。

23.5.3.2 排水隧洞出水口处理顺适美观,流水顺畅,不符合要求的扣2~5分。

23.6 施工注意事项

23.6.1 测量放样、洞口工程、开挖、支护与衬砌等为重要施工工序,监理单位必须旁站监理,需在监理日志中记录衬砌厚度、平面位置、长度、内空断面尺寸、洞底纵坡度、洞底高程等内容。

23.6.2 排水隧洞施工时,当地层比较完整、地质条件较好时,开挖、衬砌和灌浆三个施工过程可依次进行,即先将隧洞全部挖通,以后再进行衬砌和灌浆;但当岩层破碎、地质条件不良时,应边开挖边衬砌。

23.6.3 排水隧洞四周应设置若干渗井或渗管，将水引入洞内。隧洞的埋深取决于主要含水层的埋藏深度，并应埋入稳定地层内，顶部应在滑动面（带）以下不小于0.5m。

23.6.4 排水隧洞截水部分砂砾石应筛选清洗，其中颗粒小于0.15mm的含量不得大于5%。

23.6.5 在排水隧洞平面转折处，纵坡由陡变缓处及中间适当位置应设置检查井，其间距一般为100~120m。

23.6.6 当排水隧洞低于地表排泄通道时，应在洞内布置有足够容量的集水井，用水泵将集水排出洞外。

23.6.7 排水隧洞开挖作业应符合下列规定：

(1) 开挖断面尺寸应满足设计要求；
(2) 爆破后，应及时对开挖面和未衬砌地段进行检查，对可能出现的险情应采取措施及时处理；
(3) 开挖作业不得危及初期支护、衬砌和设备的安全，并应保护好量测用的测点；
(4) 开挖后，应做好地质构造的核对和监控量测工作；
(5) 开挖作业必须保证安全。

23.6.8 瓦斯隧道装药爆破时，爆破地点20m内风流中瓦斯浓度必须小于1.0%；总回风道风流中瓦斯浓度必须小于0.75%；开挖面瓦斯浓度大于1.5%时，所有人员必须撤至安全地点。

23.6.9 隧洞开挖一般不应欠挖，尽量减少超挖。平均径向超挖值不得大于20cm，因地质原因产生的额外超挖值，由监理工程师根据地质条件与施工单位商定。

23.6.10 在Ⅳ、Ⅴ类围岩中开挖隧洞时，应考虑采用开挖与衬砌交叉或平行作业。

23.6.11 洞室爆破后，应及时撬除危石。

23.6.12 施工中应严密监视堑顶、洞壁和支撑，发现新的裂纹或异状时应加强临时支护，保持排水畅通，同时加快挡土结构或其他整治设施的施工，待滑坡稳定后再进行衬砌。

23.6.13 寒冷及高寒缺氧地区洞室开挖应认真选择施工方法和施工机械，做好防冻设施，必须加强通风，必要时应有补氧措施。

23.6.14 洞口开挖和进洞施工宜避开雨期、融雪期。

24 排水井

24.1 一般规定

24.1.1 排水井用于降低滑坡体内孔隙、张裂隙底部或潜在破坏面附近的水压。排水井的布置和数量取决于滑坡水文地质、工程地质、边坡几何形状以及岩石的透水性。

24.1.2 排水井工程施工前,应严格检查排水井管材料、水泥砂浆、孔压计设备、钻机设备等材料与器具,必须符合相关规范。

24.1.3 应按造孔→下置井管的顺序进行施工。

24.1.4 孔数、孔中心间距、孔深、孔径、倾斜度、过滤料充填量等应进行检测,达到设计要求。

24.2 施工前准备

24.2.1 排水井工程施工前,应取得排水井施工设计图纸、技术文件及施工条件等资料。

24.2.2 应根据排水井工程的设计条件、场地地层条件和环境条件编制施工组织设计,并根据不同的钻孔类型制定施工工艺细则。

24.2.3 应按设计要求进行排水管性能基本试验以及砂浆试验等,以验证设计参数,完善施工工艺。

24.2.4 排水井工程施工的圬工、测量、运输及钻孔机械操作等人员应经过技术培训,持证上岗,未经培训、考核不合格者不得上岗操作。

24.2.5 应根据设计要求做好水泥、砂子、管材的备料工作,并合理选用钻机机具等配套设备。

24.2.6 应了解地下水赋存状况及其化学成分,以确定排水、截水措施以及防腐措施。

24.2.7 应查明施工区范围内地下埋设物的位置状况,并预测钻孔施工对其影响的可能性与后果。

24.3 材料及机具

24.3.1 排水井管材应具有足够的刚度和强度,在保证本身完整的同时,能避免孔壁坍塌。

24.3.2 排水井管材过滤器长度不得小于孔内渗流孔段长度。

24.3.3 排水井管材应采用凿有小孔的花管,且为保证花管不发生淤堵,应采用反滤材料对其进行防护。

24.3.4 常用的排水井管材有金属管和硬质塑料管两种类型。其选用应符合以下规定:

(1)当排水井较深时,宜选用金属排水管。金属管在靠近孔底部分采用花管,在最后一段套管拔出前进行灌浆;

(2)当排水井较浅时,宜选用穿孔的硬质塑料管,外裹尼龙滤布。

24.3.5 排水井钻进工艺、设备的选择应符合下列规定:

(1)在岩石中钻孔,应选用风动凿岩钻机或回转式钻机潜孔锤钻进;

(2)在覆盖层钻孔,应选用回转跟管护壁钻进和潜孔锤冲击跟管钻进。

24.4 施 工

24.4.1 造孔钻机的选用及安设

24.4.4.1 钻孔设备应根据地层岩(土)体的性质结构、桩孔直径、深度等选择相适应的机械设备。

24.4.4.2 钻机宜安装在基岩或混凝土基础墩上,并用螺栓将机架与枕木联成一体,使其周正、水平、牢固。

24.4.4.3 应在孔口处浇筑混凝土框架,预埋孔口管,设置可靠无泄漏的冲洗液循环系统。

24.4.2 造 孔

24.4.2.1 排水井施工造孔的倾角与方向、孔径、深度等必须符合设计要求,覆盖层宜采用跟管护壁钻进。

24.4.2.2 开孔钻进前应将孔口岩面凿平,缓慢转动钻具轻压钻进,待钻进一定深度,逐渐转为正常钻进。

24.4.2.3 钻孔过程中,应采用导向钻具钻进,及时测斜、纠斜。

24.4.2.4 钻孔宜一径到底。深度应比设计埋设排水管长度适当加长。

24.4.2.5 破碎复杂地层应采用跟管钻进。

24.4.2.6 钻孔循环介质最好采用高压空气或高黏度泥浆,不宜采用清水,以防止循环水渗入坡体,造成坡体稳定性进一步变差。

24.4.2.7 一般在夹砾石的砂土层或不均质地层中,钻孔弯曲特别严重,钻进必须仔细、慎重。

24.4.3 下置滤水管

24.4.3.1 若钻至含水层,在钻孔含水层段要下置带过滤器的硬质聚氯乙烯管、钢管或透水混凝土管保护钻孔。在钻孔前端可以安装聚乙烯网状管。

24.4.3.2 钻孔终孔后应清洗干净,测量孔斜,钻孔倾斜度应符合表24-1的要求。

24.4.3.3 按照设计要求,过滤管必须准确下入到渗流孔段。

24.4.3.4 对松散介质宜使用跟管钻进。排水管随滤布一起插入孔内,然后将套管拔出。

24.4.3.5 排水管孔口部位应用水泥砂浆固定,其面积不小于 $0.3m \times 0.3m$;排水管顶端应超出孔口 $0.3m$,并将排出的水引入排水沟内。

24.5 施工质量检验

24.5.1 基本要求

24.5.1.1 排水井的位置、孔数应符合设计要求。

24.5.1.2 排水井的深度、直径、倾斜度和结构应符合设计要求。

24.5.1.3 排水井所用原材料的性能、规格、质量等应符合设计要求。细粒土含量不得超标。

24.5.1.4 排水井口保护措施应牢固、实用。

24.5.2 检验项目

排水井质量检验项目及标准如表24-1所示。

表 24-1 排水井质量检验标准

序号	检验项目	规定值或允许偏差	检验方法和频率	规定分
1	原材料	符合设计要求	查材料质量证明、复检报告	15
2	井数	不少于设计数量	全部	20
3	孔中心间距(mm)	±100	用经纬仪测,全部	10
4	孔深(mm)	±100	用尺量钻具、钻杆长度,全部	20
5	孔径	不小于设计值	用尺量钻头或套管直径,全部	10
6	倾斜度(%)	<1	用测斜仪测,全部	15
7	过滤料充填量	不小于设计量	用尺量或称重换算,全部	10

注:1. 平面位置"+"指向外,"-"指向内。2. 孔深指要求钻透的岩、土层之下的深度。3. 过滤料充填量可按放入的合计长度或体积量计。

24.5.3 外观鉴定

排水井排水顺畅,群孔排列整齐,孔口保护措施牢固、美观。不符合要求的扣 3~5 分。

24.6 施工注意事项

24.6.1 造孔、下置井管及孔压计安装等为重要施工工序,监理单位必须旁站监理,需在监理日志中记录孔数、孔中心间距、孔深、孔径、倾斜度、过滤料充填量等内容。

24.6.2 排水井造孔、排水管和孔压计的安装,应有准确、完整的原始记录和图件资料。

24.6.3 排水管直径宜为 5~10cm,渗水孔宜梅花形排列,渗水段裹 1~2 层无纺土工布,防止渗水孔堵塞。

24.6.4 根据设计和岩石情况确定孔位并作出标记,孔位偏差不得超过 10cm。

24.6.5 钻孔用水对周边岩(土)体有不良影响时,应采用无水钻孔方法。

24.6.6 钻机作业中,应由本机或机管负责人指定的操作人员操作,其他人不得擅自操作。操作人员在当班中不得擅自离岗。

24.6.7 钻孔使用的泥浆,应设置泥浆循环净化系统,防止对环境的污染。

24.6.8 钻孔过程中,若有地下水从孔内溢出,可采取灌浆堵水的措施。

24.6.9 钻机停钻,必须将钻头提出孔外,并置于钻架上,严禁将钻头停留孔内过久。

24.6.10 排水管应在排水井钻孔完成、进行清孔后尽早安装完成。

24.6.11 排水井钻进过程中遇岩层、岩性变化,发生坍孔、钻速变化、回水变色、失水、涌水等异常情况,应停止钻进并详细进行记录。

24.6.12 当钻孔偏差值超过设计允许值时,应及时纠偏,不能纠偏的钻孔应征求建设、监理及设计单位意见后重新开钻。

25 拦石网与拦石桩(柱)

25.1 一般规定

25.1.1 当陡崖或山坡下部坡度大于35°且缺乏一定宽度的平台而不具备建造拦石墙条件时,可采用拦石网与拦石桩(柱)。

25.1.2 拦石网与拦石桩(柱)工程施工前,应严格检查钢丝网、拉锚系统构件、钢筋锚杆、钢柱、锚垫板等材料与器具,必须符合相关规范。

25.1.3 应按基座及拉锚绳施工→基座安装→钢柱、拉锚绳安装→支撑绳安装→钢绳网的铺挂与缝合→铁丝格栅网铺挂的顺序进行施工。

25.1.4 拦石网与拦石桩(柱)的网底高程、网孔尺寸、桩(柱)埋入深度、桩(柱)和网的高度、桩(柱)间距等应进行检测检验,达到设计要求。

25.2 施工前准备

25.2.1 拦石网与拦石桩(柱)施工安装前,应先清除工作面上方威胁施工安全的浮土、危石,并做好临时安全防护措施。

25.2.2 对工作面以内不利于施工安装和影响系统安装后正常功能发挥的局部地形、局部突起体等进行适当修整,并将拦石网上、下方5m以内可能影响防护网安装及使用的乔木伐除。

25.2.3 在坡面上修建好材料搬运、人员行走所需要的临时通道。

25.2.4 做好测量放线与定位工作,确定钢柱基座及锚杆的位置和防护网片的布置形式。

25.3 材料及机具

25.3.1 钢丝绳的热镀锌等级不应低于AB级,公称抗拉强度不小于1770MPa,最小断裂拉力不小于40kN(Φ8mm钢丝绳)或不小于20kN(Φ6mm钢丝绳)。

25.3.2 编制成网的钢丝绳不应有断丝、脱丝和锈蚀现象;钢丝绳网的形状应平整,钢丝绳不应有打结和明显扭曲现象;单张钢丝绳网不应采用2根以上的钢丝绳编制。

25.3.3 应采用直径为3mm或4mm的钢丝编制钢丝格栅,对应的网孔内切圆直径分别不应大于65mm或80mm,长轴长度分别不应大于150mm或185mm。

25.3.4 环形网的单个环应由直径为3mm的单根钢丝盘绕而成,两端头间搭接长度不应小于50mm。

25.3.5 环形网不同盘绕圈数的环链破断拉力不应小于表25-1的规定,且破断前紧固件不应有滑脱和破坏现象。

表 25-1 环形网环链破断拉力

网型	R5/3	R7/3	R9/3	R12/3	R19/3
环链破断拉力最小值(kN)	40	60	75	105	160

25.3.6 钢丝绳锚杆应为直径不小于16mm的单根钢丝绳弯折后用相应规格的绳卡或铝合金紧固套管固定而成。

25.3.7 钢筋锚杆(地脚螺栓锚杆)可采用精轧螺纹钢筋,也可采用在一端加工不短于150mm(地脚螺栓锚杆为不短于100mm)加工螺纹段的普通螺纹钢筋,螺纹规格应能承受不小于50kN的紧固力。

25.3.8 锚垫板表面应采用热浸镀锌处理,任何局部锌层厚度不应低于55μm。

25.3.9 钢柱表面应采取防腐措施。一般采用热镀锌处理,镀锌层厚度不小于8μm。

25.3.10 基座及连接件的防腐要求应不低于与其连接的钢柱的防腐性能。

25.3.11 减压环用热轧钢板,表面镀锌防腐,镀锌层厚度不小于8μm。

25.3.12 减压环的启动荷载应介于与其相连的钢丝绳断裂拉力的20%~70%,其临界变形荷载不小于50kN。

25.3.13 绳宜选用不小于Φ8mm的钢丝绳。

25.3.14 横向支撑绳宜选用不小于Φ16的钢丝绳,纵向支撑绳宜选用不小于Φ12的钢丝绳,设置双层钢丝绳网的区域纵横支撑绳均宜选用不小于Φ16的钢丝绳。

25.4 施 工

25.4.1 基座及拉锚绳施工

25.4.1.1 根据设计测量确定的拉锚绳及基座的位置,沿着基座位置修一条基本等高的小道。

25.4.1.2 拉锚锚杆在确保向下的角度不小于45°的基础上,宜与拉锚绳方位一致。

25.4.1.3 对覆盖层较厚或裸露基岩破碎的地方,钢柱基础和拉锚锚杆可采用带注浆花管的直接钻孔高压注浆锚杆锚固方式或整基础锚固形式;对覆盖层不厚且基岩比较完整的地方,可在基坑中直接在锚孔位置处钻凿锚孔,待锚杆插入基岩并注浆后再浇筑上部基础混凝土。

25.4.1.4 锚杆使用前,应对杆体进行除锈、除油,并保证杆体平直。锚杆安装时应位于钻孔中部,杆体插入孔内长度不应小于设计规定值的95%。

25.4.1.5 地脚螺栓锚杆外露段长度不应小于80mm,每个基座的4根地脚螺栓锚杆间的间距误差不应大于5mm。

25.4.1.6 锚杆安装后,不得随意敲击,3d内不得悬挂重物或进行会使锚杆受载的下道工序。注浆砂浆强度等级不应低于M20。

25.4.2 基座安装

25.4.2.1 安装基座的基础顶面应平整,一般高出地面不应大于10cm,使下支撑绳尽可能紧贴地面,但也不能太深,避免防护网高度降低或基座坑积水。

25.4.2.2 基座安装时必须使其挂座朝向坡下。

25.4.3 钢柱、拉锚绳安装

25.4.3.1 钢柱及拉锚绳在安装前,锚杆砂浆至少有7d的凝固期。

25.4.3.2 钢柱应与拉锚绳同时安装,通过与基座间的连接和上拉锚绳来实现钢柱的固定安装。

25.4.3.3 拉锚绳调整钢柱方位应满足设计要求,误差不得大于5°。

25.4.3.4 拉锚绳绳端用不少于4个绳卡固定。

25.4.3.5 上拉锚绳上的减压环宜距钢柱顶 0.5～1.0m。

25.4.4 支撑绳安装

25.4.4.1 上支撑绳应在柔性网铺挂前安装，下支撑绳的安装时间可据实际情况确定。

25.4.4.2 支撑绳的安装必须严格满足其位置要求，同时必须事先将减压环调整到正确位置。

25.4.4.3 支撑绳应穿入挂座，用不少于 4 个绳卡固定。

25.4.4.4 同一位置处的两根支撑绳应交错布置，一根穿入挂座，且每根用两个绳卡固定悬挂于挂座外侧。同一根支撑绳在相邻位置处应内外交错穿行。

25.4.4.5 上支撑绳一端应向下绕至基座的挂座上，并用绳卡固定。

25.4.4.6 减压环宜位于离钢柱 0.5m 处，同一侧为双减压环时，两减压环间应相距 0.3～0.5m。

25.4.4.7 支撑绳固定前应张紧，当为双支撑绳时，宜按相反的方向对两根支撑绳各自同步张拉；当为单支撑绳时，宜在张拉的同时对已发生明显倾斜的钢柱调整复位。系统安装完毕后，上支撑绳的铅直垂度不应超过柱间距的 3%。

25.4.4.8 支撑绳张拉后，需对钢柱进行二次调试。

25.4.4.9 结绳卡严禁完全紧固，应留有余地。

25.4.5 钢绳网的铺挂与缝合

25.4.5.1 缝合前，可采用绳卡或卸扣将钢丝绳网或环形网临时悬挂在上支撑绳上，且网上的悬挂点宜在上沿网孔以下(图 25-1)。

25.4.5.2 钢绳网只能与支撑绳或临近网边缘缝合联结，严禁与钢柱、基座、拉锚绳等构件直接联结。

25.4.5.3 在两个并接绳卡之间或并接绳卡与无减压环一侧钢柱之间，缝合绳应将网与两根支撑绳联合缠绕在一起；在并接绳卡与同侧钢柱之间，缝合绳应将网与不带减压环的一根支撑绳缝合缠绕在一起。

25.4.5.4 缝合绳两端应重叠 1.0m 后用两个绳卡与钢绳网固定。

25.4.6 钢丝格栅网铺挂

25.4.6.1 格栅应铺挂在钢绳网的内侧，与钢绳网用扎丝扎结，叠盖钢丝绳网上缘并折到网的外侧 10cm 以上。

25.4.6.2 格栅底部宜沿斜坡向上敷设 0.5m 以上，并宜用土钉或石块将格栅底部压固。

25.4.6.3 每张格栅间重叠宽度不得小于 5cm。

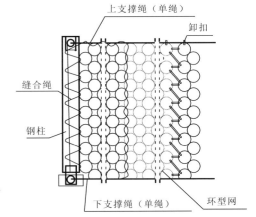

图 25-1 钢丝绳网缝合连接示意图

25.5 施工质量检验

25.5.1 基本要求

25.5.1.1 拦石网与拦石桩(柱)的布置、排列应符合设计要求。

25.5.1.2 桩、柱材料的品种、规格、强度以及埋设、连接、固定等应符合设计要求。

25.5.1.3 拦网材料的品种和规格、强度等应符合设计要求。

25.5.2 检验项目

拦石网与拦石桩(柱)质量检验项目及标准如表 25-2 所示。

表 25-2 拦石网与拦石桩(柱)质量检验标准

序号	检查项目	规定值或允许偏差	检查方法及频率	规定分
1	钢筋、混凝土材料	符合设计要求	根据附录C,查质量证明及试验报告	11
2	混凝土(砂浆)强度	在合格标准内	根据附录H,查试验报告	10
3	拦石网体系所用高分子材料	符合设计要求	查质量证明及试验报告	10
4	结构尺寸	符合设计要求	尺量,全部	10
5	拦石桩(柱)埋设与连接	牢固	观察,全部	10
6	位置	符合设计要求	尺量,全部	7
7	高程(mm)	±100	用水准仪测,每长20m测3点,且不少于3点	7
8	网、桩(柱)高度(mm)	-20,+50	尺量,每长20m测3点,且不少于3点	7
9	桩(柱)埋入深度	不小于设计值	尺量,每长20m测3点,且不少于3点	7
10	桩(柱)断面尺寸(mm)	±10	尺量,每长20m测3点,且不少于3点	7
11	桩(柱)间距(mm)	±200	尺量,每长20m测3点,且不少于3点	7
12	网孔尺寸	不大于设计值	尺量,每长10~15m至少测5孔,且不少于5孔	7

25.5.3 外观鉴定

拦石网与拦石桩(柱)坚固、整齐、美观。不符合要求的扣1~3分。

25.6 施工注意事项

25.6.1 基座施工、拉锚绳施工、支撑绳安装以及钢绳网、钢丝格栅的铺挂等为重要施工工序,监理单位必须旁站监理,需在监理日志中记录拉锚锚杆的角度、基座位置、拉锚绳的方位、支撑绳的安装时间等内容。

25.6.2 锚杆孔的布置应在钢柱间距的允许调整范围内,选择最有利于基础施工的位置。

25.6.3 锚杆孔砂浆应饱满,孔口砂浆无明显凹陷现象。

25.6.4 注浆锚杆长度大于3m时,宜采用机械注浆。

25.6.5 宜在材料进场前确定好锚杆孔位,并据此计划支撑绳的分段方式。

25.6.6 在危岩分布集中的边坡,应从施工安全考虑,对作业方式进行合理调整。

26 防崩(落)石槽(台)

26.1 一般规定

26.1.1 防崩(落)石槽(台)适用于危岩落石地段。当落石地点和路基之间有富余的缓坡地带,并有覆盖层时,开挖大致平行于线路的沟槽,使坠落的石块停积在落石槽中。

26.1.2 防崩(落)石槽(台)工程施工前,应严格检查石料、水泥、砂浆等材料与器具,必须符合相关规范。

26.1.3 应按施工场地清理→施工测量→基础施工→砌体施工的顺序进行施工。

26.1.4 槽底高程、台面高程以及槽、台的尺寸等应进行检测检验,达到设计要求。

26.2 施工前准备

26.2.1 施工前,应先将施工区域内的树木、草皮、树根等杂物清理干净。

26.2.2 砌筑前,应清除石材表面的泥垢、水锈等影响施工质量的杂质。

26.2.3 在砌筑前,每一块石均应用干净水洗净并使其彻底饱和,垫层亦应干净并湿润。

26.3 材料及机具

26.3.1 石料应强韧、密实、坚固与耐久,质地适当细致,色泽均匀,无风化剥落和裂纹及结构缺陷。

26.3.2 石料强度等级应符合设计要求。当设计未提出要求时,片石、块石不应小于MU40,用于附属工程的片石不应小于MU30;粗料石、半细料石及细料石不应小于MU60。

26.3.3 用于清水墙、柱表面的石材,应色泽均匀。

26.3.4 选用的砂浆应具有适当的流动性和良好的和易性。

26.3.5 砂浆强度等级应符合设计要求。当设计无要求时,主体工程不得小于M10,一般工程不得小于M5。

26.3.6 在选定施工机械时,应根据场地条件、搬运距离、工程规模和工期等来确定。施工中可能涉及的施工机械主要有开挖机械、搬运机械等,如挖掘机、推土机、翻斗卡车。

26.4 施 工

26.4.1 施工测量

26.4.1.1 对原测量成果进行复测,组织技术人员进行控制桩基准水准点交接。

26.4.1.2 对落石槽进行测量时,应注意落石槽轴线、槽底高程、坡度的正确性。

26.4.1.3 根据设计断面测量定出边坡开挖边线。

26.4.1.4 测量人员进行施工控制施测,并报请监理部门预检验收,合格后方可作为施工依据。

26.4.2 基础施工

26.4.2.1 人工开挖基础土石方时,应密切注意边坡稳定性。

26.4.2.2 基础挖方应保持良好的排水,在挖方的整个施工期间不影响基坑安全。

26.4.2.3 基础挖方应避免超挖。若超挖,应将松动部分清除。基坑开挖完毕后,应在监理工程师复验批准后方可进行基础施工。

26.4.2.4 地基处理应根据地基土的种类、强度和密度,按照设计要求,并结合实际情况,采取相应的处理方法。

26.4.2.5 基底平面周线位置不小于设计要求。

26.4.3 砌体施工

26.4.3.1 砌体应采用挤浆法分层、分段砌筑,分段位置宜设在沉降缝或伸缩缝处。

26.4.3.2 砌筑砌体基础的第一层砌块时,如基底为土质,可直接坐浆砌筑;如基底为岩层或混凝土时,应先将表面加以凿毛、清洗、湿润,再坐浆砌筑。

26.4.3.3 砌筑上层时不应振动下层,不准在已砌好的砌体上抛掷、滚动、翻转或敲击石块。

26.4.3.4 较大的砌块应砌于下层,安砌时应选取形状及尺寸较为合适的砌块,尖锐突出部分应敲除。竖缝较宽时,应在砂浆中塞以小石块,不得在石块下面用高于砂浆砌缝的小石片支垫。

26.4.3.5 各砌层应先砌外圈定位砌块,并与里层砌块交错连成一体。

26.4.3.6 定位砌块砌完后,应先在圈内底部铺一层砂浆,其厚度应使石料在挤压安砌时能紧密连接,且砌缝砂浆密实、饱满。

26.4.3.7 砌体表面的勾缝应符合设计要求,并应在砌体砌筑时留出 2cm 深的勾缝。勾缝可采用凹缝或平缝。当设计不要求勾缝时,应随砌随用灰刀刮平砌缝。

26.4.3.8 石砌体的灰缝厚度:毛料石和粗料石砌体不宜大于 20mm;细料石砌体不宜大于 5mm。

26.4.3.9 墙体砌筑到顶后,砌体顶面应及时用砂浆抹平。

26.4.3.10 砌体砌筑完毕应及时覆盖,并经常洒水保持湿润,常温下养护不得少于 7d。

26.5 施工质量检验

26.5.1 基本要求

26.5.1.1 防崩(落)石槽(台)所用原材料的品种、质量等应符合设计要求。

26.5.1.2 防崩(落)石槽(台)的位置应符合设计要求。

26.5.1.3 防崩(落)石槽(台)的结构和排水、防渗处理应符合设计要求。

26.5.2 检验项目

防崩(落)石槽(台)质量检验项目及标准如表 26-1 所示。

表 26-1 防崩(落)石槽(台)质量检验标准

项次	检查项目	规定值或允许偏差	检查方法及频率	规定分
1	原材料	符合设计要求	根据附录C,查质量证明及试验报告	20
2	石料质量	在合格标准内	查施工记录及试验报告	20
3	砂浆强度等级	在合格标准内	根据附录H,查试验报告	20
4	槽底、台面高程(mm)	±100	用水准仪测,每长 5m 测 1点,且不少于 3点	20
5	槽、台尺寸(mm)	±50	用尺量,每长 5m 量 1处,且不少于 3处	20

26.5.3 外观鉴定

防崩(落)石槽(台)外观应整齐。不符合要求的扣 1~3 分。

26.6 施工注意事项

26.6.1 基础施工、砌体砌筑等为重要施工工序,监理单位必须旁站监理,需在监理日志中记录开挖深度、基础的高度及宽度、砌筑质量等内容。

26.6.2 落石槽断面为倒梯形,槽底铺设不小于60cm厚的缓冲土层,墙体迎石坡面可用块石护坡,在不具备放坡的地段,可用锚钉或块石护坡。

26.6.3 当使用有层理的石料时,层理应与受力方向垂直。

26.6.4 石料不得含有妨碍砂浆正常黏结或有损于外露面观的污泥、油质或其他有害物质。

26.6.5 砂浆应随拌随用。当在运输或储存过程中发生离析、泌水现象时,砌筑前应重新拌和。已凝结的砂浆不得使用。

26.6.6 砂浆初凝后,不得再移动或碰撞已砌筑的石块。如必须移动已砌筑石块,应将原砂浆清理干净,重新铺浆砌筑。

26.6.7 石料不得无砂浆直接接触,也不得干填石料后铺灌砂浆。

27 拦石坝(墙、堤)

27.1 一般规定

27.1.1 拦石坝(墙、堤)是用于小型崩塌滚石、泥石流流通地带的拦截坝。以拦截小型崩塌滚石,或在泥石流沟中修筑拦石坝(墙、堤)群,将沟槽较陡的纵坡改变为台阶状的缓坡,削弱水流携带泥石的能力,使泥石在坝前沉积而不冲向下游。

27.1.2 拦石坝(墙、堤)工程施工前,应严格检查石料、水泥、砂浆、筋材、掺合料等材料与器具,必须符合相关规范。

27.1.3 应按场地清理、整平压实→坝体基础砌筑→坝体砌筑→坝背分层填土→缓冲土堤修筑的顺序进行施工。

27.1.4 拦石坝(墙、堤)的平面位置、顶面高程、底面高程、墙面坡度、断面尺寸、表面平整度等应进行检测检验,达到设计要求。

27.2 施工前准备

27.2.1 根据勘查设计的控制点成果,应实测拦石坝(墙、堤)基础原始纵横断面拐点坐标,放定拦石坝(墙、堤)基础开挖(考虑富裕宽度)及填筑起坡的边线。

27.2.2 施工前,做好拦石坝(墙、堤)基的处理,清除树木、草皮、乱石以及各种建筑物等,做好水井、泉眼、地道、洞穴等的处理工作。坝基表层的粉土、细砂、淤泥等均应按设计要求和有关规定清除,并按设计要求整平压实场地。

27.2.3 按照设计要求做好块石、砂子、水泥的备料工作,并完成进场产品质量送检。

27.2.4 按照设计要求做好所需施工机具及其配套设备的进场。

27.3 材料及机具

27.3.1 每一工程所用水泥品种以1~2种为宜,并应固定供应厂家。

27.3.2 选用的水泥强度等级应与混凝土设计强度等级相适应。

27.3.3 使用的骨料应根据优质、经济、就地取材的原则进行选择。可选用天然骨料、人工骨料,或两者互相补充。选用人工骨料时,有条件的地方宜选用石灰岩质的料源。

27.3.4 骨料加工的工艺流程、设备选型应合理可靠,生产能力和料仓储量应保证混凝土施工需要。

27.3.5 凡符合国家标准的饮用水,均可用于拌和与养护混凝土。未经处理的工业污水和生活污水不得用于拌和与养护混凝土。

27.3.6 选择混凝土运输设备及运输能力,应与拌和、浇筑能力、仓面具体情况相适应。

27.3.7 所用的混凝土运输设备,应使混凝土在运输过程中不致发生离析、漏浆、严重泌水、温度回升过多和坍落度损失。

27.3.8 在选定施工机械时,应根据场地条件、填料的土质情况、搬运距离、设计坡度、工程规模和工期来确定。施工中可能涉及的施工机械如表 27-1 所示。

表 27-1 施工机械表

作业种类	施工机械
开挖	挖掘机、推土机等
搬运	推土机、小型翻斗卡车等
铺摊、整平	推土机、湿地推土机、微型推土机等
碾压	气胎碾、振动碾、夯板、蛙式打夯机等
其他	混凝土搅拌机等

27.4 施 工

27.4.1 坝体基础砌筑

27.4.1.1 拦石坝（墙、堤）基开挖过程中，应监控开挖基坑边坡变形。

27.4.1.2 拦石坝（墙、堤）基开挖必须按设计要求和规范的有关规定实施。墙体基础埋入较稳定地基内的深度：基岩不小于 0.5m，土体不小于 1.5m。基槽边坡坡度不得大于设计值，若设计无规定时，基坑开挖边坡坡度不得大于 1∶0.75，当基坑深度大于 5.0m 时，边坡应设置台阶，台阶宽度不应小于 1.0m。

27.4.1.3 拦石坝（墙、堤）基开挖过程中，在基槽底部不影响施工作业的地点应设置集水坑汇集基槽内的渗入水，保持基底的干燥，确保施工有序进行，避免积水软化土质，恶化地基土的物理力学参数。

27.4.1.4 拦石坝（墙、堤）坝基开挖至设计标高后，应进行地基承载力测试，承载力满足要求以后，才能进行基础施工。

27.4.1.5 土地基承载力测试可采用触探法，岩石地基应采用试压法测试地基的强度。若为比较完整的中风化或弱风化岩石地基，可不进行地基承载力测试。

27.4.1.6 当地基承载力不满足设计要求时，应停止施工，并立即通知设计单位修改设计。

27.4.1.7 在膨胀地段坝基开挖至设计标高且地基承载力满足要求后，应及时采用强度不低于拦石坝坝体结构混凝土强度的水泥砂浆封底，避免由于暴露在大气中受到风化而降低地基承载能力。

27.4.2 坝体砌筑

27.4.2.1 拦石坝（墙、堤）体施工中，必须做好边坡防护，确保施工安全和工程质量。

27.4.2.2 拦石坝（墙、堤）肩的开挖清理工作，宜自上而下一次完成。

27.4.2.3 拦石坝（墙、堤）体开挖施工中，应检查基坑内及边坡上出现的岩体结构面及其不利组合，避免发生安全事故。

27.4.2.4 当拦石坝（墙、堤）较长，需采用分段施工时，临时施工缝应设在永久缝的位置，以便减少施工缝的处理。

27.4.2.5 必须按规范规定和设计要求设置沉降缝和温度缝，缝面须竖直，缝宽大体一致，表面密实平整。

27.4.2.6 永久缝的止水可采用沥青麻绳或橡胶止水带。若采用沥青麻绳止水，应在永久缝墙体的内外侧设置，且止水沥青麻绳外侧还应用沥青灌缝，沥青灌缝深度不得小于 2.0cm。

27.4.2.7 坝体结构迎冲面和泄水孔的圬工抗冲磨消能材料应满足设计要求。

27.4.3 墙背填土及缓冲土堤的修筑

27.4.3.1 拦石坝(墙、堤)墙背缓冲填土需分层填筑,分层厚度30～50cm,压实度不小于85%,同时应保证其自身的稳定性。

27.4.3.2 缓冲土堤可就地利用落石槽的开挖土料,也可使用其他抗冲击材料,夯实修整成设计内坡,必要时可进行捶面、镶面处理。

27.4.3.3 泥石流沟拦石坝(墙、堤)表面必须用块石护坡。

27.5 施工质量检验

27.5.1 基本要求

27.5.1.1 拦石坝(墙、堤)位置、高程和结构应符合设计要求,构筑坚实。

27.5.1.2 拦石坝(墙、堤)砌体所用原材料和砂浆、混凝土的配合比、强度等应符合设计要求。

27.5.1.3 土质坝(墙、堤)所用材料应符合设计要求,并分层夯实,密实度应达到设计要求。

27.5.2 检验项目

(1)浆砌石和混凝土拦石坝(墙、堤)质量检验项目及标准如表27-2所示。

表27-2 浆砌石和混凝土拦石坝(墙、堤)质量检验标准

项次	检查项目		规定值或允许偏差	检查方法及频率	规定分
1	原材料质量、强度等级		符合设计要求	查质量证明及试验报告	15
2	平面位置(cm)		±5	用经纬仪测,每20m测3处,且不少于3处	15
3	顶面高程(cm)		±2	用水准仪测,每20m测3处,且不少于3处	15
4	底面(基面)高程(cm)		±5	用水准仪测,每20m测3处,且不少于3处	15
5	断面尺寸		不小于设计值	用尺量,每20m量3处,且不少于3处	20
6	墙面坡度(%)		0.5	用坡度尺或垂线量,每20m量3处,且不少于3处	10
7	表面整度(cm)	浆砌石、干砌石	3	用直尺量,每20m量3处,且不少于3处	10
		混凝土	1		

(2)土质拦石坝(墙、堤)质量检验项目及标准如表27-3所示。

表27-3 土质拦石坝(墙、堤)质量检验标准

项次	检查项目	规定值或允许偏差	检查方法及频率	规定分
1	原材料质量、强度等级	符合设计要求	查质量证明及试验报告	25
2	长度、高度	符合设计要求	用尺量,每长10m量1组,且不少于3组	20
3	顶宽、底宽	设计尺寸±10%	用尺量,每长10m量1组,且不少于3组	20
4	坡度	不陡于设计值	用尺量,每长10m量1组,且不少于3组	35

27.5.3 外观鉴定

27.5.3.1 浆砌石和混凝土拦石坝(墙、堤)按以下要求进行鉴定:

(1)砌体坚实牢固,勾缝平顺,无脱落现象。不符合要求的扣1~3分。

(2)混凝土表面的蜂窝、麻面不得超过该面积的0.5%,深度不超过10mm。不符合要求的,每超过0.5%扣2分。

(3)排水孔坡度向外,无堵塞现象。不符合要求的扣3~5分。

(4)伸缩缝符合设计要求,整齐垂直,上下贯通。不符合要求的扣3~5分。

27.5.3.2 土质拦石坝(墙、堤)夯实牢固,表面平顺。不符合要求的扣3~5分。

27.6 施工注意事项

27.6.1 基础施工、坝体砌筑、墙背填土及缓冲土堤的施工等为重要施工工序,监理单位必须旁站监理,需在监理日志中记录基础开挖深度、基础高度及宽度、坝体砌筑方法等内容。

27.6.2 基础开挖时,严禁松动拦石坝地基,若地基存在裂隙,应采用灌浆等防渗措施进行处理。

27.6.3 基坑、边坡开挖后,裸露时间不宜太久。

27.6.4 岸坡易风化、易崩解的岩石和土层,开挖后不能及时回填的,应实施保护层或喷水泥砂浆保护。

27.6.5 防治泥石流时,拦石坝迎冲面应按设计要求采用抗冲消能材料,结构表面需密实、光滑。

27.6.6 在泥石流流通地带,多级拦石坝施工时,应先施工上游的拦石坝,逐级施工下游的拦石坝。

27.6.7 拦石坝(墙、堤)施工,温湿气候区不宜安排在雨季或暴雨季节,寒冷气候区不宜安排在融雪期。

28 支撑墩(柱)

28.1 一般规定

28.1.1 支撑墩(柱)主要用于重载支撑,支撑墩(柱)承载力较大,而与地基接触面较小,对地基承载力要求较高。在地质灾害治理中支撑墩(柱)主要用于危岩体的治理,防止塌落,提高其稳定性。

28.1.2 支撑墩(柱)工程施工前,应严格检查石料、水泥、砂浆、筋材等材料与器具,必须符合相关规范。

28.1.3 应按施工场地清理→基础施工→墩(柱)体施工的顺序进行施工。

28.1.4 支撑墩(柱)的平面位置、断面尺寸、墩(柱)高度、表面平整度等应进行检测检验,达到设计要求。

28.2 施工前准备

28.2.1 施工便道应保持通畅,将施工便道范围内的房屋、树木、树根等附作物清理完毕,并将施工地段的标识准备完毕。

28.2.2 对墩台断面、墩台几何尺寸、平面位置、标高进行复核。

28.2.3 施工前,应将基础底面的杂物清除干净。

28.2.4 施工前应对所用的碎石或卵石进行碱活性检验,尽量避免采用有碱活性的骨料。

28.2.5 砌筑前应清除干净石材表面的泥垢、水锈等杂质。

28.2.6 机械设备按时到场,运转良好,机具配套合理,能满足施工需求。

28.3 材料及机具

28.3.1 选用对混凝土结构强度、耐久性和使用条件无不利影响的水泥。

28.3.2 水泥应按不同厂家、强度等级、品种分批、分堆存放。应防止日晒、风吹、受潮,且不宜和其他化学药品、糖类及有挥发性的物质混合存放。

28.3.3 细骨料应采用级配良好、质地坚硬、颗粒洁净、粒径小于5mm的河砂,也可用山砂或用硬质岩石加工的机制砂,不宜采用海砂。

28.3.4 粗骨料应采用坚硬的卵石或碎石,应按产地、类别、加工方法和规格等不同情况,分批进行检验。

28.3.5 采用的砂浆饱满度不应小于80%,结构混凝土的强度等级必须符合设计要求。

28.3.6 支撑体可采用浆砌条石或片石、现浇混凝土或条石混凝土,砂浆的强度等级应不低于M7.5,混凝土宜采用C15或C20素混凝土。

28.3.7 石砌体应采用质地坚实、无风化剥落和裂纹的石材。用于墩、柱表面的石材应色泽均匀。

28.3.8 施工中所采用的钢筋,其钢材品种、规格、数量等均应符合设计要求。

28.3.9 钢筋在存放及运输过程中,应避免锈蚀和污染。宜堆置在仓库内,露天堆置时,应垫高并加遮盖。

28.3.10 在选定施工机械时,应根据场地条件、搬运距离、工程规模和工期来确定。施工中可能涉及的施工机械主要有开挖机械、搬运机械以及凿岩设备等,如挖掘机、推土机、翻斗卡车、风钻、混凝土搅拌机、钢筋加工设备等。

28.4 施 工

28.4.1 基础施工

28.4.1.1 地基处理的范围应宽出基础之外 0.5m。

28.4.1.2 符合设计要求的细粒土、特殊土基底修整后,应尽快修建基础,不能使基底浸水或长期暴露。

28.4.1.3 对粗粒土及巨粒土基底,应将其承重面平整夯实。

28.4.1.4 基底有水不能彻底排干时,应将水引至排水沟,然后修筑基础。

28.4.1.5 在风化岩层上修筑基础时,应挖至满足地基承载力要求或其他方面要求的层面为止;在未风化坚硬岩层上修筑时,应将岩层凿平,当无法凿平时,则应凿成多级台阶。

28.4.2 支撑体施工

28.4.2.1 砌筑施工应采用挤浆法,确保灰缝饱满。砌块应大面朝下,丁顺相间,互相咬接,不得有通缝和空缝。砌体周边应平顺整齐。

28.4.2.2 砌体应分层砌筑,且砌体里层砌筑分层应与外圈一致。

28.4.2.3 石砌体的灰缝厚度:毛石料和粗料石砌体不宜大于 20mm;细料石砌体不宜大于 5mm。

28.4.2.4 设置在砌体水平灰缝内的钢筋,应居中置于灰缝中。水平灰缝厚度应大于钢筋直径 4mm 以上。砌体外露面砂浆保护层的厚度不应小于 15mm。

28.4.2.5 设置在砌体水平灰缝中钢筋的锚固长度不宜小于 50 倍钢筋直径,且其水平或垂直弯折段的长度不宜小于 20 倍钢筋直径和 150mm;钢筋的搭接长度不应小于 55 倍钢筋直径。

28.4.2.6 砂浆初凝后,如移动已砌筑的石块,应将原砂浆清理干净,重新铺浆砌筑。

28.4.2.7 砌筑毛石基础的第一批石块应坐浆砌筑;砌筑料石基础的第一批石块应用丁砌层坐浆砌筑。

28.4.2.8 砌筑上层块时,应避免振动下层砌块。

28.4.2.9 石砌体在砌筑过程中,应内外搭砌,上下错缝,拉结石、丁砌石交错设置。

28.4.2.10 砌体应在砂浆初凝后洒水覆盖 7~14d,养护期间应避免碰撞。

28.4.2.11 混凝土运输、浇筑及间歇的全部时间不应超过混凝土的初凝时间。同一施工段的混凝土应连续浇筑,并应在底层混凝土初凝之前将上一层混凝土浇筑完毕。

28.4.2.12 对支撑墩与所支撑的岩体之间,必须严格按照设计施工,确保不留空隙,岩石直接与支撑墩接触。

28.4.2.13 对采用硅酸盐水泥、普通硅酸盐水泥或矿渣硅酸盐水泥拌制的混凝土,浇水养护时间不得少于 7d;对掺用缓凝型外加剂或有抗渗要求的混凝土,不得少于 14d。

28.4.2.14 柱撑宜采用 C25 或 C30 钢筋混凝土现场浇筑。

28.5 施工质量检验

28.5.1 基本要求

28.5.1.1 墩(柱)身的断面尺寸、高度必须符合设计要求。

28.5.1.2 原材料、混凝土强度以及钢筋配置、强度必须符合设计要求。

28.5.1.3 墩(柱)基础应稳定、牢固,墩(柱)顶与上覆危岩的接触应紧密,不得浮塞。

28.5.2 检验项目

支撑墩(柱)质量检验项目及标准如表28-1所示。

表28-1 支撑墩(柱)质量检验标准

项次	检查项目		规定值或允许偏差	检查方法及频率	规定分
1	原材料质量、强度		符合设计要求	查质量证明及试验报告	30
2	平面位置(mm)		±30	用经纬仪测	20
3	断面尺寸(mm)		不小于设计值	用尺量,不少于3点	20
4	墩(柱)高度(mm)		不小于设计值	用尺量	20
5	表面平整度(mm)	砌石	15	用直尺量,不少于3点	10
		混凝土	10		

28.5.3 外观鉴定

28.5.3.1 砌体坚实牢固,勾缝平顺,无脱落现象。不符合要求的扣1~3分。

28.5.3.2 混凝土表面的蜂窝、麻面不得超过该面积的0.5%,深度不超过10mm。不符合要求的,每超过0.5%扣2分。

28.6 施工注意事项

28.6.1 基础开挖及砌筑、支撑体砌筑等为重要施工工序,监理单位必须旁站监理,需在监理日志中记录基础开挖深度、基础高度及宽度、支撑体高度及宽度、砌筑质量等内容。

28.6.2 骨料应按品种堆放,在装卸及存储时,应注意骨料的洁净及保证骨料颗粒级配的均匀。

28.6.3 钢筋在使用前应做调直和清除污锈处理。

28.6.4 墩(柱)台混凝土灌筑完成后,要做到工完料清,及时清除多余砂石、废弃混凝土和各种剩余物质材料。

28.6.5 对支撑体周围的岩层裂缝,采用M10或M15水泥砂浆灌浆或勾缝,对于大型裂缝和洞穴,一般采用C20混凝土堵塞。

28.6.6 岩层裂缝灌浆或勾缝前,应清除岩层裂缝内的风化碎屑、尘土、杂草等,且用水冲洗干净后,遵照规定工艺进行施工。灌浆或勾缝须在支撑体完工后才能进行。

28.6.7 与支撑体接触的危岩体应凿平,支撑体顶部距危岩体底部10~20cm的范围内应采用膨胀混凝土。

28.6.8 危岩高位支撑时,应对脚手架自身在工作期间的稳定性进行全面的计算,确保脚手架在施工期间的安全与稳定。

第二篇　地质灾害治理工程施工合同

1　通用合同条款*

1.1　一般约定

1.1.1　词语定义

通用合同条款、专用合同条款中的下列词语应具有本款所赋予的含义。

1.1.1.1　合同

(1) 合同文件（或称合同）：指合同协议书、中标通知书、投标函及投标函附录、专用合同条款、通用合同条款、技术标准和要求、图纸、已标价工程量清单，以及其他合同文件。

(2) 合同协议书：指第1.1.5项所指的合同协议书。

(3) 中标通知书：指发包人通知承包人中标的函件。

(4) 投标函：指构成合同文件组成部分的由承包人填写并签署的投标函。

(5) 投标函附录：指附在投标函后构成合同文件的投标函附录。

(6) 技术标准和要求：指构成合同文件组成部分的名为技术标准和要求的文件，包括合同双方当事人约定对其所作的修改或补充。

(7) 图纸：指包含在合同中的工程图纸，以及由发包人按合同约定提供的任何补充和修改的图纸，包括配套的说明。

(8) 已标价工程量清单：指构成合同文件组成部分的由承包人按照规定的格式和要求填写并标明价格的工程量清单。

(9) 其他合同文件：指经合同双方当事人确认构成合同文件的其他文件。

1.1.1.2　合同当事人和人员

(1) 合同当事人：指发包人和（或）承包人。

(2) 发包人：指专用合同条款中指明并与承包人在合同协议书中签字的当事人。

(3) 承包人：指与发包人签订合同协议书的当事人。

(4) 承包人项目经理：指承包人派驻施工场地的全权负责人。

(5) 分包人：指从承包人处分包合同中某一部分工程，并与其签订分包合同的分包人。

(6) 监理人：指在专用合同条款中指明的，受发包人委托对合同履行实施管理的法人或其他组织。

＊注：该条款引自国家《标准施工招标资格预审文件》和《标准施工招标文件》。

(7)总监理工程师(总监):指由监理人委派常驻施工场地对合同履行实施管理的全权负责人。

1.1.1.3 工程和设备

(1)工程:指永久工程和(或)临时工程。

(2)永久工程:指按合同约定建造并移交给发包人的工程,包括工程设备。

(3)临时工程:指为完成合同约定的永久工程所修建的各类临时性工程,不包括施工设备。

(4)单位工程:指专用合同条款中指明特定范围的永久工程。

(5)工程设备:指构成或计划构成永久工程一部分的机电设备、金属结构设备、仪器装置及其他类似的设备和装置。

(6)施工设备:指为完成合同约定的各项工作所需的设备、器具和其他物品,不包括临时工程和材料。

(7)临时设施:指为完成合同约定的各项工作所服务的临时性生产和生活设施。

(8)承包人设备:指承包人自带的施工设备。

(9)施工场地(或称工地、现场):指用于合同工程施工的场所,以及在合同中指定作为施工场地组成部分的其他场所,包括永久占地和临时占地。

(10)永久占地:指专用合同条款中指明为实施合同工程需永久占用的土地。

(11)临时占地:指专用合同条款中指明为实施合同工程需临时占用的土地。

1.1.1.4 日期

(1)开工通知:指监理人按第1.11.1项通知承包人开工的函件。

(2)开工日期:指监理人按第1.11.1项发出的开工通知中写明的开工日期。

(3)工期:指承包人在投标函中承诺的完成合同工程所需的期限,包括按第1.11.3项、第1.11.4项和第1.11.6项约定所作的变更。

(4)竣工日期:指第1.1.1.4目约定工期届满时的日期。实际竣工日期以工程接收证书中写明的日期为准。

(5)缺陷责任期:指履行第1.19.2项约定的缺陷责任的期限,具体期限由专用合同条款约定,包括根据第1.19.3项约定所作的延长。

(6)基准日期:指投标截止时间前28天的日期。

(7)天:除特别指明外,指日历天。合同中按天计算时间的,开始当天不计入,从次日开始计算。期限最后一天的截止时间为当天24:00。

1.1.1.5 合同价格和费用

(1)签约合同价:指签定合同时合同协议书中写明的,包括暂列金额、暂估价的合同总金额。

(2)合同价格:指承包人按合同约定完成了包括缺陷责任期内的全部承包工作后,发包人应付给承包人的金额,包括在履行合同过程中按合同约定进行的变更和调整。

(3)费用:指为履行合同所发生的或将要发生的所有合理开支,包括管理费和应分摊的其他费用,但不包括利润。

(4)暂列金额:指已标价工程量清单中所列的暂列金额,用于在签订协议书时尚未确定或不可预见变更的施工及其所需材料、工程设备、服务等的金额,包括以计日工方式支付的金额。

(5)暂估价:指发包人在工程量清单中给定的用于支付必然发生但暂时不能确定价格的材料、设备以及专业工程的金额。

(6)计日工:指对零星工作采取的一种计价方式,按合同中的计日工子目及其单价计价付款。

(7)质量保证金(或称保留金):指按第1.17.4.1目约定用于保证在缺陷责任期内履行缺陷修复义务的金额。

1.1.1.6 其他

(1)书面形式:指合同文件、信函、电报、传真等可以有形地表现所载内容的形式。

1.1.2 语言文字

除专用术语外,合同使用的语言文字为中文。必要时专用术语应附有英文注释。

1.1.3 法　律

适用于合同的法律包括中华人民共和国法律、行政法规、部门规章,以及工程所在地的地方法规、自治条例、单行条例和地方政府规章。

1.1.4 合同文件的优先顺序

组成合同的各项文件应互相解释,互为说明。除专用合同条款另有约定外,解释合同文件的优先顺序如下:

(1)合同协议书;

(2)中标通知书;

(3)投标函及投标函附录;

(4)专用合同条款;

(5)通用合同条款;

(6)技术标准和要求;

(7)图纸;

(8)已标价工程量清单;

(9)其他合同文件。

1.1.5 合同协议书

承包人按中标通知书规定的时间与发包人签订合同协议书。除法律另有规定或合同另有约定外,发包人和承包人的法定代表人或其委托代理人在合同协议书上签字并盖单位章后,合同生效。

1.1.6 图纸和承包人文件

1.1.6.1 除专用合同条款另有约定外,图纸应在合理的期限内按照合同约定的数量提供给承包人。由于发包人未按时提供图纸造成工期延误的,按第1.11.3项的约定办理。

1.1.6.2 承包人提供的文件

按专用合同条款约定由承包人提供的文件,包括部分工程的大样图、加工图等,承包人应按约定的数量和期限报送监理人。监理人应在专用合同条款约定的期限内批复。

1.1.6.3 图纸的修改

图纸需要修改和补充的,应由监理人取得发包人同意后,在该工程或工程相应部位施工前的合理期限内签发图纸修改图给承包人,具体签发期限在专用合同条款中约定。承包人应按修改后的图纸施工。

1.1.6.4 承包人发现发包人提供的图纸存在明显错误或疏忽时,应及时通知监理人。

1.1.6.5 图纸和承包人文件的保管:监理人和承包人均应在施工场地各保存一套完整的包含第1.1.6.1目、第1.1.6.2目、第1.1.6.3目约定内容的图纸和承包人文件。

1.1.7 联　络

1.1.7.1 与合同有关的通知、批准、证明、证书、指示、要求、请求、同意、意见、确定和决定等,均应采用书面形式。

1.1.7.2 第1.1.7.1项中的通知、批准、证明、证书、指示、要求、请求、同意、意见、确定和决定等来往函件,均应在合同约定的期限内送达指定地点和接收人,并办理签收手续。

1.1.8 转　让

除合同另有约定外,未经对方当事人同意,一方当事人不得将合同权利全部或部分转让给第三人,也不得全部或部分转移合同义务。

1.1.9 严禁贿赂

合同双方当事人不得以贿赂或变相贿赂的方式,谋取不当利益或损害对方权益。因贿赂造成对方损失的,行为人应赔偿损失,并承担相应的法律责任。

1.1.10 化石、文物

1.1.10.1 在施工场地发掘的所有文物、古迹以及具有地质研究或考古价值的其他遗迹、化石、钱币或物品属于国家所有。一旦发现上述文物,承包人应采取有效合理的保护措施,防止任何人员移动或损坏上述物品,并立即报告当地文物行政部门,同时通知监理人。发包人、监理人和承包人应按文物行政部门要求采取妥善保护措施,由此导致费用增加和(或)工期延误由发包人承担。

1.1.10.2 承包人发现文物后不及时报告或隐瞒不报,致使文物丢失或损坏的,应赔偿损失,并承担相应的法律责任。

1.1.11 专利技术

1.1.11.1 承包人在使用任何材料、承包人设备、工程设备或采用施工工艺时,因侵犯专利权或其他知识产权所引起的责任,由承包人承担,但由于遵照发包人提供的设计或技术标准和要求引起的除外。

1.1.11.2 承包人在投标文件中采用专利技术的,专利技术的使用费包含在投标报价内。

1.1.11.3 承包人的技术秘密和声明需要保密的资料和信息,发包人和监理人不得为合同以外的目的泄露给他人。

1.1.12 图纸和文件的保密

1.1.12.1 发包人提供的图纸和文件,未经发包人同意,承包人不得为合同以外的目的泄露给他人或公开发表与引用。

1.1.12.2 承包人提供的文件,未经承包人同意,发包人和监理人不得为合同以外的目的泄露给他人或公开发表与引用。

1.2 发包人义务

1.2.1 遵守法律

发包人在履行合同过程中应遵守法律,并保证承包人免于承担因发包人违反法律而引起的任何责任。

1.2.2 发出开工通知

发包人应委托监理人按第1.11.1项的约定向承包人发出开工通知。

1.2.3 提供施工场地

发包人应按专用合同条款约定向承包人提供施工场地,以及施工场地内地下管线和地下设施等有关资料,并保证资料的真实、准确、完整。

1.2.4 协助承包人办理证件和批件

发包人应协助承包人办理法律规定的有关施工证件和批件。

1.2.5 组织设计交底

发包人应根据合同进度计划,组织设计单位向承包人进行设计交底。

1.2.6 支付合同价款

发包人应按合同约定向承包人及时支付合同价款。

1.2.7 组织竣工验收

发包人应按合同约定及时组织竣工验收。

1.2.8 其他义务

发包人应履行合同约定的其他义务。

1.3 监理人

1.3.1 监理人的职责和权利

1.3.1.1 监理人受发包人委托,享有合同约定的权利。监理人在行使某项权利前需要经发包人事先批准而通用合同条款没有指明的,应在专用合同条款中指明。

1.3.1.2 监理人发出的任何指示应视为已得到发包人的批准,但监理人无权免除或变更合同约定的发包人和承包人的权利、义务和责任。

1.3.1.3 合同约定应由承包人承担的义务和责任,不因监理人对承包人提交文件的审查或批准,对工程、材料和设备的检查和检验,以及为实施监理作出的指示等职务行为而减轻或解除。

1.3.2 总监理工程师

发包人应在发出开工通知前将总监理工程师的任命通知承包人。总监理工程师更换时,应在调离14天前通知承包人。总监理工程师短期离开施工场地,应委派代表代行其职责,并通知承包人。

1.3.3 监理人员

1.3.3.1 总监理工程师可以授权其他监理人员负责执行其指派的一项或多项监理工作。总监理工程师应将被授权监理人员的姓名及其授权范围通知承包人。被授权的监理人员在授权范围内发出的指示视为已得到总监理工程师的同意,与总监理工程师发出的指示具有同等效力。总监理工程师撤销某项授权时,应将撤销授权的决定及时通知承包人。

1.3.3.2 监理人员对承包人的任何工作、工程或其采用的材料和工程设备未在约定的或合理的期限内提出否定意见的,视为已获批准,但不影响监理人在以后拒绝该项工作、工程、材料或工程设备的权利。

1.3.3.3 承包人对总监理工程师授权的监理人员发出的指示有疑问的,可向总监理工程师提出书面异议,总监理工程师应在48小时内对该指示予以确认、更改或撤销。

1.3.3.4 除专用合同条款另有约定外,总监理工程师不应将第1.3.5款约定应由总监理工程师作出确定的权利授权或委托给其他监理人员。

1.3.4 监理人的指示

1.3.4.1 监理人应按第1.3.1项的约定向承包人发出指示,监理人的指示应盖有监理人授权的施工场地机构章,并由总监理工程师签字,或总监理工程师按第1.3.3.1目约定授权的监理人员签字。

1.3.4.2 承包人收到监理人按第1.3.4.1项作出的指示后应遵照执行。指示构成变更的,应按第1.15款处理。

1.3.4.3 在紧急情况下,总监理工程师或被授权的监理人员可以当场签发临时书面指示,承包人应遵照执行。承包人应在收到上述临时书面指示后24小时内向监理人发出书面确认函。监理人在收到书面确认函后24小时内未予答复的,该书面确认函应被视为监理人的正式指示。

1.3.4.4 除合同另有约定外,承包人只能从总监理工程师或按第1.3.3.1目被授权的监理人员处取得指示。

1.3.4.5 由于监理人未能按合同约定发出指示、指示延误或指示错误而导致承包人费用增加和(或)工期延误的,由发包人承担赔偿责任。

1.3.5 商定或确定

1.3.5.1 合同约定总监理工程师应按照本款对任何事项进行商定或确定时,总监理工程师应与合同当事人协商,尽量达成一致。不能达成一致的,总监理工程师应认真研究后审慎确定。

1.3.5.2 总监理工程师应将商定或确定的事项通知合同当事人,并附详细依据。对总监理工程师的确定有异议的、构成争议的,按照第1.24款的约定处理。在争议解决前,双方应暂按总监理工程师的确定执行,按照第1.24款的约定对总监理工程师的确定作出修改的,按修改后的结果执行。

1.4 承包人

1.4.1 承包人的一般义务

1.4.1.1 承包人在履行合同过程中应遵守法律,并保证发包人免于承担因承包人违反法律而引起的任何责任。

1.4.1.2 承包人应按有关法律规定纳税,应缴纳的税金包括在合同价格内。

1.4.1.3 承包人应按合同约定以及监理人根据第1.3.4项作出的指示实施、完成全部工程,并修补工程中的任何缺陷。除专用合同条款另有约定外,承包人应提供为完成合同工作所需的劳务、材料、施工设备、工程设备和其他物品,并按合同约定负责临时设施的设计、建造、运行、维护、管理和拆除。

1.4.1.4 承包人应按合同约定的工作内容和施工进度要求,编制施工组织设计和施工措施计划,并对所有施工作业和施工方法的完备性和安全可靠性负责。

1.4.1.5 承包人应按第1.9.2项约定采取施工安全措施,确保工程及其人员、材料、设备和设施的安全,防止因工程施工造成的人身伤害和财产损失。

1.4.1.6 承包人应按照第1.9.4项约定负责施工场地及其周边环境与生态的保护工作。

1.4.1.7 承包人在进行合同约定的各项工作时,不得侵害发包人与他人使用公用道路、水源、市政管网等公共设施的权利,避免对邻近的公共设施产生干扰。承包人占用或使用他人的施工场地,影响他人作业或生活的,应承担相应责任。

1.4.1.8 承包人应按监理人的指示为他人在施工场地或附近实施与工程有关的其他各项工作提供可能的条件。除合同另有约定外,提供有关条件的内容和可能发生的费用,由监理人按第1.3.5项商定或确定。

1.4.1.9 工程接收证书颁发前,承包人应负责照管和维护工程。工程接收证书颁发时尚有部分未竣工工程的,承包人还应负责该未竣工工程的照管和维护工作,直至竣工后移交给发包人为止。

1.4.1.10 承包人应履行合同约定的其他义务。

1.4.2 履约担保

承包人应保证其履约担保在发包人颁发工程接收证书前一直有效。发包人应在工程接收证书颁发后28天内把履约担保退还给承包人。

1.4.3 分 包

1.4.3.1 承包人不得将其承包的全部工程转包给第三人,或将其承包的全部工程肢解后以分包的名义转包给第三人。

1.4.3.2 承包人不得将工程主体、关键性工作分包给第三人。除专用合同条款另有约定外,未经发包人同意,承包人不得将工程的其他部分或工作分包给第三人。

1.4.3.3 分包人的资格能力应与其分包工程的标准和规模相适应。

1.4.3.4 按投标函附录约定分包工程的,承包人应向发包人和监理人提交分包合同副本。

1.4.3.5 承包人应与分包人就分包工程向发包人承担连带责任。

1.4.4 联合体

1.4.4.1 联合体各方应共同与发包人签订合同协议书。联合体各方应为履行合同承担连带责任。

1.4.4.2 联合体协议经发包人确认后作为合同附件。在履行合同过程中,未经发包人同意不得修改联合体协议。

1.4.4.3 联合体牵头人负责与发包人和监理人联系,并接受指示,负责组织联合体各成员全面履行合同。

1.4.5 承包人项目经理

1.4.5.1 承包人应按合同约定指派项目经理,并在约定的期限内到职。承包人更换项目经理应事先征得发包人同意,并应在更换14天前通知发包人和监理人。承包人项目经理短期离开施工场地,应事先征得监理人同意,并委派代表代行其职责。

1.4.5.2 承包人项目经理应按合同约定以及监理人按第1.3.4项作出的指示,负责组织合同工程的实施。在情况紧急且无法与监理人取得联系时,可采取保证工程和人员生命财产安全的紧急措施,并在采取措施后24小时内向监理人提交书面报告。

1.4.5.3 承包人为履行合同发出的一切函件均应盖有承包人授权的施工场地管理机构章,并由承包人项目经理或其授权代表签字。

1.4.5.4 承包人项目经理可以授权其下属人员履行其某项职责,但事先应将这些人员的姓名和授权范围通知监理人。

1.4.6 承包人人员的管理

1.4.6.1 承包人应在接到开工通知后28天内,向监理人提交承包人在施工场地的管理机构以及人员安排的报告,其内容应包括管理机构的设置、各主要岗位的技术和管理人员名单及其资格,以及各工种技术工人的安排状况。承包人应向监理人提交施工场地人员变动情况的报告。

1.4.6.2 为完成合同约定的各项工作,承包人应向施工场地派遣或雇佣足够数量的下列人员:
(1)具有相应资格的专业技工和合格的普工;
(2)具有相应施工经验的技术人员;
(3)具有相应岗位资格的各级管理人员。

1.4.6.3 承包人安排在施工场地的主要管理人员和技术骨干应相对稳定。承包人更换主要管理人员和技术骨干时,应取得监理人的同意。

1.4.6.4 特殊岗位的工作人员均应持有相应的资格证明,监理人有权随时检查。监理人认为有必要时,可进行现场考核。

1.4.7 撤换承包人项目经理和其他人员

承包人应对其项目经理和其他人员进行有效管理。监理人要求撤换不能胜任本职工作、行为不端或玩忽职守的承包人项目经理和其他人员时,承包人应予以撤换。

1.4.8 保障承包人人员的合法权益

1.4.8.1 承包人应与其雇佣的人员签订劳动合同,并按时发放工资。

1.4.8.2 承包人应按劳动法的规定安排工作时间,保证其雇佣人员享有休息和休假的权利。因工程施工的特殊需要占用休假日或延长工作时间的,应不超过法律规定的限度,并按法律规定给予补休或付酬。

1.4.8.3 承包人应为其雇佣人员提供必要的食宿条件,以及符合环境保护和卫生要求的生活环境,在远离城镇的施工场地,还应配备必要的伤病防治和急救的医务人员与医疗设施。

1.4.8.4 承包人应按国家有关劳动保护的规定,采取有效的防止粉尘、降低噪声、控制有害气体和保障高温、高寒、高空作业安全等劳动保护措施。其雇佣人员在施工中受到伤害,承包人应立即采取有效措施进行抢救和治疗。

1.4.8.5 承包人应按有关法律规定和合同约定,为其雇佣人员办理保险。

1.4.8.6 承包人应负责处理其雇佣人员因工伤亡事故的善后事宜。

1.4.9 工程价款应专款专用

发包人按合同约定支付给承包人的各项价款应专用于合同工程。

1.4.10 承包人现场查勘

1.4.10.1 发包人应将其持有的现场地质勘探资料、水文气象资料提供给承包人,并对其准确性负责。但承包人应对其阅读上述有关资料后所作出的解释和推断负责。

1.4.10.2 承包人应对施工场地和周围环境进行查勘,并收集有关地质、水文、气象条件、交通条件、风俗习惯以及其他为完成合同工作有关的当地资料。在全部合同工作中,应视为承包人已充分估计了应承担的责任和风险。

1.4.11 不利物质条件

1.4.11.1 不利物质条件,除专用合同条款另有约定外,是指承包人在施工场地遇到的不可预见的自然物质条件、非自然的物质障碍和污染物,包括地下和水文条件,但不包括气候条件。

1.4.11.2 承包人遇到不利物质条件时,应采取适应不利物质条件的合理措施继续施工,并及时通知监理人。监理人应当及时发出指示,指示构成变更的,按第1.15款约定办理。监理人没有发出指示的,承包人因采取合理措施而增加的费用和(或)工期延误,由发包人承担。

1.5 材料和工程设备

1.5.1 承包人提供的材料和工程设备

1.5.1.1 除专用合同条款另有约定外,承包人提供的材料和工程设备均由承包人负责采购、运输和保管。承包人应对其采购的材料和工程设备负责。

1.5.1.2 承包人应按专用合同条款的约定,将各项材料和工程设备的供货人及品种、规格、数量和供货时间等报送监理人审批。承包人应向监理人提交其负责提供的材料和工程设备的质量证明文件,并满足合同约定的质量标准。

1.5.1.3 对承包人提供的材料和工程设备,承包人应会同监理人进行检验和交货验收,查验材料合格证明和产品合格证书,并按合同约定和监理人指示,进行材料的抽样检验和工程设备的检验测试,检验和测试结果应提交监理人,所需费用由承包人承担。

1.5.2 发包人提供的材料和工程设备

1.5.2.1 发包人提供的材料和工程设备,应在专用合同条款中写明材料和工程设备的名称、规格、数量、价格、交货方式、交货地点和计划交货日期等。

1.5.2.2 承包人应根据合同进度计划的安排,向监理人报送要求发包人交货的日期计划。发包人应按照监理人与合同双方当事人商定的交货日期,向承包人提交材料和工程设备。

1.5.2.3 发包人应在材料和工程设备到货7天前通知承包人,承包人应会同监理人在约定的时间内赴交货地点共同进行验收。除专用合同条款另有约定外,发包人提供的材料和工程设备验收后,由承包人负责接收、运输和保管。

1.5.2.4 发包人要求向承包人提前交货的,承包人不得拒绝,但发包人应承担承包人由此增加的费用。

1.5.2.5 承包人要求更改交货日期或地点的,应事先报请监理人批准。由于承包人要求更改交货时间或地点所增加的费用和(或)工期延误由承包人承担。

1.5.2.6 发包人提供的材料和工程设备的规格、数量或质量不符合合同要求,或由于发包人原因发生交货日期延误及交货地点变更等情况的,发包人应承担由此造成的工期延误,包含合理利润在内的相关费用的增加。

1.5.3 材料和工程设备专用于合同工程

1.5.3.1 运入施工场地的材料、工程设备,包括备品备件、安装专用工器具与随机资料,必须专用于合同工程,未经监理人同意,承包人不得运出施工场地或挪作他用。

1.5.3.2 随同工程设备运入施工场地的备品备件、专用工器具与随机资料,应由承包人会同监理人按供货人的装箱单清点后共同封存,未经监理人同意不得启用。承包人因合同工作需要使用上述物品时,应向监理人提出申请。

1.5.4 禁止使用不合格的材料和工程设备

1.5.4.1 监理人有权拒绝承包人提供的不合格材料或工程设备,并要求承包人立即进行更换。监理人应在更换后再次进行检查和检验,由此增加的费用和(或)工期延误由承包人承担。

1.5.4.2 监理人发现承包人使用了不合格的材料和工程设备,应即时发出指示要求承包人立即改正,并禁止在工程中继续使用不合格的材料和工程设备。

1.5.4.3 发包人提供的材料或工程设备不符合合同要求的,承包人有权拒绝,并可要求发包人更换,由此增加的费用和(或)工期延误由发包人承担。

1.6 施工设备和临时设施

1.6.1 承包人提供的施工设备和临时设施

1.6.1.1 承包人应按合同进度计划的要求,及时配置施工设备和修建临时设施。进入施工场地的承包人设备需经监理人核查后才能投入使用。承包人更换合同约定的承包人设备的,应报监理人批准。

1.6.1.2 除专用合同条款另有约定外,承包人应自行承担修建临时设施的费用,需要临时占地的,应由发包人办理申请手续并承担相应费用。

1.6.2 发包人提供的施工设备和临时设施

发包人提供的施工设备或临时设施在专用合同条款中约定。

1.6.3 要求承包人增加或更换施工设备

承包人使用的施工设备不能满足合同进度计划和(或)质量要求时,监理人有权要求承包人增加或更换施工设备,承包人应及时增加或更换,由此增加的费用和(或)工期延误由承包人承担。

1.6.4 施工设备和临时设施专用于合同工程

1.6.4.1 除合同另有约定外,运入施工场地的所有施工设备以及在施工场地建设的临时设施应专用于合同工程。未经监理人同意,不得将上述施工设备和临时设施中的任何部分运出施工场地或挪作他用。

1.6.4.2 经监理人同意,承包人可根据合同进度计划撤走闲置的施工设备。

1.7 交通运输

1.7.1 道路通行权和场外设施

除专用合同条款另有约定外,发包人应根据合同工程的施工需要,负责办理取得出入施工场地的专用和临时道路的通行权,以及取得为工程建设所需修建场外设施的权利,并承担有关费用。承包人应协助发包人办理上述手续。

1.7.2　场内施工道路

1.7.2.1　除专用合同条款另有约定外,承包人应负责修建、维修、养护和管理施工所需的临时道路和交通设施,包括维修、养护和管理发包人提供的道路和交通设施,并承担相应费用。

1.7.2.2　除专用合同条款另有约定外,承包人修建的临时道路和交通设施应免费提供给发包人和监理人使用。

1.7.3　场外交通

1.7.3.1　承包人车辆外出行驶所需的场外公共道路的通行费、养路费和税款等由承包人承担。

1.7.3.2　承包人应遵守有关交通法规,严格按照道路和桥梁的限制荷重安全行驶,并服从交通管理部门的检查和监督。

1.7.4　超大件和超重件的运输

由承包人负责运输的超大件或超重件,应由承包人负责向交通管理部门办理申请手续,发包人给予协助。运输超大件或超重件所需的道路和桥梁临时加固改造费用和其他有关费用由承包人承担,但专用合同条款另有约定的除外。

1.7.5　道路和桥梁的损坏责任

因承包人运输造成施工场地内外公共道路和桥梁损坏的,由承包人承担修复损坏的全部费用和可能引起的赔偿。

1.7.6　水路和航空运输

本条上述各款的内容适用于水路运输和航空运输,其中"道路"一词的涵义包括河道、航线、船闸、机场、码头、堤防以及水路或航空运输中其他相似结构物;"车辆"一词的涵义包括船舶和飞机等。

1.8　测量放线

1.8.1　施工控制网

1.8.1.1　发包人应在专用合同条款约定的期限内,通过监理人向承包人提供测量基准点、基准线和水准点及其书面资料。除专用合同条款另有约定外,承包人应根据国家测绘基准、测绘系统和工程测量技术规范,按上述基准点(线)以及合同工程精度要求,测设施工控制网,并在专用合同条款约定的期限内,将施工控制网资料报送监理人审批。

1.8.1.2　承包人应负责管理施工控制网点。施工控制网点丢失或损坏的,承包人应及时修复。承包人应承担施工控制网点的管理与修复费用,并在工程竣工后将施工控制网点移交发包人。

1.8.2　施工测量

1.8.2.1　承包人应负责施工过程中的全部施工测量放线工作,并配置合格的人员、仪器、设备和其他物品。

1.8.2.2　监理人可以指示承包人进行抽样复测,当复测中发现错误或出现超过合同约定的误差时,承包人应按监理人指示进行修正或补测,并承担相应的复测费用。

1.8.3　基准资料错误的责任

发包人应对其提供的测量基准点、基准线和水准点及其书面资料的真实性、准确性和完整性负责。发包人提供上述基准资料错误导致承包人测量放线工作的返工或造成工程损失的,发包人应当承担由此增加的费用和(或)工期延误,并向承包人支付合理利润。承包人发现发包人提供的上述基准资料存在明显错误或疏忽的,应及时通知监理人。

1.8.4　监理人使用施工控制网

监理人需要使用施工控制网时,承包人应提供必要的协助,发包人不再为此支付费用。

1.9 施工安全、治安保卫和环境保护

1.9.1 发包人的施工安全责任

1.9.1.1 发包人应按合同约定履行安全职责,授权监理人按合同约定的安全工作内容监督、检查承包人安全工作的实施,组织承包人和有关单位进行安全检查。

1.9.1.2 发包人应对其现场机构雇佣的全部人员的工伤事故承担责任,但由于承包人原因造成发包人人员工伤的,应由承包人承担责任。

1.9.1.3 发包人应负责赔偿以下情况造成的第三者人身伤亡和财产损失:

(1)工程或工程的任何部分对土地的占用所造成的第三者财产损失;

(2)由于发包人原因在施工场地及其毗邻地带造成的第三者人身伤亡和财产损失。

1.9.2 承包人的施工安全责任

1.9.2.1 承包人应按合同约定履行安全职责,执行监理人有关安全工作的指示,并在专用合同条款约定的期限内,按合同约定的安全工作内容编制施工安全措施计划报送监理人审批。

1.9.2.2 承包人应加强施工作业安全管理,特别应加强易燃易爆材料、火工器材、有毒与腐蚀性材料和其他危险品的管理,以及对爆破作业和地下工程施工等危险作业的管理。

1.9.2.3 承包人应严格按照国家安全标准制定施工安全操作规程,配备必要的安全生产和劳动保护设施,加强对承包人人员的安全教育,并发放安全工作手册和劳动保护用具。

1.9.2.4 承包人应按监理人的指示制定应对灾害的紧急预案,报送监理人审批。承包人还应按预案做好安全检查,配置必要的救助物资和器材,切实保护好有关人员的人身和财产安全。

1.9.2.5 合同约定的安全作业环境及安全文明施工措施所需费用应遵守有关规定,并包括在相关工作的合同价格中。因采取合同未约定的安全作业环境及安全施工措施增加的费用,由监理人按第1.3.5项商定或确定。

1.9.2.6 承包人应对其履行合同所雇佣的全部人员,包括分包人人员的工伤事故承担责任,但由于发包人原因造成承包人人员工伤事故的,应由发包人承担责任。

1.9.2.7 由于承包人原因在施工场地内及其毗邻地带造成的第三者人员伤亡和财产损失,由承包人负责赔偿。

1.9.3 治安保卫

1.9.3.1 除合同另有约定外,发包人应与当地公安部门协商,在现场建立治安管理机构或联防组织,统一管理施工场地的治安保卫事项,履行合同工程的治安保卫职责。

1.9.3.2 发包人和承包人除应协助现场治安管理机构或联防组织维护施工场地的社会治安外,还应做好包括生活区在内的各自管辖区的治安保卫工作。

1.9.3.3 除合同另有约定外,发包人和承包人应在工程开工后共同编制施工场地治安管理计划,并制定应对突发治安事件的紧急预案。在工程施工过程中如发生暴乱、爆炸等恐怖事件,以及群殴、械斗等群体性突发治安事件,发包人和承包人应立即向当地政府报告。发包人和承包人应积极协助当地有关部门采取措施平息事态,防止事态扩大,尽量减少财产损失和避免人员伤亡。

1.9.4 环境保护

1.9.4.1 承包人在施工过程中应遵守有关环境保护的法律,履行合同约定的环境保护义务,并对违反法律和合同约定义务所造成的环境破坏、人身伤害和财产损失负责。

1.9.4.2 承包人应按合同约定的环保工作内容,编制施工环保措施计划,报送监理人审批。

1.9.4.3 承包人应按照批准的施工环保措施计划有序地堆放和处理施工废弃物,避免对环境造成破坏。因承包人任意堆放或弃置施工废弃物而造成妨碍公共交通、影响城镇居民生活、降低河流行洪能

力、危及居民安全、破坏周边环境,或者影响其他承包人施工等后果的,承包人应承担责任。

1.9.4.4 承包人应按合同约定采取有效措施,对施工开挖的边坡及时进行支护,维护排水设施,并进行水土保护,避免因施工造成的地质灾害。

1.9.4.5 承包人应按国家饮用水管理标准定期对饮用水源进行监测,防止施工活动污染饮用水源。

1.9.4.6 承包人应按合同约定,加强对噪声、粉尘、废气、废水和废油的控制,努力降低噪声,控制粉尘和废气浓度,做好废水和废油的治理和排放。

1.9.5 事故处理

工程施工过程中发生事故的,承包人应立即通知监理人,监理人应立即通知发包人。发包人和承包人应立即组织人员和设备进行紧急抢救和抢修,减少人员伤亡和财产损失,防止事故扩大,并保护事故现场。需要移动现场物品时,应作出标记和书面记录,妥善保管有关证据。发包人和承包人应按国家有关规定,及时如实地向有关部门报告事故发生的情况,以及正在采取的紧急措施等。

1.10 进度计划

1.10.1 合同进度计划

承包人应按专用合同条款约定的内容和期限,编制详细的施工进度计划和施工方案说明报送监理人。监理人应在专用合同条款约定的期限内批复或提出修改意见,否则该进度计划视为已得到批准。经监理人批准的施工进度计划称合同进度计划,是控制合同工程进度的依据。承包人还应根据合同进度计划,编制更为详细的分阶段或分项进度计划,报监理人审批。

1.10.2 合同进度计划的修订

不论何种原因造成工程的实际进度与第1.10.1项的合同进度计划不符时,承包人可以在专用合同条款约定的期限内向监理人提交修订合同进度计划的申请报告,并附有关措施和相关资料,报监理人审批;监理人也可以直接向承包人作出修订合同进度计划的指示,承包人应按该指示修订合同进度计划,报监理人审批。监理人应在专用合同条款约定的期限内批复。监理人在批复前应获得发包人的同意。

1.11 开工和竣工

1.11.1 开 工

1.11.1.1 监理人应在开工日期7天前向承包人发出开工通知。监理人在发出开工通知前应获得发包人同意。工期自监理人发出的开工通知中载明的开工日期起计算。承包人应在开工日期后尽快施工。

1.11.1.2 承包人应按第1.10.1项约定的合同进度计划,向监理人提交工程开工报审表,经监理人审批后执行。开工报审表应详细说明按合同进度计划正常施工所需的施工道路、临时设施、材料设备、施工人员等施工组织措施的落实情况以及工程的进度安排。

1.11.2 竣 工

承包人应在第1.1.1.4目约定的期限内完成合同工程。实际竣工日期在接收证书中写明。

1.11.3 发包人的工期延误

在履行合同过程中,由于发包人的下列原因造成工期延误的,承包人有权要求发包人延长工期,并支付包括合理利润在内的相关费用。需要修订合同进度计划的,按照第1.10.2项的约定办理。

(1)增加合同工作内容;

(2)改变合同中任何一项工作的质量要求或其他特性；
(3)发包人迟延提供材料、工程设备或变更交货地点；
(4)因发包人原因导致的暂停施工；
(5)提供图纸延误；
(6)未按合同约定及时支付预付款、进度款；
(7)发包人造成工期延误的其他原因。

1.11.4 异常恶劣的气候条件

由于出现专用合同条款规定的异常恶劣的气候条件导致工期延误的，承包人有权要求发包人延长工期。

1.11.5 承包人的工期延误

由于承包人原因，未能按合同进度计划完成工作，或监理人认为承包人施工进度不能满足合同工期要求，承包人应采取措施加快进度，并承担加快进度所增加的费用。由于承包人原因造成工期延误的，承包人应支付逾期竣工违约金。逾期竣工违约金的计算方法在专用合同条款中约定。承包人支付逾期竣工违约金，不免除承包人完成工程及修补缺陷的义务。

1.11.6 工期提前

发包人要求承包人提前竣工，或承包人提出提前竣工的建议能够给发包人带来效益的，应由监理人与承包人共同协商采取加快工程进度的措施和修订合同进度计划。发包人应承担承包人由此增加的费用，并向承包人支付专用合同条款约定的相应奖金。

1.12 暂停施工

1.12.1 承包人暂停施工的责任

因下列暂停施工增加的费用和(或)工期延误由承包人承担：
(1)承包人违约引起的暂停施工；
(2)由于承包人原因为工程合理施工和安全保障所必需的暂停施工；
(3)承包人擅自暂停施工；
(4)承包人其他原因引起的暂停施工；
(5)专用合同条款约定由承包人承担的其他暂停施工。

1.12.2 发包人暂停施工的责任

由于发包人原因引起的暂停施工造成工期延误的，承包人有权要求发包人延长工期并支付包括合理利润在内的相关费用。

1.12.3 监理人暂停施工指示

1.12.3.1 监理人认为有必要时，可向承包人作出暂停施工的指示，承包人应按监理人指示暂停施工。不论由于何种原因引起的暂停施工，暂停施工期间承包人应负责妥善保护工程并提供安全保障。

1.12.3.2 由于发包人的原因发生暂停施工的紧急情况，且监理人未及时下达暂停施工指示的，承包人可先暂停施工，并及时向监理人提出暂停施工的书面请求。监理人应在接到书面请求后的24小时内予以答复，逾期未答复的，视为同意承包人的暂停施工请求。

1.12.4 暂停施工后的复工

1.12.4.1 暂停施工后，监理人应与发包人和承包人协商，采取有效措施积极消除暂停施工的影响。当工程具备复工条件时，监理人应立即向承包人发出复工通知。承包人收到复工通知后，应在监理人指定的期限内复工。

1.12.4.2 承包人无故拖延和拒绝复工的,由此增加的费用和工期延误由承包人承担;因发包人原因无法按时复工的,承包人有权要求发包人延长工期并支付包括合理利润在内的相关费用。

1.12.5 暂停施工持续 56 天以上

1.12.5.1 监理人发出暂停施工指示后 56 天内未向承包人发出复工通知,除了该项停工属于第 1.12.1 项的情况外,承包人可向监理人提交书面通知,要求监理人在收到书面通知后 28 天内准许已暂停施工的工程或其中一部分工程继续施工。如监理人逾期不予批准,则承包人可以通知监理人将工程受影响的部分视为按第 1.15.1 项的可取消工作。如暂停施工影响到整个工程,可视为发包人违约,应按第 1.22.2 项的规定办理。

1.12.5.2 由于承包人责任引起的暂停施工,如承包人在收到监理人暂停施工指示后 56 天内不认真采取有效的复工措施,造成工期延误,可视为承包人违约,应按第 1.22.1 项的规定办理。

1.13 工程质量

1.13.1 工程质量要求

1.13.1.1 工程质量验收按合同约定验收标准执行。

1.13.1.2 因承包人原因造成工程质量达不到合同约定验收标准的,监理人有权要求承包人返工直至符合合同要求为止,由此造成的费用增加和(或)工期延误由承包人承担。

1.13.1.3 因发包人原因造成工程质量达不到合同约定验收标准的,发包人应承担由于承包人返工造成的费用增加和(或)工期延误,并支付承包人合理利润。

1.13.2 承包人的质量管理

1.13.2.1 承包人应在施工场地设置专门的质量检查机构,配备专职质量检查人员,建立完善的质量检查制度。承包人应在合同约定的期限内提交工程质量保证措施文件,包括质量检查机构的组织和岗位责任、质检人员的组成、质量检查程序和实施细则等,报送监理人审批。

1.13.2.2 承包人应加强对施工人员的质量教育和技术培训,定期考核施工人员的劳动技能,严格执行规范和操作规程。

1.13.3 承包人的质量检查

承包人应按合同约定对材料、工程设备以及工程的所有部位及其施工工艺进行全过程的质量检查和检验,并作详细记录,编制工程质量报表,报送监理人审查。

1.13.4 监理人的质量检查

监理人有权对工程的所有部位及其施工工艺、材料和工程设备进行检查和检验。承包人应为监理人的检查和检验提供方便,包括监理人到施工场地,或制造、加工地点,或合同约定的其他地方进行察看和查阅施工原始记录。承包人还应按监理人指示进行施工场地取样试验、工程复核测量和设备性能检测,提供试验样品、提交试验报告和测量成果以及监理人要求进行的其他质量检查工作。监理人的检查和检验,不免除承包人按合同约定应负的责任。

1.13.5 工程隐蔽部位覆盖前的检查

1.13.5.1 经承包人自检确认的工程隐蔽部位具备覆盖条件后,承包人应通知监理人在约定的期限内检查。承包人的通知应附有自检记录和必要的检查资料。监理人应按时到场检查。经监理人检查确认质量符合隐蔽要求,并在检查记录上签字后,承包人才能进行覆盖。监理人检查确认质量不合格的,承包人应在监理人指示的时间内修整返工后,由监理人重新检查。

1.13.5.2 监理人未按第 1.13.5.1 目约定的时间进行检查的,除监理人另有指示外,承包人可自行完成覆盖工作,并作相应记录报送监理人,监理人应签字确认。监理人事后对检查记录有疑问的,可按第1.13.5.3目的约定重新检查。

1.13.5.3 承包人按第1.13.5.1目或第1.13.5.2目覆盖工程隐蔽部位后,监理人对质量有疑问的,可要求承包人对已覆盖的部位进行钻孔探测或揭开重新检验,承包人应遵照执行,并在检验后重新覆盖恢复原状。经检验证明工程质量符合合同要求的,由发包人承担由此增加的费用和(或)工期延误,并支付承包人合理利润;经检验证明工程质量不符合合同要求的,由此增加的费用和(或)工期延误由承包人承担。

1.13.5.4 承包人未通知监理人到场检查,私自将工程隐蔽部位覆盖的,监理人有权指示承包人钻孔探测或揭开检查,由此增加的费用和(或)工期延误由承包人承担。

1.13.6 清除不合格工程

1.13.6.1 承包人使用不合格材料、工程设备,或采用不适当的施工工艺,或施工不当,造成工程不合格的,监理人可以随时发出指示,要求承包人立即采取措施进行补救,直至达到合同要求的质量标准,由此增加的费用和(或)工期延误由承包人承担。

1.13.6.2 由于发包人提供的材料或工程设备不合格造成的工程不合格,需要承包人采取措施补救的,发包人应承担由此增加的费用和(或)工期延误,并支付承包人合理利润。

1.14 试验和检验

1.14.1 材料、工程设备和工程的试验和检验

1.14.1.1 承包人应按合同约定进行材料、工程设备和工程的试验和检验,并为监理人对上述材料、工程设备和工程的质量检查提供必要的试验资料和原始记录。按合同约定应由监理人与承包人共同进行试验和检验的,由承包人负责提供必要的试验资料和原始记录。

1.14.1.2 监理人未按合同约定派员参加试验和检验的,除监理人另有指示外,承包人可自行试验和检验,并应立即将试验和检验结果报送监理人,监理人应签字确认。

1.14.1.3 监理人对承包人的试验和检验结果有疑问的,或为查清承包人试验和检验成果的可靠性要求承包人重新试验和检验的,可按合同约定由监理人与承包人共同进行。重新试验和检验的结果证明该项材料、工程设备或工程的质量不符合合同要求的,由此增加的费用和(或)工期延误由承包人承担;重新试验和检验结果证明该项材料、工程设备和工程符合合同要求的,由发包人承担由此增加的费用和(或)工期延误,并支付承包人合理利润。

1.14.2 现场材料试验

1.14.2.1 承包人根据合同约定或监理人指示进行的现场材料试验,应由承包人提供试验场所、试验人员、试验设备器材以及其他必要的试验条件。

1.14.2.2 监理人在必要时可以使用承包人的试验场所、试验设备器材以及其他试验条件,进行以工程质量检查为目的的复核性材料试验,承包人应予以协助。

1.14.3 现场工艺试验

承包人应按合同约定或监理人指示进行现场工艺试验。对大型的现场工艺试验,监理人认为必要时,应由承包人根据监理人提出的工艺试验要求编制工艺试验措施计划,报送监理人审批。

1.15 变 更

1.15.1 变更的范围和内容

除专用合同条款另有约定外,在履行合同中发生以下情形之一,应按照本条规定进行变更:

(1)取消合同中任何一项工作,但被取消的工作不能转由发包人或其他人实施;
(2)改变合同中任何一项工作的质量或其他特性;
(3)改变合同工程的基线、标高、位置或尺寸;
(4)改变合同中任何一项工作的施工时间或改变已批准的施工工艺或顺序;
(5)为完成工程需要追加的额外工作。

1.15.2 变更权

在履行合同过程中,经发包人同意,监理人可按第1.15.3项约定的变更程序向承包人作出变更指示,承包人应遵照执行。没有监理人的变更指示,承包人不得擅自变更。

1.15.3 变更程序

1.15.3.1 变更的提出:

(1)在合同履行过程中,可能发生第1.15.1项约定情形的,监理人可向承包人发出变更意向书。变更意向书应说明变更的具体内容和发包人对变更的时间要求,并附必要的图纸和相关资料。变更意向书应要求承包人提交包括拟实施变更工作的计划、措施和竣工时间等内容的实施方案。发包人同意承包人根据变更意向书要求提交的变更实施方案的,由监理人按第1.15.3.3目约定发出变更指示。

(2)在合同履行过程中,发生第1.15.1项约定情形的,监理人应按照第1.15.3.3目约定向承包人发出变更指示。

(3)承包人收到监理人按合同约定发出的图纸和文件,经检查认为其中存在第1.15.1项约定情形的,可向监理人提出书面变更建议。变更建议应阐明要求变更的依据,并附必要的图纸和说明。监理人收到承包人书面建议后,应与发包人共同研究,确认存在变更的,应在收到承包人书面建议后的14天内作出变更指示。经研究后不同意作为变更的,应由监理人书面答复承包人。

(4)若承包人收到监理人的变更意向书后认为难以实施此项变更,应立即通知监理人,说明原因并附详细依据。监理人与承包人和发包人协商后确定撤销、改变或不改变原变更意向书。

1.15.3.2 变更估价:

(1)按照第1.15.1项存在应该变更情形的,除专用合同条款对期限另有约定外,承包人应在收到变更指示或变更意向书后的14天内,向监理人提交变更报价书,报价内容应根据第1.15.4项约定的估价原则,详细开列变更工作的价格组成及其依据,并附必要的施工方法说明和有关图纸。

(2)变更工作影响工期的,承包人应提出调整工期的具体细节。监理人认为有必要时,可要求承包人提交要求提前或延长工期的施工进度计划及相应施工措施等详细资料。

(3)除专用合同条款对期限另有约定外,监理人收到承包人变更报价书后的14天内,根据第1.15.4项约定的估价原则,按照第1.3.5项商定或确定变更价格。

1.15.3.3 变更指示:

(1)变更指示只能由监理人发出。

(2)变更指示应说明变更的目的、范围、变更内容以及变更的工程量及其进度和技术要求,并附有关图纸和文件。承包人收到变更指示后,应按变更指示进行变更工作。

1.15.4 变更的估价原则

除专用合同条款另有约定外,因变更引起的价格调整按照本款约定处理。

1.15.4.1 已标价工程量清单中有适用于变更工作的子目的,采用该子目的单价。

1.15.4.2 已标价工程量清单中无适用于变更工作的子目,但有类似子目的,可在合理范围内参照类似子目的单价,由监理人按第1.3.5项商定或确定变更工作的单价。

1.15.4.3 已标价工程量清单中无适用或类似子目的单价,可按照成本加利润的原则,由监理人按第1.3.5项商定或确定变更工作的单价。

1.15.5 承包人的合理化建议

1.15.5.1 在履行合同过程中,承包人对发包人提供的图纸、技术要求以及其他方面提出的合理化建议,均应以书面形式提交监理人。合理化建议书的内容应包括建议工作的详细说明、进度计划和效益以及与其他工作的协调等,并附必要的设计文件。监理人应与发包人协商是否采纳建议。建议被采纳并构成变更的,应按第1.15.3.3目约定向承包人发出变更指示。

1.15.5.2 承包人提出的合理化建议降低了合同价格、缩短了工期或者提高了工程经济效益的,发包人可按国家有关规定在专用合同条款中约定给予奖励。

1.15.6 暂列金额

暂列金额只能按照监理人的指示使用,并对合同价格进行相应调整。

1.15.7 计日工

1.15.7.1 发包人认为有必要时,由监理人通知承包人以计日工方式实施变更的零星工作。其价款按列入已标价工程量清单中的计日工计价子目及其单价进行计算。

1.15.7.2 采用计日工计价的任何一项变更工作应从暂列金额中支付,承包人应在该项变更的实施过程中每天提交以下报表和有关凭证报送监理人审批:

(1)工作名称、内容和数量;
(2)投入该工作所有人员的姓名、工种、级别和耗用工时;
(3)投入该工作的材料类别和数量;
(4)投入该工作的施工设备型号、台数和耗用台时;
(5)监理人要求提交的其他资料和凭证。

1.15.7.3 计日工由承包人汇总后,按第1.17.3.2项的约定列入进度付款申请单,由监理人复核并经发包人同意后列入进度付款。

1.15.8 暂估价

1.15.8.1 发包人在工程量清单中给定暂估价的材料、工程设备和专业工程属于依法必须招标的范围并达到规定的规模标准的,由发包人和承包人以招标的方式选择供应商或分包人。发包人和承包人的权利义务关系在专用合同条款中约定。中标金额与工程量清单中所列的暂估价的金额差以及相应的税金等其他费用列入合同价格。

1.15.8.2 发包人在工程量清单中给定暂估价的材料和工程设备不属于依法必须招标的范围或未达到规定的规模标准的,应由承包人按第1.5.1项的约定提供。经监理人确认的材料、工程设备的价格与工程量清单中所列的暂估价的金额差以及相应的税金等其他费用列入合同价格。

1.15.8.3 发包人在工程量清单中给定暂估价的专业工程不属于依法必须招标的范围或未达到规定的规模标准的,由监理人按照第1.15.4项进行估价,但专用合同条款另有约定的除外。经估价的专业工程与工程量清单中所列的暂估价的金额差以及相应的税金等其他费用列入合同价格。

1.16 价格调整

1.16.1 物价波动引起的价格调整

除专用合同条款另有约定外,因物价波动引起的价格调整按照本款约定处理。

1.16.1.1 采用价格指数调整价格差额

(1)价格调整公式:因人工、材料和设备等价格波动影响合同价格时,根据投标函附录中的价格指数和权重表约定的数据,按以下公式计算差额并调整合同价格。

$$\Delta P = P_0 \left[A + \left(B_1 \times \frac{F_{t1}}{F_{01}} + B_2 \times \frac{F_{t2}}{F_{02}} + B_3 \times \frac{F_{t3}}{F_{03}} + \cdots + B_n \times \frac{F_{tn}}{F_{0n}} \right) - 1 \right]$$

式中：ΔP——需调整的价格差额；

P_0——第1.17.3.3目、第1.17.5.2目和第1.17.6.2目约定的付款证书中承包人应得到的已完成工程量的金额。此项金额应不包括价格调整、不计质量保证金的扣留和支付、预付款的支付和扣回。第1.15款约定的变更及其他金额已按现行价格计价的，也不计在内。

A——定值权重（即不调部分的权重）。

$B_1,B_2,B_3,\cdots,B_n$——各可调因子的变值权重（即可调部分的权重），为各可调因子在投标函投标总报价中所占的比例。

$F_{t1},F_{t2},F_{t3},\cdots,F_{tn}$——各可调因子的现行价格指数，指第1.17.3.3目、第1.17.5.2目和第1.17.6.2目约定的付款证书相关周期最后一天的前42天的各可调因子的价格指数。

$F_{01},F_{02},F_{03},\cdots,F_{0n}$——各可调因子的基本价格指数，指基准日期的各可调因子的价格指数。

以上价格调整公式中的各可调因子、定值和变值权重，以及基本价格指数及其来源在投标函附录价格指数和权重表中约定。价格指数应首先采用有关部门提供的价格指数，缺乏上述价格指数时，可采用有关部门提供的价格代替。

(2)在计算调整差额时得不到现行价格指数的，可暂用上一次价格指数计算，并在以后的付款中再按实际价格指数进行调整。

(3)按第1.15.1项约定的变更导致原定合同中的权重不合理时，由监理人与承包人和发包人协商后进行调整。

(4)由于承包人原因未在约定的工期内竣工的，对原约定竣工日期后继续施工的工程，在使用(1)价格调整公式时，应采用原约定竣工日期与实际竣工日期的两个价格指数中较低的一个作为现行价格指数。

1.16.1.2 施工期内，因人工、材料、设备和机械台班价格波动影响合同价格时，人工、机械使用费按照国家或省、自治区、直辖市建设行政管理部门、行业建设管理部门或其授权的工程造价管理机构发布的人工成本信息、机械台班单价或机械使用费系数进行调整；需要进行价格调整的材料，其单价和采购数应由监理人复核，监理人确认需调整的材料单价及数量，作为调整工程合同价格差额的依据。

1.16.2 法律变化引起的价格调整

在基准日后，因法律变化导致承包人在合同履行中所需要的工程费用发生除第1.16.1项约定以外的增减时，监理人应根据法律、国家或省、自治区、直辖市有关部门的规定，按第1.3.5项商定或确定需调整的合同价款。

1.17 计量与支付

1.17.1 计 量

1.17.1.1 计量采用国家法定的计量单位。

1.17.1.2 工程量清单中的工程量计算规则应按有关国家标准、行业标准的规定，并在合同中约定执行。

1.17.1.3 除专用合同条款另有约定外，单价子目已完成工程量按月计量，总价子目的计量周期按批准的支付分解报告确定。

1.17.1.4 单价子目的计量：

(1)已标价工程量清单中的单价子目工程量为估算工程量。结算工程量是承包人实际完成的，并按合同约定的计量方法进行计量的工程量。

(2)承包人对已完成的工程进行计量，向监理人提交进度付款申请单、已完成工程量报表和有关计量资料。

(3)监理人对承包人提交的工程量报表进行复核,以确定实际完成的工程量。对数量有异议的,可要求承包人按第1.8.2项约定进行共同复核和抽样复测。承包人应协助监理人进行复核并按监理人要求提供补充计量资料。承包人未按监理人要求参加复核,监理人复核或修正的工程量视为承包人实际完成的工程量。

(4)监理人认为有必要时,可通知承包人共同进行联合测量、计量,承包人应遵照执行。

(5)承包人完成工程量清单中每个子目的工程量后,监理人应要求承包人派员共同对每个子目的历次计量报表进行汇总,以核实最终结算工程量。监理人可要求承包人提供补充计量资料,以确定最后一次进度付款的准确工程量。承包人未按监理人要求派员参加的,监理人最终核实的工程量视为承包人完成该子目的准确工程量。

(6)监理人应在收到承包人提交的工程量报表后的7天内进行复核,监理人未在约定时间内复核的,承包人提交的工程量报表中的工程量视为承包人实际完成的工程量,据此计算工程价款。

1.17.1.5 除专用合同条款另有约定外,总价子目的分解和计量按照下述约定进行:

(1)总价子目的计量和支付应以总价为基础,不因第1.16.1项中的因素而进行调整。承包人实际完成的工程量,是进行工程目标管理和控制进度支付的依据。

(2)承包人在合同约定的每个计量周期内,对已完成的工程进行计量,并向监理人提交进度付款申请单、专用合同条款约定的合同总价支付分解表所表示的阶段性或分项计量的支持性资料,以及所达到工程形象目标或分阶段需完成的工程量和有关计量资料。

(3)监理人对承包人提交的上述资料进行复核,以确定分阶段实际完成的工程量和工程形象目标。对其有异议的,可要求承包人按第1.8.2项约定进行共同复核和抽样复测。

(4)除按照第1.15款约定的变更外,总价子目的工程量是承包人用于结算的最终工程量。

1.17.2 预付款

1.17.2.1 预付款用于承包人为合同工程施工购置材料、工程设备、施工设备、修建临时设施以及组织施工队伍进场等。预付款的额度和预付办法在专用合同条款中约定。预付款必须专用于合同工程。

1.17.2.2 除专用合同条款另有约定外,承包人应在收到预付款的同时向发包人提交预付款保函,预付款保函的担保金额应与预付款金额相同。保函的担保金额可根据预付款扣回的金额相应递减。

1.17.2.3 预付款在进度付款中扣回,扣回办法在专用合同条款中约定。在颁发工程接收证书前,由于不可抗力或其他原因解除合同时,预付款尚未扣清的,尚未扣清的预付款余额应作为承包人的到期应付款。

1.17.3 工程进度付款

1.17.3.1 付款周期同计量周期。

1.17.3.2 进度付款申请单。承包人应在每个付款周期末,按监理人批准的格式和专用合同条款约定的份数,向监理人提交进度付款申请单,并附相应的支持性证明文件。除专用合同条款另有约定外,进度付款申请单应包括下列内容:

(1)截至本次付款周期末已实施工程的价款;
(2)根据第1.15款应增加和扣减的变更金额;
(3)根据第1.23款应增加和扣减的索赔金额;
(4)根据第1.17.2项约定应支付的预付款和扣减的返还预付款;
(5)根据第1.17.4.1目约定应扣减的质量保证金;
(6)根据合同约定应增加和扣减的其他金额。

1.17.3.3 进度付款证书和支付时间:

(1)监理人在收到承包人进度付款申请单以及相应的支持性证明文件后的14天内完成核查,提出发包人到期应支付给承包人的金额以及相应的支持性材料,经发包人审查同意后,由监理人向承包人出具经发包人签认的进度付款证书。监理人有权扣发承包人未能按照合同要求履行任何工作或义务的相应金额。

(2)发包人应在监理人收到进度付款申请单后的28天内,将进度应付款支付给承包人。发包人不按期支付的,按专用合同条款的约定支付逾期付款违约金。

(3)监理人出具进度付款证书,不应视为监理人已同意、批准或接受了承包人完成的该部分工作。

(4)进度付款涉及政府投资资金的,按照国库集中支付等国家相关规定和专用合同条款的约定办理。

1.17.3.4 在对以往历次已签发的进度付款证书进行汇总和复核中发现错、漏或重复的,监理人有权予以修正,承包人也有权提出修正申请。经双方复核同意的修正,应在本次进度付款中支付或扣除。

1.17.4 质量保证金

1.17.4.1 监理人应从第一个付款周期开始,在发包人的进度付款中,按专用合同条款的约定扣留质量保证金,直至扣留的质量保证金总额达到专用合同条款约定的金额或比例为止。质量保证金的计算额度不包括预付款的支付、扣回以及价格调整的金额。

1.17.4.2 在第1.1.1.4目约定的缺陷责任期满时,承包人向发包人申请到期应返还承包人剩余的质量保证金金额,发包人应在14天内会同承包人按照合同约定的内容核实承包人是否完成缺陷责任。如无异议,发包人应当在核实后将剩余保证金返还承包人。

1.17.4.3 在第1.1.1.4目约定的缺陷责任期满时,承包人没有完全承担缺陷责任的,发包人有权扣留与未履行责任剩余工作所需金额相应的质量保证金余额,并有权根据第1.19.3项约定要求延长缺陷责任期,直至完成剩余工作为止。

1.17.5 竣工结算

1.17.5.1 竣工付款申请单:

(1)工程接收证书颁发后,承包人应按专用合同条款约定的份数和期限向监理人提交竣工付款申请单,并提供相关证明材料。除专用合同条款另有约定外,竣工付款申请单应包括下列内容:竣工结算合同总价、发包人已支付承包人的工程价款、应扣留的质量保证金、应支付的竣工付款金额。

(2)监理人对竣工付款申请单有异议的,有权要求承包人进行修正和提供补充资料。经监理人和承包人协商后,由承包人向监理人提交修正后的竣工付款申请单。

1.17.5.2 竣工付款证书及支付时间:

(1)监理人在收到承包人提交的竣工付款申请单后的14天内完成核查,提出发包人到期应支付给承包人的价款送发包人审核并抄送承包人。发包人应在收到后14天内审核完毕,由监理人向承包人出具经发包人签认的竣工付款证书。监理人未在约定时间内核查,又未提出具体意见的,视为承包人提交的竣工付款申请单已经监理人核查同意;发包人未在约定时间内审核,又未提出具体意见的,监理人提出发包人到期应支付给承包人的价款视为已经发包人同意。

(2)发包人应在监理人出具竣工付款证书后的14天内,将应支付款支付给承包人。发包人不按期支付的,按第1.17.3.3目的约定,将逾期付款违约金支付给承包人。

(3)承包人对发包人签认的竣工付款证书有异议的,发包人可出具竣工付款申请单中承包人已同意部分的临时付款证书。存在争议的部分,按第1.24款的约定办理。

(4)竣工付款涉及政府投资资金的,按第1.17.3.3目的约定办理。

1.17.6 最终结清

1.17.6.1 最终结清申请单:

(1)缺陷责任期终止证书签发后,承包人可按专用合同条款约定的份数和期限向监理人提交最终结清申请单,并提供相关证明材料。

(2)发包人对最终结清申请单内容有异议的,有权要求承包人进行修正和提供补充资料,由承包人向监理人提交修正后的最终结清申请单。

1.17.6.2 最终结清证书和支付时间:

(1)监理人收到承包人提交的最终结清申请单后的14天内,提出发包人应支付给承包人的价款送发包人审核并抄送承包人。发包人应在收到后14天内审核完毕,由监理人向承包人出具经发包人签认的最终结清证书。监理人未在约定时间内核查,又未提出具体意见的,视为承包人提交的最终结清申请已经监理人核查同意;发包人未在约定时间内审核,又未提出具体意见的,监理人提出应支付给承包人的价款视为已经发包人同意。

(2)发包人应在监理人出具最终结清证书后的14天内,将应支付款支付给承包人。发包人不按期支付的,按第1.17.3.3目的约定,将逾期付款违约金支付给承包人。

(3)承包人对发包人签认的最终结清证书有异议的,按第1.24款的约定办理。

(4)最终结清付款涉及政府投资资金的,按第1.17.3.3目的约定办理。

1.18 竣工验收

1.18.1 竣工验收的含义

1.18.1.1 竣工验收指承包人完成了全部合同工作后,发包人按合同要求进行的验收。

1.18.1.2 国家验收是政府有关部门根据法律、规范、规程和政策要求,针对发包人全面组织实施的整个工程正式交付投运前的验收。

1.18.1.3 需要进行国家验收的,竣工验收是国家验收的一部分。竣工验收所采用的各项验收和评定标准应符合国家验收标准。发包人和承包人为竣工验收提供的各项竣工验收资料应符合国家验收的要求。

1.18.2 竣工验收申请报告

当工程具备以下条件时,承包人即可向监理人报送竣工验收申请报告。

(1)除监理人同意列入缺陷责任期内完成的尾工(甩项)工程和缺陷修补工作外,合同范围内的全部单位工程以及有关工作,包括合同要求的试验、试运行以及检验和验收均已完成,并符合合同要求;

(2)已按合同约定的内容和份数备齐了符合要求的竣工资料;

(3)已按监理人的要求编制了在缺陷责任期内完成的尾工(甩项)工程和缺陷修补工作清单以及相应的施工计划;

(4)监理人要求在竣工验收前应完成的其他工作;

(5)监理人要求提交的竣工验收资料清单。

1.18.3 验 收

监理人收到承包人按第1.18.2项约定提交的竣工验收申请报告后,应审查申请报告的各项内容,并按以下不同情况进行处理。

1.18.3.1 监理人审查后认为尚不具备竣工验收条件的,应在收到竣工验收申请报告后的28天内通知承包人,指出在颁发接收证书前承包人还需进行的工作内容。承包人完成监理人通知的全部工作内容后,应再次提交竣工验收申请报告,直至监理人同意为止。

1.18.3.2 监理人审查后认为已具备竣工验收条件的,应在收到竣工验收申请报告后的28天内提请发包人进行工程验收。

1.18.3.3 发包人经过验收后同意接收工程的,应在监理人收到竣工验收申请报告后的56天内,由监理人向承包人出具经发包人签认的工程接收证书。发包人验收后同意接收工程但提出整修和完善要求的,限期修好,并缓发工程接收证书。整修和完善工作完成后,监理人复查达到要求的,经发包人同意后,再向承包人出具工程接收证书。

1.18.3.4 发包人验收后不同意接收工程的,监理人应按照发包人的验收意见发出指示,要求承包人对不合格工程认真返工重做或进行补救处理,并承担由此产生的费用。承包人在完成不合格工程的返工重做或补救工作后,应重新提交竣工验收申请报告,按第 1.18.3.1 目、第 1.18.3.2 目和第 1.18.3.3 目的约定进行。

1.18.3.5 除专用合同条款另有约定外,经验收合格工程的实际竣工日期以提交竣工验收申请报告的日期为准,并在工程接收证书中写明。

1.18.3.6 发包人在收到承包人竣工验收申请报告 56 天后未进行验收的,视为验收合格,实际竣工日期以提交竣工验收申请报告的日期为准,但发包人由于不可抗力不能进行验收的除外。

1.18.4 单位工程验收

1.18.4.1 发包人根据合同进度计划安排,在全部工程竣工前需要使用已经竣工的单位工程时,或承包人提出经发包人同意时,可进行单位工程验收。验收的程序可参照第 1.18.2 项与第 1.18.3 项的约定进行。验收合格后,由监理人向承包人出具经发包人签认的单位工程验收证书。已签发单位工程接收证书的单位工程由发包人负责照管。单位工程的验收成果和结论作为全部工程竣工验收申请报告的附件。

1.18.4.2 发包人在全部工程竣工前,使用已接收的单位工程导致承包人费用增加的,发包人应承担由此增加的费用和(或)工期延误,并支付承包人合理利润。

1.18.5 施工期运行

1.18.5.1 施工期运行是指合同工程尚未全部竣工,其中某项或某几项单位工程或工程设备安装已竣工,根据专用合同条款约定,需要投入施工期运行的,经发包人按第 1.18.4 项的约定验收合格,证明能确保安全后,才能在施工期投入运行。

1.18.5.2 在施工期运行中发现工程或工程设备损坏或存在缺陷的,由承包人按第 1.19.2 项约定进行修复。

1.18.6 试运行

1.18.6.1 除专用合同条款另有约定外,承包人应按专用合同条款约定进行工程及工程设备试运行,负责提供试运行所需的人员、器材和必要的条件,并承担全部试运行费用。

1.18.6.2 由于承包人的原因导致试运行失败的,承包人应采取措施保证试运行合格,并承担相应费用。由于发包人的原因导致试运行失败的,承包人应当采取措施保证试运行合格,发包人应承担由此产生的费用,并支付承包人合理利润。

1.18.7 竣工清场

1.18.7.1 除合同另有约定外,工程接收证书颁发后,承包人应按以下要求对施工场地进行清理,直至监理人检验合格为止。竣工清场费用由承包人承担。

(1)施工场地内残留的垃圾已全部清除出场;
(2)临时工程已拆除,场地已按合同要求进行清理、平整或复原;
(3)按合同约定应撤离的承包人设备和剩余的材料,包括废弃的施工设备和材料,已按计划撤离施工场地;
(4)工程建筑物周边及其附近道路、河道的施工堆积物,已按监理人指示全部清理;
(5)监理人指示的其他场地清理工作已全部完成。

1.18.7.2 承包人未按监理人的要求恢复临时占地,或者场地清理未达到合同约定的,发包人有权委托其他人恢复或清理,所发生的金额从拟支付给承包人的款项中扣除。

1.18.8 施工队伍的撤离

工程接收证书颁发后的 56 天内,除了经监理人同意需在缺陷责任期内继续工作和使用的人员、施工设备和临时工程外,其余的人员、施工设备和临时工程均应撤离施工场地或拆除。除合同另有约定外,缺陷责任期满时,承包人的人员和施工设备应全部撤离施工场地。

1.19　缺陷责任与保修责任

1.19.1　缺陷责任期的起算时间

缺陷责任期自实际竣工日期起计算。在全部工程竣工验收前,已经发包人提前验收的单位工程,其缺陷责任期的起算日期相应提前。

1.19.2　缺陷责任

1.19.2.1　承包人应在缺陷责任期内对已交付使用的工程承担缺陷责任。

1.19.2.2　缺陷责任期内,发包人对已接收使用的工程负责日常维护工作。发包人在使用过程中,发现已接收的工程存在新的缺陷或已修复缺陷部位或部件又遭损坏的,承包人应负责修复,直至检验合格为止。

1.19.2.3　监理人和承包人应共同查清缺陷或损坏的原因。经查明属承包人原因造成的,应由承包人承担修复和查验的费用。经查验属发包人原因造成的,发包人应承担修复和查验的费用,并支付承包人合理利润。

1.19.2.4　承包人不能在合理时间内修复缺陷的,发包人可自行修复或委托其他人修复,所需费用和利润的承担,按第1.19.2.3目约定办理。

1.19.3　缺陷责任期的延长

由于承包人原因造成某项缺陷或损坏使某项工程或工程设备不能按原定目标使用而需要再次检查、检验和修复的,发包人有权要求承包人相应延长缺陷责任期,但缺陷责任期最长不超过2年。

1.19.4　进一步试验和试运行

任何一项缺陷或损坏修复后,经检查证明其影响了工程或工程设备的使用性能,承包人应重新进行合同约定的试验和试运行,试验和试运行的全部费用应由责任方承担。

1.19.5　承包人的进入权

缺陷责任期内承包人为缺陷修复工作需要,有权进入工程现场,但应遵守发包人的保安和保密规定。

1.19.6　缺陷责任期终止证书

在第1.1.1.4目约定的缺陷责任期,包括根据第1.19.3项延长的期限终止后14天内,由监理人向承包人出具经发包人签认的缺陷责任期终止证书,并退还剩余的质量保证金。

1.19.7　保修责任

合同当事人根据有关法律规定,在专用合同条款中约定工程质量保修范围、期限和责任。保修期自实际竣工日期起计算。在全部工程竣工验收前,已经发包人提前验收的单位工程,其保修期的起算日期相应提前。

1.20　保　险

1.20.1　工程保险

除专用合同条款另有约定外,承包人应以发包人和承包人的共同名义向双方同意的保险人投保建筑工程一切险、安装工程一切险。其具体的投保内容、保险金额、保险费率、保险期限等有关内容在专用合同条款中约定。

1.20.2 人员工伤事故的保险

1.20.2.1 承包人应依照有关法律规定参加工伤保险,为其履行合同所雇佣的全部人员缴纳工伤保险费,并要求其分包人也进行此项保险。

1.20.2.2 发包人应依照有关法律规定参加工伤保险,为其现场机构雇佣的全部人员缴纳工伤保险费,并要求其监理人也进行此项保险。

1.20.3 人身意外伤害险

1.20.3.1 发包人应在整个施工期间为其现场机构雇用的全部人员办理人身意外伤害险,缴纳保险费,并要求其监理人也进行此项保险。

1.20.3.2 承包人应在整个施工期间为其现场机构雇用的全部人员办理人身意外伤害险,缴纳保险费,并要求其分包人也进行此项保险。

1.20.4 第三者责任险

1.20.4.1 第三者责任系指在保险期内,对因工程意外事故造成的、依法应由被保险人负责的工地上及毗邻地区的第三者人身伤亡、疾病或财产损失(本工程除外),以及被保险人因此而支付的诉讼费用和事先经保险人书面同意支付的其他费用等赔偿责任。

1.20.4.2 在缺陷责任期终止证书颁发前,承包人应以承包人和发包人的共同名义,投保第1.20.4.1目约定的第三者责任险,其保险费率、保险金额等有关内容在专用合同条款中约定。

1.20.5 其他保险

除专用合同条款另有约定外,承包人应为其施工设备、进场的材料和工程设备等办理保险。

1.20.6 对各项保险的一般要求

1.20.6.1 承包人应在专用合同条款约定的期限内向发包人提交各项保险生效的证据和保险单副本,保险单必须与专用合同条款约定的条件保持一致。

1.20.6.2 承包人需要变动保险合同条款时,应事先征得发包人同意,并通知监理人。保险人作出变动的,承包人应在收到保险人通知后立即通知发包人和监理人。

1.20.6.3 承包人应与保险人保持联系,使保险人能够随时了解工程实施中的变动,并确保按保险合同条款要求持续保险。

1.20.6.4 保险金不足以补偿损失的,应由承包人和(或)发包人按合同约定负责补偿。

1.20.6.5 未按约定投保的补救:

(1)由于负有投保义务的一方当事人未按合同约定办理保险,或未能使保险持续有效的,另一方当事人可代为办理,所需费用由对方当事人承担。

(2)由于负有投保义务的一方当事人未按合同约定办理某项保险,导致受益人未能得到保险人的赔偿,原应从该项保险得到的保险金应由负有投保义务的一方当事人支付。

1.20.6.6 当保险事故发生时,投保人应按照保险单规定的条件和期限及时向保险人报告。

1.21 不可抗力

1.21.1 不可抗力的确认

1.21.1.1 不可抗力是指承包人和发包人在订立合同时不可预见,在工程施工过程中不可避免发生并不能克服的自然灾害和社会性突发事件,如地震、海啸、瘟疫、水灾、骚乱、暴动、战争和专用合同条款约定的其他情形。

1.21.1.2 不可抗力发生后,发包人和承包人应及时认真统计所造成的损失,收集不可抗力造成损失的证据。合同双方对是否属于不可抗力或其损失的意见不一致的,由监理人按第 1.3.5 项商定或确定。发生争议时,按第 1.24 款的约定办理。

1.21.2 不可抗力的通知

1.21.2.1 合同一方当事人遇到不可抗力事件,使其履行合同义务受到阻碍时,应立即通知合同另一方当事人和监理人,书面说明不可抗力和受阻碍的详细情况,并提供必要的证明。

1.21.2.2 如不可抗力持续发生,合同一方当事人应及时向合同另一方当事人和监理人提交中间报告,说明不可抗力和履行合同受阻的情况,并于不可抗力事件结束后 28 天内提交最终报告及有关资料。

1.21.3 不可抗力后果及其处理

1.21.3.1 除专用合同条款另有约定外,不可抗力导致的人员伤亡、财产损失、费用增加和(或)工期延误等后果,由合同双方按以下原则承担:

(1)永久工程,包括已运至施工场地的材料和工程设备的损害,以及因工程损害造成的第三者人员伤亡和财产损失由发包人承担;

(2)承包人设备的损坏由承包人承担;

(3)发包人和承包人各自承担其人员伤亡和其他财产损失及其相关费用;

(4)承包人的停工损失由承包人承担,但停工期间应监理人要求照管工程和清理、修复工程的金额由发包人承担;

(5)不能按期竣工的,应合理延长工期,承包人不需支付逾期竣工违约金。发包人要求赶工的,承包人应采取赶工措施,赶工费用由发包人承担。

1.21.3.2 合同一方当事人延迟履行,在延迟履行期间发生不可抗力的,不免除其责任。

1.21.3.3 不可抗力发生后,发包人和承包人均应采取措施尽量避免和减少损失的扩大,任何一方没有采取有效措施导致损失扩大的,应对扩大的损失承担责任。

1.21.3.4 合同一方当事人因不可抗力不能履行合同的,应当及时通知对方解除合同。合同解除后,承包人应按照第 1.22.2.5 目约定撤离施工场地。已经订货的材料、设备由订货方负责退货或解除订货合同,不能退还的货款和因退货、解除订货合同发生的费用由发包人承担,因未及时退货造成的损失由责任方承担。合同解除后的付款参照第 1.22.2.4 目约定,由监理人按第 1.3.5 项商定或确定。

1.22 违　　约

1.22.1 承包人违约

1.22.1.1 在履行合同过程中发生的下列情况属承包人违约:

(1)承包人违反第 1.1.8 项或第 1.4.3 项的约定,私自将合同的全部或部分权利转让给其他人,或私自将合同的全部或部分义务转移给其他人;

(2)承包人违反第 1.5.3 项或第 1.6.4 项的约定,未经监理人批准,私自将已按合同约定进入施工场地的施工设备、临时设施或材料撤离施工场地;

(3)承包人违反第 1.5.4 款的约定,使用了不合格材料或工程设备,工程质量达不到标准要求,又拒绝清除不合格工程;

(4)承包人未能按合同进度计划及时完成合同约定的工作,已造成或预期造成工期延误;

(5)承包人在缺陷责任期内,未能对工程接收证书所列的缺陷清单的内容或缺陷责任期内发生的缺陷进行修复,又拒绝按监理人指示再进行修补;

(6)承包人无法继续履行,或明确表示不履行,或实质上已停止履行合同;

(7)承包人不按合同约定履行义务的其他情况。

1.22.1.2 对承包人违约的处理：

(1)承包人发生第1.22.1.1目约定的违约情况时，发包人可通知承包人立即解除合同，并按有关法律处理。

(2)承包人发生除第1.22.1.1目约定以外的其他违约情况时，监理人可向承包人发出整改通知，要求其在指定的期限内改正。承包人应承担其违约所引起的费用增加和(或)工期延误。

(3)经检查证明承包人已采取了有效措施纠正违约行为，具备复工条件的，可由监理人签发复工通知复工。

1.22.1.3 监理人发出整改通知28天后，承包人仍不纠正违约行为的，发包人可向承包人发出解除合同通知。合同解除后，发包人可派员进驻施工场地，另行组织人员或委托其他承包人施工。发包人因继续完成该工程的需要，有权扣留使用承包人在现场的材料、设备和临时设施。但发包人的这一行为不免除承包人应承担的违约责任，也不影响发包人根据合同约定享有的索赔权利。

1.22.1.4 合同解除后的估价、付款和结清：

(1)合同解除后，监理人按第1.3.5项商定或确定承包人实际完成工作的价值，以及承包人已提供的材料、施工设备、工程设备和临时工程等的价值。

(2)合同解除后，发包人应暂停对承包人的一切付款，查清各项付款和已扣款金额，包括承包人应支付的违约金。

(3)合同解除后，发包人应按第1.23.4项的约定向承包人索赔由于解除合同给发包人造成的损失。

(4)合同双方确认上述往来款项后，出具最终结清付款证书，结清全部合同款项。

(5)发包人和承包人未能就解除合同后的结清达成一致而形成争议的，按第1.24款的约定办理。

1.22.1.5 因承包人违约解除合同的，发包人有权要求承包人将其为实施合同而签订的材料和设备的订货协议或任何服务协议利益转让给发包人，并在解除合同后的14天内依法办理转让手续。

1.22.1.6 在工程实施期间或缺陷责任期内发生危及工程安全的事件，监理人通知承包人进行抢救，承包人声明无能力或不愿立即执行的，发包人有权雇佣其他人员进行抢救。此类抢救按合同约定属于承包人义务的，由此发生的金额和(或)工期延误由承包人承担。

1.22.2 发包人违约

1.22.2.1 在履行合同过程中发生的下列情形，属发包人违约：

(1)发包人未能按合同约定支付预付款或合同价款，或拖延、拒绝批准付款申请和支付凭证，导致付款延误的；

(2)发包人原因造成停工的；

(3)监理人无正当理由没有在约定期限内发出复工指示，导致承包人无法复工的；

(4)发包人无法继续履行，或明确表示不履行，或实质上已停止履行合同的；

(5)发包人不履行合同约定其他义务的。

1.22.2.2 发包人发生除第1.22.2.1目以外的违约情况时，承包人可向发包人发出通知，要求发包人采取有效措施纠正违约行为。发包人收到承包人通知后的28天内仍不履行合同义务，承包人有权暂停施工并通知监理人，发包人应承担由此增加的费用和(或)工期延误，并支付承包人合理利润。

1.22.2.3 发包人违约解除合同：

(1)发生第1.22.2.1目的违约情况时，承包人可书面通知发包人解除合同。

(2)承包人按1.22.2.2目暂停施工28天后，发包人仍不纠正违约行为的，承包人可向发包人发出解除合同通知。但承包人的这一行为不免除发包人承担的违约责任，也不影响承包人根据合同约定享有的索赔权利。

1.22.2.4 因发包人违约解除合同的，发包人应在解除合同后28天内向承包人支付下列金额，承包人应在此期限内及时向发包人提交要求支付下列金额的有关资料和凭证。

(1)合同解除日以前所完成工作的价款。

(2)承包人为该工程施工订购并已付款的材料、工程设备和其他物品的金额。发包人付还后,该材料、工程设备和其他物品归发包人所有。

(3)承包人为完成工程所发生的,而发包人未支付的金额。

(4)承包人撤离施工场地以及遣散承包人人员的金额。

(5)由于解除合同应赔偿的承包人损失。

(6)按合同约定在合同解除日前应支付给承包人的其他金额。

发包人应按本项约定支付上述金额并退还质量保证金和履约担保,但有权要求承包人支付应偿还给发包人的各项金额。

1.22.2.5 因发包人违约而解除合同后,承包人应妥善做好已竣工工程和已购材料、设备的保护和移交工作,按发包人要求将承包人设备和人员撤出施工场地。承包人撤出施工场地应遵守第1.18.7.1目的约定,发包人应为承包人撤出提供必要条件。

1.22.3 第三人造成的违约

在履行合同过程中,一方当事人因第三人的原因造成违约的,应当向对方当事人承担违约责任。一方当事人和第三人之间的纠纷,依照法律规定或者按照约定解决。

1.23 索 赔

1.23.1 承包人索赔的提出

根据合同约定,承包人认为有权得到追加付款和(或)延长工期的,应按以下程序向发包人提出索赔:

(1)承包人应在知道或应当知道索赔事件发生后28天内向监理人递交索赔意向通知书,并说明发生索赔事件的事由。承包人未在前述28天内发出索赔意向通知书的,丧失要求追加付款和(或)延长工期的权利。

(2)承包人应在发出索赔意向通知书后28天内向监理人正式递交索赔通知书。索赔通知书应详细说明索赔理由以及要求追加的付款金额和(或)延长的工期,并附必要的记录和证明材料。

(3)索赔事件具有连续影响的,承包人应按合理时间间隔继续递交延续索赔通知,说明连续影响的实际情况和记录,列出累计的追加付款金额和(或)工期延长天数。

(4)在索赔事件影响结束后的28天内,承包人应向监理人递交最终索赔通知书,说明最终要求索赔的追加付款金额和延长的工期,并附必要的记录和证明材料。

1.23.2 承包人索赔处理程序

1.23.2.1 监理人收到承包人提交的索赔通知书后,应及时审查索赔通知书的内容,查验承包人的记录和证明材料,必要时监理人可要求承包人提交全部原始记录副本。

1.23.2.2 监理人应按第1.3.5项商定或确定追加的付款和(或)延长的工期,并在收到上述索赔通知书或有关索赔的进一步证明材料后的42天内,将索赔处理结果答复承包人。

1.23.2.3 承包人接受索赔处理结果的,发包人应在作出索赔处理结果答复后28天内完成赔付。承包人不接受索赔处理结果的,按第1.24款的约定办理。

1.23.3 承包人提出索赔的期限

1.23.3.1 承包人按第1.17.5项的约定接受了竣工付款证书后,应被认为已无权再提出在合同工程接收证书颁发前所发生的任何索赔。

1.23.3.2 承包人按第1.17.6项的约定提交的最终结清申请单中,只限于提出工程接收证书颁发后发生的索赔。提出索赔的期限自接受最终结清证书时终止。

1.23.4 发包人的索赔

1.23.4.1 发生索赔事件后,监理人应及时书面通知承包人,详细说明发包人有权得到的索赔金额和(或)延长缺陷责任期的细节和依据。发包人提出索赔的期限和要求与第1.23.3项的约定相同,延长缺陷责任期的通知应在缺陷责任期届满前发出。

1.23.4.2 监理人按第1.3.5项商定或确定发包人从承包人处得到赔付的金额和(或)缺陷责任期的延长期。承包人应付给发包人的金额可从拟支付给承包人的合同价款中扣除,或由承包人以其他方式支付给发包人。

1.24 争议的解决

1.24.1 争议的解决方式

发包人和承包人在履行合同中发生争议的,可以友好协商解决或者提请争议评审组评审。合同当事人友好协商解决不成、不愿提请争议评审或者不接受争议评审组意见的,可在专用合同条款中约定下列一种方式解决:

(1)向约定的仲裁委员会申请仲裁;
(2)向有管辖权的人民法院提起诉讼。

1.24.2 友好解决

在提请争议评审、仲裁或者诉讼前,以及在争议评审、仲裁或诉讼过程中,发包人和承包人均可共同努力友好协商解决争议。

1.24.3 争议评审

1.24.3.1 采用争议评审的,发包人和承包人应在开工日后的28天内或在争议发生后,协商成立争议评审组。争议评审组由有合同管理和工程实践经验的专家组成。

1.24.3.2 合同双方的争议,应首先由申请人向争议评审组提交一份详细的评审申请报告,并附必要的文件、图纸和证明材料,申请人还应将上述报告的副本同时提交给被申请人和监理人。

1.24.3.3 被申请人在收到申请人评审申请报告副本后的28天内,向争议评审组提交一份答辩报告,并附证明材料。被申请人应将答辩报告的副本同时提交给申请人和监理人。

1.24.3.4 除专用合同条款另有约定外,争议评审组在收到合同双方报告后的14天内,邀请双方代表和有关人员举行调查会,向双方调查争议细节;必要时争议评审组可要求双方进一步提供补充材料。

1.24.3.5 除专用合同条款另有约定外,在调查会结束后的14天内,争议评审组应在不受任何干扰的情况下进行独立、公正的评审,作出书面评审意见,并说明理由。在争议评审期间,争议双方暂按总监理工程师的确定执行。

1.24.3.6 发包人和承包人接受评审意见的,由监理人根据评审意见拟定执行协议,经争议双方签字后作为合同的补充文件,并遵照执行。

1.24.3.7 发包人或承包人不接受评审意见,并要求提交仲裁或提起诉讼的,应在收到评审意见后的14天内将仲裁或起诉意向书面通知另一方,并抄送监理人,但在仲裁或诉讼结束前应暂按总监理工程师的确定执行。

2 专用合同条款

2.1 一般约定

2.1.1 词语定义

第1.1.1.1目 合同

(6)细化为：

技术规范：指本合同所约定的技术标准和要求，是合同文件的组成部分。通用合同条款中"技术标准和要求"一词具有相同含义。

(8)细化为：

已标价工程量清单：指构成合同文件组成部分的已标价格、并经算术性错误修正且承包人已确认的最终的工程量清单，包括工程量清单说明、投标报价说明及工程量清单各项表格。

本目补充：

(10)补遗书：指发出招标文件之后由招标人向已取得招标文件的投标人发出的、编号的对招标文件所作的澄清、修改书。

第1.1.1.2目 合同当事人和人员

本目细化为：

(2)发包人：建设单位。

(6)监理人：人员名称将在签订合同协议书后，由发包人书面通知承包人。

本目补充：

(8)承包人项目总工：指承包人派驻现场负责管理本合同工程的总工程师或技术总负责人。

(9)设计单位：指发包人委托的负责本工程设计并取得相应工程设计资质等级证书的单位。

第1.1.1.3目 工程和设备

(4)细化为：

单位工程：指在建设项目中具有独立施工条件的工程。

(10)细化为：

永久占地：指本合同工程需要的一切永久占用的土地。

(11)细化为：

临时占地：指为实施本合同工程而需要的一切临时占用的土地，包括施工所用的临时便道、料场以及生产、生活等临时设施用地等。

本目补充：

(12)分部工程：指在单位工程中，按结构部位及施工特点或施工任务划分的若干个工程。

(13)分项工程：指在分部工程中，按不同的施工方法、材料、工序等划分的若干个工程。

第1.1.1.4目 日期

(5)细化为：

缺陷责任期：自实际交工日期起计算1年。

第1.1.1.5目 合同价格和费用

(2)细化为：

合同价格:指承包人按合同约定完成了包括缺陷责任期内的全部承包工作后,并通过审计确认,发包人应付给承包人的金额,包括在履行合同过程中按合同约定进行的变更和调整。

第1.1.1.6目 其他

补充:

(2)最终竣工验收:指工程缺陷责任期满后的工程验收。通用合同条款中"国家验收"一词具有相同含义。

(3)初步竣工验收:指工程竣工后的验收。通用合同条款中"竣工验收"一词具有相同含义。

(4)竣工验收证书:指初步竣工验收时的竣工验收证书。通用合同条款中"工程接收证书"一词具有相同含义。

(5)转包:指承包人违反法律、法规责任和义务,将中标工程全部委托或以专业分包的名义将中标工程肢解后全部委托给其他企业施工的行为。

(6)专业分包:指承包人与具有相应资质的施工企业签订专业分包合同,由分包人承担承包人委托的分部工程、分项工程或适合专业化队伍施工的工程。

(7)劳务分包:指承包人与具有劳务分包资质的劳务企业签订劳务分包合同,由承包人统一组织施工,统一控制工程质量、施工进度、材料采购、生产安全的施工行为。

(8)雇佣民工:指承包人与具有相应劳动能力的自然人签订劳动合同,由承包人统一组织管理,从事分项工程施工或配套工程施工的行为。

(9)竣工检验:指合同规定的检验,这些检验应包括承包人的自检和监理人的检验,并应在承包人提出竣工验收申请之前完成。

补充第1.1.1.7目:

1.1.1.7 证书

(1)进度付款证书:指除最后结清证书之外的、由监理人签发的任何支付证书。

(2)最终结清证书:指监理人按1.17.6.2目签发的支付证书。

2.1.2 合同文件的优先顺序

本项约定为:

组成合同的各项文件应互相解释,互为说明。解释合同文件的优先顺序如下:

(1)合同协议书及各种合同附件(含评标期间和合同谈判过程中的澄清文件和补充资料);

(2)中标通知书;

(3)投标函及投标函附录;

(4)地质灾害治理工程专用合同条款(含招标文件补遗书中与此有关的部分);

(5)通用合同条款;

(6)技术规范(含招标文件补遗书中与此有关的部分);

(7)图纸(含招标文件补遗书中与此有关的部分);

(8)已标价的工程量清单;

(9)承包人有关人员、设备投入的承诺及投标文件中的施工组织设计;

(10)发包人下发的有关本工程的文件、规范、实施办法、管理细则等;

(11)其他合同文件。

2.1.3 图纸和承包人文件

第1.1.6.1目细化为:

监理人应在发出中标通知书之后14天内,向承包人免费提供由发包人或其委托的设计单位设计的施工图纸、技术规范及其他技术资料两份,并向承包人进行现场交桩和技术交底。承包人需要更多份数时,应自费复制。

监理人如未在合理的时间内发出为施工所需要的详细或补充图纸或发出了不适合的图纸或指示，因此影响了工程施工计划而延误工期时，承包人可向监理人发出通知，并抄送发包人，提出所必需的详图或补充、更正图纸或指示，需要的时间和理由，以及说明由于上述图纸或指示延误可能造成的影响和损失。

由于发包人未按时提供图纸造成工期延误的，按第1.11.3项的约定办理。

第1.1.6.2目细化为：

有下列情形之一的，承包人应免费向监理人提交相关部分工程的施工图纸3份，并附必要的计算书、图纸和技术资料供监理人批准。

(1)为使1.1.6.1目所述的施工图纸适合于经施工测量后的纵、横断面；

(2)为使1.1.6.1目所述的施工图纸适合于现场具体地形；

(3)为使1.1.6.1目所述的施工图纸适合于因尺寸与位置变化而引起的局部变更；

(4)由于合同要求与施工需要。

此类图纸应按监理人规定的格式和图幅绘制。监理人在收到由承包人绘制的上述工程图纸、计算书和有关技术资料后14天内应予批准或提出修改要求，承包人应按监理人提出的要求作出修改，重新向监理人提交，监理人应在7天内批准或提出进一步的修改意见。

如果由于承包人未能按照合同规定提交他应该提交的文件而使监理人未能在合理时间内发出第1.1.6.1目所要求的图纸或指示，则监理人在根据第1.11.3项规定作出确定时应视具体情况考虑这些因素。

第1.1.6.3目约定为：

图纸需要修改和补充的，应由监理人取得发包人同意后，在该工程或工程相应部位施工前7天签发图纸修改图给承包人。承包人应按修改后的图纸施工。

第1.1.6.4目细化为：

当承包人在查阅合同文件或本合同工程实施过程中，发现有关的工程设计、技术规范、图纸或其他资料中的任何差错、遗漏或缺陷后，应及时通知监理人。监理人接到该通知后，应立即就此作出决定，并通知承包人和发包人。

2.1.4 严禁贿赂

第1.1.9项补充：

在合同执行过程中，发包人和承包人应严格履行《廉政合同》约定的双方在廉政建设方面的权利和义务以及应承担的违约责任。承包人如果用行贿、送礼或其他不正当手段企图影响或已经影响了发包人或监理人的行为和(或)欲获得或已获得超出合同规定以外的额外费用，则发包人应按有关法纪严肃处理当事人，且承包人应对其上述行为造成的工程损害、发包人的经济损失等承担一切责任，并予赔偿。情节严重者，发包人有权终止承包人在本合同项下的承包。

2.2 发包人义务

2.2.1 提供施工场地

第1.2.3项补充：

发包人负责办理永久占地的征用及与之有关的拆迁赔偿手续并承担相关费用。承包人在按第1.10款规定提交施工进度计划后的14天内审核并转报发包人核备。发包人应在监理人发出本工程或分部工程开工通知之前，对承包人开工所需的永久占地办妥征用手续和相关拆迁赔偿手续，使承包人能够及时开工和连续不间断地施工。由于承包人施工考虑不周或措施不当等原因而造成的超计划占地或拆迁等所发生的征用和赔偿费用，应由承包人承担。由于发包人未能按照本项规定办妥永久占地征用手续,影响承包人及时使用永久占地造成的费用增加和(或)工期延误应由发包人承担。

2.3 监理人

2.3.1 监理人的职责和权利

第1.3.1.1目补充：

监理人在行使下列权利前需经发包人事先批准：

(1)根据第1.4.3项,同意分包本工程的某些非主体和非关键性工作；
(2)确定第1.4.11项下产生的费用增加额；
(3)根据第1.11.1项、第1.12.3项、第1.12.4项发布开工通知、暂停施工指示或复工通知；
(4)决定第1.11.3项、第1.11.4项下的工期延长；
(5)审查批准技术规范或设计的变更；
(6)根据第1.15.3项发变更指示；
(7)确定第1.15.4项下变更工作的单价；
(8)按照第1.15.6项决定有关暂列金额的使用；
(9)确定第1.15.8项下的暂估价金额；
(10)确定第1.23.1项下的索赔额。

如果发生紧急情况,监理人认为将造成人员伤亡,或危及本工程或邻近的财产需立即采取行动,监理人有权在未征得发包人批准的情况下发布处理紧急情况所必需的指令,承包人应予执行,由此造成的费用增加由监理人按第1.3.5款商定或确定。

2.3.2 商定或确定

第1.3.5.1目补充：

如果这项商定或确定导致费用增加和(或)工期延长,或者确定变更工程的价格,则总监理工程师在发出通知前,应征得发包人的同意。

2.4 承包人

2.4.1 承包人的一般义务

第1.4.1.2目细化为：

承包人应按有关法律规定纳税。应缴纳的税费应分摊在工程量清单各工程子目的单价或总额价内,发包人不另行计量支付。

第1.4.1.4目补充：

(1)承包人应对全部现场作业和施工方法的适用性、可靠性和安全性承担全部责任。但是,承包人对于不是由他负责的永久工程的设计和技术规范不承担责任。

(2)承包人应充分考虑在施工过程中可能采取的保护措施和文明施工措施：凡是标段内与已建公路、通讯缆线、供水、输油、输气管道、居民住宅区等有交叉、干扰的地方,承包人应充分调查,在不影响以上设施安全、不干扰附近居民的正常生活的前提下合理安排施工组织计划,采取有效措施保证施工安全,在现场设置施工和安全标志,并在必要时疏导现场交通流；凡是标段内与其他在建工程有互扰的地段,承包人应做好协调工作；地形复杂、场地狭窄的地段,承包人应按照施工要求制定完善的施工组织计划。

第1.4.1.9目细化为：

(1)工程接收证书颁发前,承包人应负责照管和维护工程及将用于或安装在本工程中的材料、设备。

(2)在承包人负责照管与维护期间,如果本工程或材料、设备等发生损失或损害,除不可抗力原因之外,承包人均应自费弥补,并达到合同要求。承包人还应对按第1.19款规定而实施作业的过程中由承包人造成的对工程的任何损失或损害负责。

第1.4.1.10目细化为:

(1)临时占地由承包人向当地政府土地管理部门申请,并办理租用手续,承包人按有关规定直接支付其费用,发包人协调。

临时占地范围包括承包人驻地的办公室、食堂、宿舍、道路等。占地的面积和使用期应满足工程需要,费用包括临时占地数量、时间及因此而发生的协调、租用、复耕、地面附着物(电力、电信、房屋除外)的拆迁补偿等相关费用。临时占地的租地费用实行总额包干,列入工程量清单由承包人按总额报价。

临时占地退还前,承包人应自费恢复到临时占地使用前的状况。如因承包人撤离后未按要求对临时占地进行恢复或虽进行了恢复但未达到使用标准的,将由发包人委托第三方对其恢复,所发生的费用将从应付给承包人的任何款项内扣除。

(2)承包人应承担并支付为获得本合同工程所需的石料、砂、砾石、黏土或其他当地材料等所发生的料场使用费及其他开支或补偿费。发包人应尽可能协助承包人办理料场租用手续及解决使用过程中的有关问题。

(3)承包人不得以任何借口拖欠民工工资,如果出现此种现象,发包人有权代为支付。

(4)承包人应履行专用合同条款约定的其他义务。

(5)在施工期间,承包人应随时保持现场整洁,施工装备和材料、设备应整齐妥善存放和贮存,废料与垃圾及不再需要的临时设施应及时从现场清除、拆除并运走。

(6)与本工程项目相关的审计和稽查,承包人应委派专人积极予以配合,对审计和稽查的有关意见承包人应无条件地及时整改。

有关单位对本项目的各种检查和视察等活动,承包人有义务予以积极配合开展各项工作。

本工程项目有关的各类统计报表和汇报材料包括项目后评价报告,承包人有义务配合发包人做好编制工作并提供相应的资料。

承包人应按发包人和有关文件要求,建立相应的计量、支付和变更台账,同时承包人应配合发包人建立相应的台账,发包人、承包人、监理人三方各自的台账应相应保持一致并保持其持续有效直至工程决算完成。

(7)承包人应向发包人授权进行本合同工程开户银行工程资金的查询。发包人支付的预付款、工程进度款应为本工程的专款专用资金,不得转移或用于其他工程。发包人的进度支付款将转入经发包人批准的银行所设的专门账户,发包人及其派出机构有权不定期对承包人工程资金使用情况进行检查,发现问题及时责令承包人限期改正,否则,将终止月支付,直至承包人改正为止。

2.4.2 履约担保

第1.4.2项补充:

承包人收到中标通知书后14天之内,并在签订合同协议书之前,向发包人提交履约担保,同时通知监理人。履约担保采用现金形式。

2.4.3 分 包

第1.4.3.2目细化为:

承包人不得将工程主体、关键性工作分包给第三人。经发包人同意,承包人可将工程的其他部分或工作分包给第三人。分包包括专业分包和劳务分包。

本项目的专业分包合同、劳务分包合同及劳动合同应参照住房和城乡建设部与劳动和社会保障部的示范合同文本签订。

第1.4.3.3目细化为:

在工程施工过程中,承包人进行专业分包必须遵守以下规定:

(1)允许专业分包的工程范围仅限于分部工程或分项工程、适合专业化队伍施工的工程,专业分包的工程量累计不得超过总工程量的30%。

(2)专业分包人的资格能力(含安全生产能力)应与其分包工程的标准和规模相适应,具备相应的专业承包资质。

(3)专业分包工程不得再次分包。

(4)承包人和专业分包人应当依法签订专业分包合同,并按照合同履行约定的义务。专业分包合同必须明确约定工程款支付条款、结算方式以及保证按期支付的相应措施,确保工程款的支付。

(5)承包人对施工现场安全负总责,并对专业分包人的安全生产进行培训和管理。专业分包人应将其专业分包工程的施工组织设计和施工安全方案报承包人备案。专业分包人对分包施工现场安全负责,发现事故隐患应及时处理。

(6)所有专业分包计划和专业分包合同须报监理人审批,并报发包人核备。监理人审批专业分包并不解除合同规定的承包人的任何责任或义务。

违反上述规定之一者属违规分包。

第1.4.3.4目细化为:

1.4.3.4 在工程施工过程中,承包人进行劳务分包必须遵守以下规定:

(1)劳务分包人应具有劳务分包资质。

(2)劳务分包应当依法签订劳务分包合同,劳务分包合同必须由承包人的法定代表人或其委托代理人与劳务分包人直接签订。承包人的项目经理部、项目经理、施工班组等不具备用工主体资格,不能与劳务分包人签订劳务分包合同。承包人应向发包人和监理人提交劳务分包合同副本并报项目所在地劳动保障部门备案。

(3)承包人雇用的劳务应由承包人统一管理。有关施工质量、施工安全、施工进度、环境保护、技术方案、试验检测、材料保管与供应、机械设备等都必须由承包人管理与调配,不得以包代管。

(4)承包人应当对劳务分包人员进行安全培训和管理,劳务分包人不得将其分包的劳务作业再次分包。

违反上述规定之一者属违规分包。

本项补充第1.4.3.6目:

发包人对承包人与分包人之间的法律及经济纠纷不承担任何责任和义务。

2.4.4 联合体

补充第1.4.4项约定为:不接受联合体。

2.4.5 承包人人员的管理

第1.4.6.3目细化为:

承包人安排在施工现场的项目经理和技术负责人应与承包人承诺的名单一致,并保持相对稳定。签订合同时需将项目经理和技术负责人的资格证书交发包人保存。未经监理人批准,上述人员不应无故不到位或被替换;若遇特殊情况(指因工作调动和身体健康原因无法履行其职责时)确实无法到位或需替换,需经监理人审核并报发包人批准后,用同等资质和经历的人员替换,并办理相关手续。

补充第1.4.6.5目:

尽管承包人已按承诺派遣了上述各类人员,但若这些人员仍不能满足合同进度计划和(或)质量要求时,监理人有权要求承包人继续增派或雇用这类人员,并书面通知承包人和抄送发包人。承包人在接到上述通知后应立即执行监理人的上述指示,不得无故拖延,由此增加的费用和(或)工期延误由承包人承担。

2.4.6 撤换承包人项目经理和其他人员

第1.4.7项细化为:

承包人应对其项目经理和其他人员进行有效管理。监理人要求撤换不能胜任本职工作、行为不端或玩忽职守的承包人项目经理和其他人员的，承包人应予以撤换，同时委派经发包人与监理人同意的新的项目经理和其他人员。

2.4.7　保障承包人人员的合法权益

第1.4.8.1目补充：

(1)承包人应严格遵守劳动和社会保障部《关于加强建设等行业农民工劳动合同管理的通知》(劳社部发[2005]9号)、《关于在交通、水利、铁路等行业建立工资支付保证金制度的通知》(鄂劳社文[2006]111号)及国家有关解决拖欠工程款和民工工资的法律、法规，及时支付农民工工资等费用。承包人不得以任何借口拖欠农民工工资等费用，如果出现此种现象，经查实后，发包人可以代扣期中付款或履约保证金，并将有关情况报主管部门调查处理，必要时可解除合同并依法追究承包人的法律责任。

(2)承包人应依法与劳动者签订劳动合同，并按规定到劳动保障行政部门办理用工登记、就业登记和劳动合同鉴证，向所在地劳动保障行政部门开设的专门账户缴纳中标合同价格0.2%的工资支付保证金。

第1.4.8.6目细化为：

承包人应负责处理其雇佣人员因工伤亡事故及因其施工给他人造成的伤亡事故的善后事宜。

补充第1.4.8.7目：

承包人应自费采取必须的卫生防护措施，保持现场及其驻地整洁和卫生，保护职员和工人的健康。

2.4.8　承包人现场查勘

第1.4.10.1目细化为：

发包人提供的本合同工程的水文、地质、气象和料场分布、取土场、弃土场位置等资料均属于参考资料，并不构成合同文件的组成部分，承包人应对自己就上述资料的解释、推论和应用负责，发包人不对承包人据此作出的判断和决策承担任何责任。

第1.4.10.2目细化为：

应认为，承包人在送交投标文件之前，已进行了现场考察，对现场和其周围环境以及可得到的有关资料进行了察看和核查，并收集有关地质、水文、气象条件、交通条件、风俗习惯以及其他为完成合同工作有关的当地资料。还应认为，承包人已取得可能对投标有影响或起作用的风险、意外等的必要资料。因此认为，承包人的投标文件是以发包人所提供资料和他自己的察看和核查为依据的。在全部合同工作中，应视为承包人已充分估计了应承担的责任和风险。

2.4.9　不利物质条件

第1.4.11.2目细化为：

承包人遇到不可预见的不利物质条件时，应采取适应不利物质条件的合理措施继续施工，并及时通知监理人。监理人应当及时发出指示，指示构成变更的，按第1.15款约定办理。监理人没有发出指示的，承包人因采取合理措施而增加的费用和(或)工期延误由发包人承担。

补充第1.4.11.3目：

1.4.11.3　可预见的不利物质条件

(1)对于合同中已经明确指出的可预见的不利物质条件，无论承包人是否有其经历和经验，均视为承包人在接受合同时已预见其影响，并已在签约合同报价中计入因其影响而可能发生的一切费用。

(2)对于专用合同条款未明确指出，但是在不利物质条件发生之前监理人已经指示承包人有可能发生，但承包人未能及时采取有效措施，而导致的损失和后果均由承包人承担。

(3)如发生紧急情况，承包人认为将造成人员伤亡，或危及本工程或邻近的财产需立即采取行动，在这种情况下，对于没有监理人具体指令，承包人已经及时采取了合理而恰当的措施，并事后为监理人接受，监理人应适当考虑承包人因此增加的费用和(或)工期延误。

补充第 1.4.12 项：

1.4.12 投标文件的完备性

合同双方一致认为，承包人在递交投标文件前，对本合同工程的投标文件和已标价工程量清单中开列的单价和总额价已查明是正确的和完备的。投标的单价和总额价应已包括了合同中规定的承包人的全部义务（包括提供货物、材料、设备、服务的义务，并包括了暂列金额和暂估价范围内的额外工作的义务）以及为实施和完成本合同工程及其缺陷修复所必需的一切工作和条件。

2.5 材料和工程设备

2.5.1 承包人提供的材料和工程设备

第 1.5.1.2 目约定为：

为保证本合同工程的质量，对于用于本工程永久工程的钢材、水泥、钢绞线、锚具，承包人应按技术规范要求自主选择具有相应资质和足够财务能力的供应商，承包人应将供应商名单及有关材料报送监理人批准，并报发包人备案后，方可签订供货合同。承包人不得与未经监理人批准且未经发包人备案的生产厂家签订合同，并应按有关规定对产品进行检验验收。承包人应将产品质量合格证书和进场质量检验合格证书送监理人审查。承包人应承担上述产品（但合同规定可以调价的除外）的质量和价格风险。

2.5.2 发包人提供的材料和工程设备

第 1.5.2.3 目补充：

承包人负责接收并按规定对材料进行抽样检验和对工程设备进行检验测试，若发现材料和工程设备存在缺陷，承包人应及时通知监理人，发包人应及时改正通知中指出的缺陷。承包人负责接收后的运输和保管，因承包人的原因发生丢失、损坏或进度拖延，由承包人承担相应责任。

第 1.5.2 项约定：

发包人不提供任何材料和工程设备。

2.6 施工设备和临时设施

2.6.1 承包人提供的施工设备和临时设施

第 1.6.1.2 目约定：

承包人应自行承担修建临时设施的费用，需要临时占地的，应由承包人按第 1.4.1.10 目的规定办理。

2.6.2 发包人提供的施工设备和临时设施

第 1.6.2 项约定：

发包人不提供任何施工设备和临时设施。

2.6.3 要求承包人增加或更换施工设备

第 1.6.3 项细化为：

承包人承诺的施工设备必须按时到达现场，不得拖延、缺短或任意更换。尽管承包人已按承诺提供了上述设备，但若承包人使用的施工设备不能满足合同进度计划和（或）质量要求时，监理人有权要求承包人增加或更换施工设备，承包人应及时增加或更换，由此增加的费用和（或）工期延误由承包人承担。

2.7 交通运输

2.7.1 道路通行权和场外设施

第1.7.1项约定为：

承包人应根据合同工程的施工需要，负责办理取得出入施工场地的专用和临时道路的通行权，以及取得为工程建设所需修建场外设施的权利，并承担有关费用。需要发包人协调时，发包人应协助承包人办理相关手续。

2.8 测量放线

2.8.1 施工控制网

第1.8.1.1目约定为：

发包人向承包人提供测量基准点、基准线和水准点及其书面资料的时间：发出开工通知书14天之前。承包人向监理人报送施工控制网资料的时间：在测设完成并在开工前7天内。

承包人应对发包人提供的测量基准点、基准线和水准点进行复测，并将有关复测资料报监理人批准后，方可用于工程施工定线与放样。

2.8.2 施工测量

第1.8.2.1目补充：

承包人应负责施工测量放线工作的准确性。

2.8.3 基准资料错误的责任

第1.8.3项补充：

承包人应对发包人提供的基准资料进行核实，发现错误应及时通知监理人和发包人，否则，由承包人承担相应责任。对削坡减载工程承包人应在开工前进行地面复测，并进行土石方工程量复核，如与设计有误差应及时通知监理人和发包人，否则，由承包人承担相应责任。对于大型土石方开挖回填，发包人将聘请有测绘资质的第三方进行事前和事后复测，便于准确公正计算其工程量。

2.8.4 监理人使用施工控制网

第1.8.4项补充：

经监理人批准，其他相关承包人也可免费使用施工控制网。

2.9 施工安全、治安保卫和环境保护

2.9.1 发包人的施工安全责任

第1.9.1.3目补充：

(3) 如果承包人或其雇员也对上述人身伤亡或财产损失负有部分责任时，承包人也应承担相应的赔偿责任。

2.9.2 承包人的施工安全责任

第1.9.2.1目细化为：

承包人应按合同约定履行安全职责，严格执行国家、地方政府有关施工安全管理方面的法律、法规及规章制度，同时严格执行发包人制定的本项目安全生产管理方面的规章制度、安全检查程序及施工安全管理要求，以及监理人有关安全工作的指示。

承包人应根据本工程的实际安全施工要求编制施工安全技术措施,并在签订合同协议书后28天内报监理人和发包人批准。该施工安全技术措施包括(但不限于)施工安全保障体系、安全生产责任制、安全生产管理规章制度、安全防护施工方案、施工现场临时用电方案、施工安全评估、安全预控及保证措施方案、紧急应变措施、安全标识、警示和围护方案等。对影响安全的重要工序和下列危险性较大的工程应编制专项施工方案,并附安全验算结果,经承包人项目总工签字并报监理人和发包人批准后实施,由专职安全生产管理人员进行现场监督。

本项目需要编制专项施工方案的工程包括但不限于以下内容:

(1) 不良地质条件下有潜在危险性的土方、石方开挖;

(2) 滑坡变形监测和预警;

(3) 抗滑桩开挖中不良地质、通风;

(4) 爆破工程;

(5) 大型临时工程中的大型支架、模板、便桥的架设与拆除;

(6) 其他危险性较大的工程。

监理人和发包人在检查中发现有安全问题或有违反安全管理规章制度的情况时,可视为承包人违约,应按第1.22.1项的规定办理。

第1.9.2.2目补充:

本项目所需的爆破器材(炸药、雷管、导火线等)由承包人自行采购、运输和保管,其运输和保管必须符合《民用爆炸物品安全管理条例》、《爆破安全规程》以及当地公安部门的有关规定,并接受当地公安部门定期或不定期的安全检查,必要时发包人将予协助。承包人爆破施工必须具有相应的爆破资质,并取得爆破许可证,按《爆破安全规程》对爆破影响区域进行安全评价。

第1.9.2.3目细化为:

承包人应严格按照国家安全标准制定施工安全操作规程,配备必要的安全生产和劳动保护设施,加强对承包人人员的安全教育,并发放安全工作手册和劳动保护用具。

(1) 承包人应当设立安全生产管理机构,专职安全生产管理人员负责对安全生产进行现场监督检查,并做好检查记录,发现生产安全事故隐患应当及时向项目负责人和安全生产管理机构报告;对违章指挥、违章操作和违反劳动纪律的,应当立即制止。

(2) 对于易燃易爆的材料应专门妥善保管,承包人应当在施工现场设置明显的安全警示标志或者必要的安全防护设施。承包人应当根据不同施工阶段和周围环境及季节、气候的变化,在施工现场采取相应的安全施工措施。施工现场暂时停止施工的,承包人应当做好现场防护。因承包人安全生产隐患原因造成工程停工的,所需费用由承包人承担,其他原因按照合同约定执行。

(3) 所有施工机具设备和高空、地下作业的设备均应定期检查,并有安全员的签字记录;开工前承包人对工程中使用的施工机械,应当组织有关单位进行验收,或者委托具有相应资质的检验检测机构进行验收,验收合格的方可使用。

承包人采购、租赁的安全防护用具、机械设备、施工机具及配件,应当具有生产(制造)许可证、产品合格证,并在进入施工现场前由专职安全管理人员进行查验。施工现场的安全防护用具、机械设备、施工机具及配件必须由专人管理,定期进行检查、维修和保养,建立相应的资料档案,并按照国家有关规定及时报废。

(4) 承包人应当建立健全安全生产责任制度和安全生产教育培训制度及安全生产技术交底制度,制定安全生产规章制度和操作规程,保证本单位安全生产条件所需资金的投入,对所承担的合同工程进行定期和专项安全检查,并做好安全检查记录。承包人应当在施工现场建立消防安全责任制度,确定消防安全责任人,制定用火、用电、使用易燃易爆材料等各项消防管理制度和操作规程,设置消防通道,配备相应的消防设施和灭火器材。

(5) 承包人应当在施工组织设计中编制安全技术措施和施工现场临时用电方案,对危险性较大的工程应当编制专项施工方案,并附安全验算结果,经承包方技术负责人、监理人审查同意签字后实施,由专职安全生产管理人员进行现场监督。

(6)承包人应当将施工现场的办公、生活区与作业区分开设置,并保持安全距离;办公、生活区的选址应当符合安全性要求。职工的膳食、饮水、休息场所及医疗救助设施等应当符合卫生标准。施工现场临时搭建的建筑物应当符合安全使用要求。施工现场使用的装配式活动房屋应当具有生产(制造)许可证、产品合格证。

(7)承包人应当向作业人员提供必需的安全防护用具和安全防护服装,书面告知危险岗位的操作规程并确保其熟悉和掌握有关内容和违章操作的危害。作业人员有权对施工现场的作业条件、作业程序和作业方式中存在的安全问题提出批评、检举和控告,有权拒绝违章指挥和强令冒险作业。在施工中发生可能危及人身安全的紧急情况时,作业人员有权立即停止作业或者在采取必要的应急措施后撤离危险区域。

(8)承包人应当对其人员进行安全生产教育和培训,保证从业人员具备必要的安全生产知识,熟悉有关的安全生产规章制度和安全操作规程,掌握本岗位的安全操作技能。未经安全生产教育和培训合格的从业人员,不得上岗作业。

(9)承包人在采用新技术、新工艺、新设备、新材料时,应当对作业人员进行相应的安全生产教育培训。新进人员和作业人员进入新的施工现场或者转入新的岗位前,承包人应当对其进行安全生产培训考核。未经安全生产教育培训考核或者培训考核不合格的人员,不得上岗作业。

第1.9.2.4目细化为:

承包人应按监理人的指示制定应对地质灾害的紧急避险预案,报送监理人审批,审批后的紧急避险预案应送达当地政府和附近居民,以便紧急情况发生时能及时采取措施。承包人还应按预案做好安全检查,配置必要的报警和救助器材,切实保护好人身和财产安全。发生生产安全事故,承包人应当立即向发包人、监理人和事故发生地的交通安全生产监督部门以及安全监督部门报告。发包人、承包人应当立即启动事故应急预案,组织力量抢救,保护好事故现场。

在滑坡治理施工期间,应按设计要求建立滑坡变形监测网,对滑坡实施变形监测,其费用列入工程量清单子目报价。同时应编制滑坡紧急避险预案,经承包人项目经理签字并报监理人和发包人批准。

第1.9.2.5目细化为:

安全文明生产费用应为建筑工程费(不含建筑工程一切险及第三者责任险的保险费)的2%。安全生产费用应用于施工安全防护用具及设施的采购和更新、安全施工措施的落实、安全生产条件的改善,不得挪作他用。如承包人在此基础上增加安全生产费用以满足项目施工需要,则承包人应在本项目工程量清单其他相关子目的单价或总额价中予以考虑,发包人不再另行支付。因采取合同未约定的特殊防护措施增加的费用,由监理人按第1.3.5项商定或确定。

补充第1.9.2.8目:

承包人应充分关注和保障所有在现场工作人员的安全,采取有效措施使现场和本合同工程的实施保持有条不紊,以免使上述人员的安全受到威胁。

(1)配备专职安全管理人员。

(2)特种作业人员应持证上岗。

(3)设备定期检查,并有安全员的签字记录。

补充第1.9.2.9目:

为了保护本合同工程免遭损坏,或为了现场附近和过往群众的安全与方便,在确有必要的时候和地方,或当监理人或有关主管部门要求时,承包人应自费提供照明、警卫、护栅、警告标志等安全防护设施。

补充第1.9.2.10目:

在通航水域施工时,承包人应与当地主管部门取得联系,设置必要的导航标志,及时发布航行通告,确保施工水域安全。

补充第1.9.2.11目：

在整个施工过程中对承包人采取的施工安全措施,发包人和监理人有权监督,并向承包人提出整改要求。如果由于承包人未能对其负责的上述事项采取各种必要的措施而导致或发生与此有关的人身伤亡、罚款、索赔、损欠补偿、诉讼费用及其他一切责任,应由承包人负责。

2.9.3 治安保卫

第1.9.3.1目约定为：

工地治安保卫由承包人负责,发包人协助承包人就治安保卫等有关事宜与地方主管部门联系、协调。

承包人应采取各种合理的预防措施,防止其员工发生任何违法、违禁、暴力或妨碍治安的行为,并维护安定和维护工程附近的个人或财产免遭上述行为的破坏。

第1.9.3.3目约定为：

承包人应在工程开工后编制施工场地治安管理计划,并制定应对突发治安事件的紧急预案。在工程施工过程中,发生暴乱、爆炸等恐怖事件,以及群殴、械斗等群体性突发治安事件,承包人应立即向当地政府报告,并通知发包人。承包人应积极协助当地有关部门采取措施平息事态,防止事态扩大,尽量减少财产损失和避免人员伤亡。

2.9.4 环境保护

补充第1.9.4.7目：

承包人应切实执行技术规范中有关环境保护方面的条款和规定。

(1)对于来自施工机械和运输车辆的施工噪声,为保护施工人员的健康,应遵守《中华人民共和国环境噪声污染防治法》并依据《工业企业噪声卫生标准》合理安排工作人员轮流操作机械,减少接触高噪声的时间,或间歇安排高噪声的工作。对距噪声源较近的施工人员,除采取使用防护耳塞或头盔等有效措施外,还应当缩短其劳动时间。同时,要注意对机械的经常性保养,尽量使其噪声降低到最低水平。为保护施工现场附近居民的夜间休息,对居民区100m以内的施工现场,施工时间应加以控制。

(2)施工中应采取有效措施减轻施工现场的大气污染,严禁将废弃土石方乱堆乱放。

(3)维持沿线村镇的居民饮水、农田灌溉、生产生活用电及通讯等管线的正常使用。

补充第1.9.4.8目：

在施工期间,承包人应随时保持现场整洁,施工设备和材料、工程设备应整齐妥善存放和储存,废料与垃圾及不再需要的临时设施应及时从现场清除、拆除并运走。

补充第1.9.4.9目：

在施工期间,承包人应严格控制临时占地数量,施工便道、各种料场、预制场要根据工程进度统筹考虑,尽可能少占或不占用农田。施工过程中要采取有效措施防止污染农田,项目完工后承包人应将临时占地自费恢复到临时占地使用前的状况。

补充第1.9.4.10目：

承包人应严格按照国家有关法规要求,做好施工过程中的生态保护和水土保持工作。施工中要尽可能减少对原地面的扰动,减少对地面草木的破坏,需要爆破作业的,应按规定进行控爆设计。要完善施工中的临时排水系统,加强施工便道的管理。严禁在指定的取(弃)土场以外的地方乱挖乱弃。

补充第1.9.4.11目：

抗滑桩开挖必须进行专门的爆破设计。

2.9.5 事故处理

第1.9.5项补充：

安全事故报告和处理应按照《生产安全事故报告和调查处理条例》(国务院第493号令)的规定办理。

2.10 进度计划

2.10.1 合同进度计划

第 1.10.1 项补充：

承包人应按监理人的指示和要求编制施工进度计划和施工方案说明等内容。

承包人向监理人报送施工进度计划和施工方案说明的期限：签订合同协议书后 28 天之内。

监理人应在 14 天内对承包人施工进度计划和施工方案说明予以批复或提出修改意见。

合同进度计划应按照关键线路网络图和主要工作横道图两种形式分别编绘，并应包括每月预计完成的工作量和形象进度。

补充第 1.10.5 项：

承包人向监理人提交上述工程进度计划和说明，或年度施工计划，或合同用款计划，并取得监理人的同意，但不能因此而解除承包人根据合同规定应负的任何责任或义务。

2.10.2 合同进度计划的修订

第 1.10.2 项补充：

承包人提交合同进度计划修订申请报告，并附有关措施和相关资料的期限：实际进度发生滞后的当月 25 日前。

监理人批复修订合同进度计划的期限：收到修订合同进度计划后 14 天内。

补充第 1.10.3 项 年度施工计划：

承包人应在每年 11 月底前，根据已同意的合同进度计划或其修订的计划，向监理人提交两份格式和内容符合监理人合理规定的下一年度的施工计划，以供审查。该计划应包括本年度估计完成的和下一年度预计完成的分项工程数量和工作量，以及为实施此计划将采取的措施。

补充第 1.10.4 项 合同用款计划：

承包人应在签订本合同协议书后 28 天之内，按招标文件中规定的格式，向监理人提交两份按合同规定承包人有权得到支付的详细的季度合同用款计划，以备监理人查阅。如果监理人提出要求，承包人还应按季度提交修订的合同用款计划。

2.11 开工和竣工

2.11.1 开 工

第 1.11.1.1 目细化为：

承包人应在签订合同协议书后 28 天内向监理人提交开工报告，主要内容应包括：施工管理机构、质检体系、安全体系的建立，劳务、机械设备、材料的进场情况，水电供应，临时设施的修建及总体施工组织设计等。监理人应在开工日期 7 天前向承包人发出开工通知。监理人在发出开工通知前应获得发包人同意。工期自监理人发出的开工通知中载明的开工日期起计算。承包人应在开工日期后尽快施工。

第 1.11.1.2 目补充：

承包人应在分部工程开工前 14 天向监理人提交分部工程开工报审表，若承包人的开工准备、工作计划和质量控制方法是可接受的且已获得批准，则经监理人书面同意，分部工程才能开工。

2.11.2 发包人的工期延误

第 1.11.3 项补充：

即使由于上述原因造成工期延误，如果受影响的工程并非处在工程施工进度网络计划的关键线路上，则承包人无权要求延长总工期。

2.11.3 异常恶劣的气候条件

第1.11.4项补充：

异常恶劣的气候条件是指发生洪水、雷电、干旱、飓风、台风、龙卷风、暴雨（雪）、大风（沙尘暴）、冻灾、冰雹以及不利的降水等气候条件，但承包人从发包人提供的参考资料中能合理预见或能合理采取防范措施的气候条件除外。

上述不利降水的衡量标准如下：

(1)按本地区气象部门统计的降水资料，取最近30年的年平均降水天数为标准。

(2)按实际统计的年降水天数与(1)所指的年平均降水天数之差，每年计算一次；监理人将根据承包人的申请予以评定，监理人评定恶劣气候对工程的影响还将考虑用施工期限内其他月份的异常良好的气候的时间予以补偿。异常气候在每一个月对工程进度影响的评定应在整个合同期内予以累计。

(3)不考虑每一降水过程后所影响的施工时间。

2.11.4 承包人的工期延误

第1.11.5项细化为：

1.11.5.1 承包人应严格执行监理人批准的合同进度计划，对工作量计划和形象进度计划分别控制。除第1.11.3项规定外，承包人的实际工程进度曲线应在合同进度管理曲线规定的安全区域之内。若承包人的实际工程进度曲线处在合同进度管理曲线规定的安全区域的下限之外时，则监理人有权认为本合同工程的进度过慢，并通知承包人应采取必要措施，以便加快工程进度，确保工程能在预定的工期内交工。承包人应采取措施加快进度，并承担加快进度所增加的费用。

1.11.5.2 如果承包人在接到监理人通知后的14天内未能采取加快工程进度的措施，致使实际工程进度进一步滞后，或承包人虽采取了一些措施，仍无法按预计工期交工时，监理人应立即通知发包人。发包人在向承包人发出书面警告通知14天后，发包人可按1.22.1项终止对承包人的雇用，也可将本合同工程中的一部分工作交由其他承包人或其他分包人完成。在不解除本合同规定的承包人责任和义务的同时，承包人应承担因此所增加的一切费用。

1.11.5.3 由于承包人原因造成工期延误，承包人应支付逾期交工违约金。逾期交工违约金的计算方法按签约合同价0.1%/天计取，时间自预定的交工日期起到交工验收证书中写明的实际交工日期止（扣除已批准的延长工期），按天计算。逾期交工违约金累计金额最高不超过签约合同价的10%。发包人可以从应付或到期应付给承包人的任何款项中或采用其他方法扣除此违约金。

1.11.5.4 承包人支付逾期交工违约金，不免除承包人完成工程及修补缺陷的义务。

1.11.5.5 如果在合同工程完工之前，已对合同工程内按时完工的单位工程签发了交工验收证书，则合同工程的逾期交工违约金应按已签发交工验收证书的单位工程的价值占合同工程价值的比例予以减少，但本规定不应影响逾期交工违约金的规定限额。

2.11.5 工期提前

第1.11.6项补充：

发包人不得随意要求承包人提前交工，承包人也不得随意提出提前交工的建议。如遇特殊情况，确需将工期提前的，发包人和承包人必须采取有效措施，确保工程质量。

如果承包人提前交工，发包人支付奖金的计算方法按签约合同价0.2‰/天，时间自交工验收证书中写明的实际交工日期起至预定的交工日期止，按天计算。但奖金最高限额不超过2%的签约合同价。

2.11.6 工作时间的限制

补充第1.11.7项：

1.11.7 工作时间的限制

承包人在夜间或国家规定的节假日进行永久工程的施工，应向监理人报告，以便监理人履行监理职责和义务。

但是,为了抢救生命或保护财产,或为了工程的安全、质量而不可避免地短暂作业,则不必事先向监理人报告。但承包人应在事后立即向监理人报告。

本款规定不适用于习惯上或施工本身要求实行连续生产的作业。

2.12 暂停施工

2.12.1 承包人暂停施工的责任

第1.12.1项细化为:

(5)现场气候条件导致的必要停工(第1.11.4项规定的异常恶劣的气候条件除外);

(6)由承包人承担的其他暂停施工。

2.12.2 发包人暂停施工的责任

第1.12.2项补充:

监理人在与承包人协商并报经发包人批准后应确定:

(1)根据合同规定承包人应得的延长工期;

(2)因这种暂时停工给承包人的费用及利润补偿,监理人应就此通知承包人,并抄送发包人。

2.12.3 监理人暂停施工指示

第1.12.3项补充:

1.12.3.3 如果在监理人依据第1.12.3.1目发出部分或全部工程暂停指令前,承包人已经定购有关工程设备或材料,并且工程暂停已经超过28天,则承包人有权获得该未被运到现场的工程设备或材料的支付。但以下列条件为前提:

(1)承包人根据监理人的指示已将该工程设备或材料标记为发包人的财产;

(2)暂时停工不是由于承包人的原因造成的。

如果承包人要求,发包人应随后接管该工程设备或材料的保护、照管、保障及保险责任。

2.13 工程质量

2.13.1 工程质量要求

第1.13.1.1目约定为:

工程质量验收按《地质灾害治理工程质量检验评定标准》及相关工程验收技术规范执行。

补充第1.13.1.4目:

本项目严格执行质量责任追究制度。质量事故处理实行"四不放过"原则:事故原因调查不清不放过;事故责任者没有受到教育不放过;没有防范措施不放过;相关责任人没受到处理不放过。

补充1.13.1.5目:

承包人对工程质量终身负责。

补充1.13.1.6目:

发包人应对工程质量、安全和环境保护、水土保持等建设全过程进行管理,对检查中发现的技术、质量和其他问题,应责令承包人返工或整改;对存在的隐患,有权责令承包人予以解决。

补充1.13.1.7目:

发包人对存在质量问题或质量隐患的工程有权直接发布或授权监理人发布停工令、复工令。

2.13.2 承包人的质量管理

第1.13.2.1目补充:

承包人提交工程质量保证措施文件的期限：签订合同协议书后 28 天之内。

分项施工的现场应实行标示牌管理，写明作业内容和质量要求，要认真执行三检制度，即：自检、互检、工序交接检验制度，要根据合同的规定切实做好隐蔽工程的检查工作。

第 1.13.2.2 目细化为：

承包人应加强对施工人员的质量教育和技术培训，定期考核施工人员的劳动技能，对现场施工人员加强质量教育，强化质量意识，开工前技术交底，进行应知应会教育，严格执行质量规范和操作规程。

补充第 1.13.2.3 目：

承包人必须遵守国家有关法律、法规和规章，严格执行国家强制性技术标准、各类技术规范及规程，全面履行工程合同义务，依法对工程质量负责。

补充第 1.13.2.4 目：

承包人应加强质量监控，确保规范规定的检验、抽检频率，现场质检的原始资料必须真实、准确、可靠，不得追记，接受质量检查时必须出示原始资料。

补充第 1.13.2.5 目：

承包人的各项检测、试验应由相应资质的质量检测单位完成。加强标准计量基础工作和材料检验工作，不得违规计量，不合格材料严禁用于本工程。

补充第 1.13.2.6 目：

承包人驻工程现场机构应在现场设置明显的工程质量责任登记表公示牌。

补充第 1.13.2.7 目：

承包人应为本合同的施工建立强有力的质保系统和质检系统，开展全面质量管理，确保工程质量，对此，承包人应执行国家和交通运输部有关加强质量管理的法规与文件。监理人有指令时，重要的隐蔽工程覆盖前应进行摄像或照相并保存现场记录。

补充第 1.13.2.8 目：

承包人应建立质量奖罚制度，对质量事故要严肃处理，坚持"三不放过"：事故原因不明不放过，不分清责任不放过，没有改进措施不放过。

2.13.3 监理人的质量检查

第 1.13.4 项补充：

监理人及其委派的检验人员应能进入工程现场，以及材料加工或制配的车间和场所，包括不属于承包人的车间或场所进行检查，承包人应为此提供便利和协助。

监理人可以将材料或工程设备的检查和检验委托给一家独立的质量检测单位。该独立检验单位的检验结果应视为监理人完成的。监理人应将这种委托的通知书不少于 7 天前交给承包人。

2.13.4 工程隐蔽部位覆盖前的检查

第 1.13.5.1 目补充：

当监理人有指令时，承包人应对重要隐蔽工程进行拍摄或照相并应保证监理人有充分的机会对将要覆盖或掩蔽的工程进行检查和量测，特别是在基础以上的任一部分工程修筑之前，对该隐蔽工程进行检查。

2.13.5 清除不合格工程

第 1.13.6.1 目细化为：

(1) 承包人使用不合格材料、工程设备，或采用不适当的施工工艺，或施工不当，造成工程不合格的，监理人可以随时发出指示，要求承包人立即采取措施进行替换、补救或拆除重建，直至达到合同要求的质量标准，由此增加的费用和（或）工期延误由承包人承担。

(2) 如果承包人未在规定时间内执行监理人的指示，发包人有权雇用他人执行，由此增加的费用和（或）工期延误由承包人承担。

2.14 试验和检验

2.14.1 材料、工程设备和工程的试验和检验

第1.14.1.1目补充：

（1）所有用于本工程的材料和设备进场以前，承包人必须向监理人提交生产厂商出具的质量合格证书和承包人检验合格证书，证明材料、设备质量符合本合同技术规范的规定，以供监理人批准。

（2）承包人应随时按监理人的指令在制造、加工过程中或施工现场对材料和设备进行检验。

（3）承包人应为监理人对材料或设备的检验提供一切必要的协助，在材料用于工程之前，承包人应按监理人的要求提供材料样品以供检验。

（4）所有施工操作工艺均应符合合同的规定或监理人的指令。

2.14.2 试验和检验费用

补充第1.14.4项：

1.14.4 试验和检验费用

1.14.4.1 承包人应负责提供合同和技术规范规定的试验和检验所需的全部样品，并承担其费用。

1.14.4.2 在合同中明确规定的试验和检验，包括无须在工程量清单中单独列项和已在工程量清单中单独列项的试验和检验，其试验和检验的费用由承包人负担。

1.14.4.3 如果监理人所要求做的试验和检验为合同未规定的或是在该材料或工程设备的制造、加工、制配场地以外的场所进行的，则检验结束后，如表明操作工艺或材料、工程设备未能符合合同规定，其费用应由承包人承担，否则，其费用应由发包人承担。

2.14.3 试验室

补充第1.14.5项：

1.14.5 试验室

承包人各项检测试验应委托具有相应资质等级并经监理人批准的试验室进行，费用由承包人自负。

2.15 变　更

2.15.1 变更的范围和内容

第1.15.1项细化为：

（1）取消合同中任何一项工作，但被取消的工作不能转由发包人或其他人实施，由于承包人违约造成的情况除外。

2.15.2 变更程序

第1.15.3项补充：

1.15.3.4 设计变更程序应执行行业和主管部门的相关规定。

2.15.3 变更的估价原则

第1.15.4项约定为：因变更引起的价格调整按照本项处理并细化如下：

1.15.4.1 如果取消某项工作，则该项工作的总额价不予支付；

1.15.4.2 已标价工程量清单中有适用于变更工作的子目的，采用该子目的单价。

1.15.4.3 已标价工程量清单中无适用于变更工作的子目的，则由监理人根据承包人投标时采用的工、料、机价格及费率，按照地质灾害治理工程规定使用的定额计算（如果规定使用的定额没有该项定额时，则经监理人批准，采用其他行业的省部级定额）确定变更工作的单价。新增细目中投标时没有的

材料、机械价格要采用信息价或市场价。

1.15.4.4 如果第1.15.4.3目不适用,则由监理人与承包人按第1.3.5项商定或确定变更工作的单价。

1.15.4.5 如果本工程的变更指示是因承包人过错、承包人违反合同或承包人责任造成的,则这种变更引起的任何额外费用应由承包人承担。

2.15.4 承包人的合理化建议

第1.15.5.2目约定为:

承包人提出的合理化建议缩短了工期,发包人按第1.11.6项的规定给予奖励。

承包人提出的合理化建议降低了合同价格或者提高了工程经济效益的,发包人按所节约成本的10%给予奖励。

2.15.5 暂列金额

第1.15.6项细化为:

1.15.6.1 暂列金额应由监理人报发包人批准后指令全部或部分地使用,或者根本不予动用。

1.15.6.2 对于经发包人批准的每一笔暂列金额,监理人有权向承包人发出实施工程或提供材料、工程设备或服务的指令。这些指令应由承包人完成,监理人应根据第1.15.4项约定的变更估价原则和第1.15.7项的规定,对合同价格进行相应调整。

1.15.6.3 当监理人提出要求时,承包人应提供有关暂列金额支出的所有报价单、发票、凭证和账单或收据,除非该工作是根据已标价工程量清单列明的单价或总额价进行的估价。

2.16 价 格 调 整

2.16.1 物价波动引起的价格调整

第1.16.1项约定为:

因物价波动引起的价格调整应按照第1.16.1.1目或第1.16.1.2目约定的原则处理;或者在合同执行期间(包括工期拖延期间),由于人工、材料和设备价格的上涨而引起工程施工成本增加的风险由承包人自行承担,合同价格不会因此而调整。

第1.16.1.1目细化为:

1.16.1.1 采用价格直属调整价格差额。

在采用价格调整公式进行调价时,还应遵守以下规定:

①上述价格调整公式中的各可调因子、定值权重,以及基本价格指数及其来源,由发包人在投标函附录价格指数和权重表中约定。价格指数应首先采用国家或省、自治区、直辖市价格部门或统计部门提供的价格指数,缺乏上述价格指数时,可采用上述部门提供的价格代替。

②价格调整公式中的变值权重,由发包人根据项目实际情况测算确定范围,并在投标函附录价格指数和权重表中约定范围;承包人在投标时在此范围内填写各可调因子的权重,合同实施期间将按此权重进行调价。

第1.16.1.2目细化为:

1.16.1.2 采用造价信息调整价格差额。本项目仅对钢材、水泥进行价格调整。工期在一年期内的不进行价格调整,有效工期超过一年的按下述公式计算,需要进行价格调整的材料,其单价和采购数量应由监理人复核,监理人确认需调整的材料单价及数量,作为调整工程合同价格差额的依据。

调价公式如下:

$$A = B(C - D)$$

式中:A——调价额;

B——计算期内材料用量；

C——材料基期价格；

D——材料当期价格。

采用以上公式进行调价时，还应遵守以下规定：

(1) 在第一年工期内的材料价格发生任何变化不作调整，调整的对象是一年期满后使用的材料。

(2) 材料基期价格是指承包人当时购买的材料价格或市场价格。

(3) 材料当期价格是指调价期内承包人购买的材料价格或市场价格。

(4) 调价当期时间的认定以支付证书中确认的完成时间为准，发包人在最后一次月支付时进行一次性调价。

2.17 计量与支付

2.17.1 计 量

第1.17.1.2目约定为：

工程的计量应以净值为准，除非专用合同条款另有约定。工程量清单中各个子目的具体计量方法按本合同文件技术规范中的规定执行。

第1.17.1.4目补充：

(7) 承包人未在已标价工程量清单中填入单价或总额价的工程子目，将被认为其已包含在本合同的其他子目的单价和总额价中，发包人将不另行支付。

2.17.2 预付款

第1.17.2.1目约定为：

预付款包括开工预付款和材料、设备预付款。具体额度和预付办法如下：

(1) 开工预付款的金额按签约合同价(不含暂列金额、暂估价、计日工)10%约定。在承包人签订了合同协议书并提交了开工预付款保函后，监理人应在当期进度付款证书中向承包人支付开工预付款的70%的价款；在承包人承诺的主要材料、设备进场后，再支付预付款的30%。

承包人不得将该预付款用于与本工程无关的支出，监理人有权监督承包人对该项费用的使用，如经查实承包人滥用开工预付款，发包人有权立即通过向银行发出通知收回开工预付款保函的方式，将该款收回。

(2) 材料、设备预付款按90%支付，余10%作为质量保证金。其预付条件为：

① 材料、设备符合规范要求并经监理人认可；

② 承包人已出具材料、设备费用凭证或支付单据；

③ 材料、设备已在现场交货，且存储良好，监理人认为材料、设备的存储方法符合要求。

则监理人应将此项金额作为材料、设备预付款计入下一次的进度付款证书中。在预计竣工前3个月，将不再支付材料、设备预付款。

第1.17.2.2目细化为：

承包人应在收到开工预付款前向发包人提交开工预付款保函，开工预付款保函的担保金额应与开工预付款金额相同。出具保函的银行须与第1.4.2项的要求相同，所需费用由承包人承担。银行保函的正本由发包人保存，该保函在发包人将开工预付款全部扣回之前一直有效，担保金额可根据开工预付款扣回的金额相应递减。

第1.17.2.3目约定为：

开工预付款在进度付款证书的累计金额未达到签约合同价的30%之前不予扣回，在达到签约合同价30%之后，开始按工程进度以固定比例(即每完成签约合同价的1%，扣回开工预付款的2%)分期从各月的进度付款证书中扣回。

2.17.3　工程进度付款

第1.17.3.2目细化为：

(6)根据第1.16款应增加和扣减的价格调整金额；

(7)根据合同应增加和扣减的其他金额。

第1.17.3.3目补充：

(1)如果该付款周期应结算的价款经扣留和扣回后的款额少于进度付款证书的最低金额，则该付款周期监理人可不核证支付，上述款额将按付款周期结转，直至累计应支付的款额达到专用合同条款数据表中列明的进度付款证书的最低金额为止。

并约定为：

(2)发包人不按期支付的，按中国人民银行发布的同期短期贷款基准利率的利率向承包人支付逾期付款违约金。违约金计算基数为发包人的全部未付款额，时间从应付而未付该款额之日算起(不计复利)。

2.17.4　质量保证金

第1.17.4.1目细化为：

监理人应从第一个付款周期开始，在发包人的进度付款中，按月支付额的10%扣留质量保证金，直至扣留的质量保证金总额达到5%合同价格为止。质量保证金的计算额度不包括预付款的支付以及扣回的金额。

2.17.5　竣工结算

第1.17.5.1目约定为：

(1)承包人向监理人提交初步竣工付款申请单(包括相关证明材料)3份；期限：初步竣工验收证书签发后42天内。

2.17.6　最终结清

第1.17.6.1目约定为：

(1)承包人向监理人提交最终结清申请单(包括相关证明材料)3份；期限：缺陷责任期终止证书签发后28天内。

最终结清申请单中的总金额应认为是代表了根据合同规定应付给承包人的全部款项的最后结算。

2.18　竣工验收

2.18.1　竣工验收申请报告

第1.18.2项约定为：

竣工资料的内容：承包人应按照《三峡库区地质灾害治理工程竣工验收办法》和相关规定编制竣工资料。

竣工资料3份。

2.18.2　验　收

第1.18.3.2目补充：

初步竣工验收由发包人主持，由发包人、监理人、质监、设计、施工、管理养护等有关部门代表组成交工验收小组，对本项目的工程质量进行评定，并写出交工验收报告报主管部门备案。承包人应按发包人的要求提交竣工资料，完成验收准备工作。

第1.18.3.5目约定为：

经验收合格工程的实际竣工日期,以最终提交竣工验收申请报告的日期为准,并在竣工验收证书中写明。

补充第 1.18.3.7 目:

最终竣工验收:项目工程经初步验收合格,并按照初步验收意见整改完毕后,按照工程设计及有关规定,在缺陷责任期内未发现其他质量问题,由发包人会同主管部门组织最终验收。

组织办理竣工验收和签发竣工验收证书的费用由发包人承担。但按照第 1.18.3.4 项规定达不到合格标准的竣工验收费用由承包人承担。

2.18.3 施工期运行

第 1.18.5.1 目约定:

单位工程或工程设备是否需投入施工期运行:否。

2.18.4 试运行

第 1.18.6.1 目约定:

本合同工程及工程设备是否进行试运行:否。

2.18.5 竣工文件

补充第 1.18.9 项:

1.18.9 竣工文件。承包人应按照《三峡库区地质灾害治理工程竣工验收办法》的相关规定,在有关工程完工后,并在监理人规定的时间内将各分部(项)工程的竣工资料提交监理人审查,全部工程完工后,在全部工程的交工证书签发之前,承包人须向发包人提交 6 整套监理人认为完整、合格的竣工文件。在缺陷责任期内承包人应补充竣工资料,并在签发缺陷责任期终止证书之前提交。

2.18.6 竣工验收

补充第 1.18.10 项:

1.18.10 竣工验收。当本合同工程全部完工并合格地通过交工验收、并在缺陷责任期内未发现其他缺陷和损坏,发包人应及时向主管部门提出竣工验收的申请。竣工验收由主管部门主持,会同设计、施工、监理等单位和财政部门、审计部门等相关部门以及专家组成竣工验收委员会,按照《三峡库区地质灾害治理工程竣工验收办法》等相关规定,对建设项目的管理、设计、施工、监理等方面作出综合评价,形成并通过竣工验收鉴定书。组织办理竣工验收的费用,由发包人承担。

2.19 缺陷责任与保修责任

2.19.1 缺陷责任

第 1.19.2.3 目补充:

在缺陷责任期内,下述原因造成的缺陷修复和查验费用应由承包人自行负责:

(1)承包人所用的材料、设备或操作工艺不符合合同要求;

(2)承包人的疏忽或未遵守合同中对承包人规定的义务。

2.19.2 缺陷责任期的延长

第 1.19.3 项细化为:

由于承包人原因造成某项缺陷或损坏使某项工程或工程设备不能按原定目标使用而需要再次检查、检验和修复的,发包人有权要求承包人相应延长缺陷责任期,但缺陷责任期最长不超过 2 年,自该工程或工程设备修复之日起算。

2.19.3 承包人的进入权

第 1.19.5 项补充:

承包人在缺陷修复施工过程中,应服从管养单位的有关安全管理规定,由于承包人自身原因造成的人员伤亡、设备和材料的损毁及罚款等责任由承包人自负。

2.19.4 保修责任

第 1.19.7 项细化为:

(1)缺陷责任期自实际交工日期起计算,在缺陷责任期为一个水文年。在缺陷责任期满后,承包人可不在工地留有办事人员和机械设备。

(2)工程保修期终止后 28 天内,监理人签发保修期终止证书。

(3)若承包人不履行保修义务和责任,则承包人应承担由于违约造成的后果,并由发包人动用质保金维修。

2.20 保 险

2.20.1 工程保险

第 1.20.1 项约定为:

建筑工程一切险的投保内容:为本合同工程的永久工程和设备所投的保险。

保险金额:为永久工程和设备投入的总金额。

保险费率:3‰。

保险期限:开工日起直至本合同工程签发缺陷责任期终止证书止(即合同工期+缺陷责任期)。

承包人应以发包人和承包人的共同名义投保建筑工程一切险。建筑工程一切险的保险费由承包人报价时列入工程量清单。发包人在接到保险单后,将按照保险单的费用直接向承包人支付。

2.20.2 第三者责任险

第 1.20.4.2 目补充:

第三者责任险的保险费由承包人报价时列入工程量清单。发包人在接到保险单后,将按照保险单的费用直接向承包人支付。第三者责任险最低投保额 50 万元,事故次数不限,保险费率 3‰。

2.20.3 其他保险

第 1.20.5 项约定为:

承包人应为其施工设备等办理保险。办理本款保险的一切费用均由承包人承担,并包括在工程量清单的单价及总额价中,发包人不单独支付。

2.20.4 对各项保险的一般要求

第 1.20.6.1 目约定为:

承包人向发包人提交各项保险生效的证据和保险单副本的期限:开工后 56 天内。

第 1.20.6.3 目补充:

在整个合同期内,承包人应按合同条款规定保证足够的保险额。

第 1.20.6.4 目细化为:

保险金不足以补偿损失的(包括免赔额和超过赔偿限额的部分),应由责任方补偿(承包人或发包人)。

第 1.20.6.5 目细化为:

(2)由于负有投保义务的一方当事人未按合同约定办理某项保险,或未按保险单规定的条件和期限及时向保险人报告事故情况,或未按要求的保险期限进行投保,或未按要求投保足够的保险金额,导致受益人未能或未能全部得到保险人的赔偿,原应从该项保险得到的保险金应由负有投保义务的一方当事人支付。

2.21 不可抗力

2.21.1 不可抗力的确认

第 1.21.1.1 目细化为：

不可抗力是指承包人和发包人在订立合同时不可预见，在工程施工过程中不可避免发生并不能克服的自然灾害和社会性突发事件。包括但不限于：

(1) 地震、海啸、火山爆发、泥石流、暴雨(雪)、台风、龙卷风、水灾等自然灾害；

(2) 战争、骚乱、暴动，但纯属承包人或其分包人派遣与雇用的人员由于本合同工程施工原因引起者除外；

(3) 核反应、辐射或放射性污染；

(4) 空中飞行物体坠落或非发包人或承包人责任造成的爆炸、火灾；

(5) 瘟疫；

(6) 合同约定的其他情形。

2.21.2 不可抗力后果及其处理

第 1.21.3.4 目细化为：

合同一方当事人因不可抗力不能履行合同的，应当及时通知对方解除合同。合同解除后，承包人应按照第 1.22.2.5 目约定撤离施工场地。已经订货的材料、设备由订货方负责退货或解除订货合同，不能退还的货款和因退货、解除订货合同发生的费用由发包人承担，因未及时退货造成的损失由责任方承担。合同解除后的付款，参照第 1.22.2.4 目约定，由监理人按第 1.3.5 项商定或确定，但由于解除合同应赔偿的承包人损失不予考虑。

2.22 违 约

2.22.1 承包人违约

第 1.22.1.1 目细化为：

(2) 承包人违反第 1.5.3 项或第 1.6.4 项的约定，未经监理人批准，私自将已按合同约定进入施工场地的施工设备、临时设施、材料或工程设备撤离施工场地；

(7) 承包人未能按期开工；

(8) 承包人违反第 1.4.6 项或 1.6.3 项的规定，未按承诺或未按监理人的要求及时配备称职的主要管理人员、技术骨干或关键施工设备；

(9) 经监理人和发包人检查，发现承包人有安全问题或有违反安全管理规章制度的情况；

(10) 承包人或其劳务分包人未按 1.4.8.1 目的规定支付工人的工资；

(11) 在接到根据第 1.9.4.9 目关于从现场清除、撤除并运走废料与垃圾及不再需要的临时设施的规定发出的通知或指令后的 28 天内不遵守该通知或指令；

(12) 由于承包人原因引起暂时停工，承包人不积极采取补救措施；

(13) 在保修期内，承包人不履行合同义务；

(14) 无视监理人事先的书面警告，一贯或公然忽视履行其合同规定的义务；

(15) 未经发包人批准，承包人更换了项目经理、项目总工程师；

(16) 承包人不能持续、有效地执行发包人或监理人的指令；

(17) 承包人不按合同约定履行义务的其他情况。

第 1.22.1.2 目补充：

(4)承包人发生第 1.22.1.1 目约定的违约情况时,无论发包人是否解除合同,发包人均有权按签约合同价的 0.1%~10%要求承包人支付违约金,并有权要求承包人仍应按合同规定继续实施和完成本合同工程及其缺陷修复;若扣缴违约金后仍不足以赔偿发包人损失的,发包人仍有权要求赔偿损失。违约金与损失或通知履约保函开具银行支付或在期中支付证书中扣除。

发包人可将承包人违约行为上报省级主管部门,作为不良记录纳入建设市场信用信息管理系统。

如发生第 1.22.1.1 目(10)约定的违约情况,一经查实,一律通报并责令承包人自行组织资金迅速偿还欠款。对恶意拖欠和拒不按计划偿付的,发包人可以代扣期中付款或履约银行保函,并将有关情况报主管部门调查处理,必要时可解除合同并依法追究承包人的法律责任。

对投标文件中所列的项目经理、项目总工程师或经依合同规定批准变更后的项目经理、项目总工程师没有按时进场,或进场后未经批准脱岗,发包人将按 10 000 元/人·天扣除违约金;其他主要人员没有按时进场,或进场后未经批准脱岗,发包人将按 5 000 元/人·天扣除违约金,直至缺员进场。

2.23 索 赔

2.23.1 承包人索赔处理程序

第 1.23.2.2 目细化为:

监理人应按第 1.3.5 项商定或确定追加的付款和(或)延长的工期,并在收到上述索赔通知书或有关索赔的进一步证明材料后的 42 天内,将索赔处理结果报发包人批准后答复承包人。如果承包人提出的索赔要求未能遵守第 1.23.1(2)~(4)项的规定,则承包人只限于索赔由监理人按当时记录予以核实的那部分款额和(或)工期延长天数。

第 1.23.2 项补充:

1.23.2.4 对由发包人提供的施工条件(征地拆迁)、设计图纸等非承包人责任产生的工程暂停或工期延误索赔补偿计算方法:

(1)补偿费用由人员窝工费、机械停置费和管理费构成。

(2)补偿费用计算标准:

①人员窝工费补偿标准,按经调整后投标报价人工预算单价的 70%计取。窝工人员数量包括现场生产(含机上)和管理人员。

②机械停置费补偿标准,按停置机械每昼夜一个停置台班考虑,机械停置费按下列公式计算:

机械停置费=(折旧费+修理费×15%)×30%+车船使用税(如发生时)

③管理费补偿标准,按人员窝工费的 8%计取。

(3)补偿费用计算中的窝工人员数和停置机械等实物工程量,监理工程师和发包人应根据详实记录和有关证明材料,按合同条款的有关规定认真核实。

(4)合同项目补偿办理程序:

①审批:由承包人提出补偿报告及其依据资料报监理工程师审核,监理工程师审核后报发包人审批。

②结算:承包人办理补偿费用结算时,须填报"合同项目补偿清单"及其依据资料报监理工程师和发包人签章,发包人据此支付补偿费用,并进入工程成本。

③合同项目补偿清单及其依据资料一式 5 份。

2.24 争议的解决

2.24.1 争议的解决方式

第 1.24.1 项约定为:

争议的最终解决方式:向有管辖权的人民法院提起诉讼。

2.24.2 争议评审

第1.24.3.1目补充:

争议评审组由3人或5人组成,专家的聘请方法可由发包人和承包人共同协商确定,亦可请政府主管部门推荐或通过合同争议调解机构聘请,并经双方认同。争议评审组成员应与合同双方均无利害关系。争议评审组的各项费用由发包人和承包人平均分担。

2.24.3 仲裁和仲裁的执行

补充第1.24.4项、第1.24.5项(适用于采用仲裁方式最终解决争议的项目):

2.24.4 仲　裁

1.24.4.1 对于未能友好解决或未能通过争议评审解决的争议,发包人或承包人任一方均有权提交给第1.24.1项约定的仲裁委员会仲裁。

1.24.4.2 仲裁可在竣工之前或之后进行,但发包人、监理人和承包人各自的义务不得因在工程实施期间进行仲裁而有所改变。如果仲裁是在终止合同的情况下进行,则对合同工程应采取保护措施,措施费由败诉方承担。

1.24.4.3 仲裁裁决是终局性的并对发包人和承包人双方具有约束力。

1.24.4.4 全部仲裁费用应由败诉方承担,或按仲裁委员会裁决的比例分担。

1.24.5 仲裁的执行

1.24.5.1 任何一方不履行仲裁机构的裁决的,对方可以向有管辖权的人民法院申请执行。

1.24.5.2 任何一方提出证据证明裁决有《中华人民共和国仲裁法》第五十八条规定情形之一的,可以向仲裁委员会所在地的中级人民法院申请撤销裁决。人民法院认定执行该裁决违背社会公共利益的,裁定不予执行。仲裁裁决被人民法院裁定不予执行的,当事人可以根据双方达成的书面仲裁协议重新申请仲裁,也可以向人民法院起诉。

附 录

附录 A （资料性附录）

施工组织设计编制提纲

A.1 编制依据与编制原则

A.1.1 编制依据应包括的主要内容

(1)工程承包合同主要内容。
(2)设计文件和图纸。
(3)技术文件。
(4)中央或地方主管部门批准文件。
(5)技术规程、施工规范及验收标准。
(6)劳动、材料、机具设备等的定额。

A.1.2 编制原则

(1)贯彻执行国家和当地政府制定的方针、政策及相关的工程施工规范、规定等。
(2)按照基本建设施工程序合理安排施工进度,确保工期。
(3)贯彻技术与经济统一、科技优先的原则,积极采用适合工程的新技术、新工艺、新材料、新设备,不断提高施工技术水平和施工机械化、工厂化、装配化水平,以提高施工进度和工程质量。
(4)应进行多方案的技术经济比较,选择最佳方案。
(5)发挥专业优势,组织文明施工、科学施工、均衡生产,按经济规律搞好企业管理。
(6)符合国家环境、水土资源、文物保护及节能的要求。

A.2 工程概况与特、重、难点分析

A.2.1 灾害体概况

(1)灾害体地理位置;
(2)稳定性现状及稳定性分析结果;
(3)施工扰动对稳定性的影响分析。

A.2.2 工程概况应包括的主要内容

(1)全标段工程组成及设计概况;
(2)重点、控制工程的简要设计说明及参数;
(3)主要工程数量;
(4)工程地质和水文地质概况;
(5)工程环境和施工条件;
(6)工期要求。

A.2.3 工程特点、重点、难点分析

A.3 施工方案与方法

A.3.1 施工顺序

A.3.2 施工方法
A.3.3 关键工序和特殊过程作业指导书
A.3.4 环境保护内容及方法
A.3.5 参建员工职业健康安全状况分析与保护

A.4 施工总平面布置

施工便道,生产生活场地及设施,临时供水、供电、供风设施,临时通信,弃渣场地等临时工程。

A.5 施工进度安排

A.5.1 施工进度安排总体思路
A.5.2 施工进度指标确定
A.5.3 施工进度计划横道图
A.5.4 施工计划网络图

A.6 组织机构与资源配置

A.6.1 组织机构与劳动力配置
A.6.2 设备配置
A.6.3 材料供应计划
A.6.4 资金使用计划

A.7 施工保证措施

A.7.1 质量目标、创优规划及保证措施
A.7.2 职业健康安全管理目标和保证措施
A.7.3 工期目标和保证措施
A.7.4 成本目标和保证措施
A.7.5 环境管理目标与保护措施

A.8 (附)表

A.8.1 劳动力数量表
A.8.2 主要施工机械设备配备表
A.8.3 主要材料数量表
A.8.4 工程投资计划表
A.8.5 临时工程数量表

A.9 (附)图

A.9.1 施工总平面布置图
A.9.2 施工断面图
A.9.3 施工计划进度图
A.9.4 施工计划网络图
A.9.5 临时性工程设计图
A.9.6 重点工程项目场地布置图
A.9.7 关键工序施工作业图及新工艺、新技术作业图
A.9.8 其他图表,如供电系统图、通风排水布置图、轨线布置图

附录 B （资料性附录）

地质灾害治理工程单位、分部、分项工程划分

单位工程	分部工程	分项工程
排(截)水工程	排(截)水沟	(1)一条沟为一个分项 (2)长度大于100m的沟(下同)可按桩号(桩号间距,下同)划分出若干个分项,或按缓坡段、陡坡段、跌水等划分分项 (3)若只有一条沟,短沟只有一个分项,长沟按(2)划分分项
	盲沟	(1)一条沟为一个分项 (2)长沟可按桩号划分出若干个分项 (3)若只有一条沟,短沟只有一个分项,长沟按(2)划分分项
	排水隧洞	(1)一个洞为一个分项 (2)深度大于100m的洞可按洞口、洞身划分分项,洞身又可按桩号或断面尺寸等划分出若干个分项 (3)若只有一个洞,浅洞只有一个分项,深洞按(2)划分分项
	排水井(孔)	一个井(孔)为一个分项
支(拦)挡工程	混凝土灌注抗滑桩	(1)一根桩为一个分项 (2)若有联系梁、挡土板、两根桩间梁、板为一个分项,或分组划分出若干个分项
	锚拉抗滑桩	(1)一根桩和其上锚索(杆)为一个分项 (2)若有联系梁、挡土板、两根桩间梁、板为一个分项,或分组划分出若干个分项
	挡土墙 — 浆砌石挡墙	(1)一道墙为一个分项 (2)大型墙(高度不小于4m,且长度不小于50m)可按桩号或设计剖面号划分出若干个分项 (3)若只有一道墙,小型墙只有一个分项,大型墙按(2)划分分项
	挡土墙 — 混凝土挡墙	同上
	挡土墙 — 加筋土挡墙	同上
	防崩(落)石槽(台)	(1)一个槽(台)为一个分项 (2)若只有一个槽(台),则只有一个分项
	拦石坝(墙、堤)	(1)一道坝(墙、堤)为一个分项 (2)大型(高度不小于4m,且长度不小于50m)坝(墙、堤)可按桩号或设计剖面号划分出若干个分项 (3)若只有一道坝(墙、堤),小型的只有一个分项,大型的按(2)划分分项

续上表

单位工程	分部工程	分项工程
支(拦)挡工程	拦石网与拦石桩(柱)	(1)二桩(柱)和之间的网为一个分项 (2)若只有二桩(柱)和之间的网,只有一个分项
	支撑墩(柱)	一个墩(柱)为一个分项
加固工程	预应力锚索(杆)加固	一根(束)锚索(杆)为一个分项
	格构锚固	(1)小范围[宽度(与斜坡走向一致,下同)小于50m]的锚固可只有一个分项 (2)大范围(宽度大于50m)的锚固可按区段划分出若干个分项
	注浆加固	同上
护坡工程	锚喷支护	(1)小范围(宽度小于50m)的护坡可只有一个分项 (2)大范围(宽度大于50m)的护坡可按区段划分出若干个分项
	砌石护坡	同上
	抛石护坡	同上
	石笼护坡	同上
	锚杆与土钉墙护坡	同上
	格构护坡	同上
	植被护坡	同上
减载与压脚工程	削方减载	(1)小范围(宽度小于50m)的减载可只有一个分项 (2)大范围(宽度大于50m)的减载可按区段划分出若干个分项
	土石压脚	(1)小范围(宽度小于50m)的压脚可只有一个分项 (2)大范围(宽度大于50m)的压脚可按区段划分出若干个分项

注:有些工程由两种或多种工程组合而成,本表已列出一部分这类工程,如由格构和锚杆(索)组合的格构锚固;由预应力锚索(杆)和混凝土灌注抗滑桩组合的锚拉抗滑桩,其分项工程的划分已有相应规定,但列的不全,如:格构护坡往往与砌石护坡或植被护坡组合,成为格构砌石护坡工程、格构植被护坡工程等。这些组合后的工程都可按范围大小划分分项工程。此外,还有由锚杆和挡墙(板、梁)组合的锚杆(或锚拉)挡墙(板、梁)等多种类型的工程,而有些工程则是某类工程的一部分,如防治部分危岩和保护部分斜坡的素喷混凝土工程等,这些工程可参照相应工程划分分项工程。

附录 C （规范性附录）

通用材料选用要求

C.1 砂

C.1.1 地质灾害防治工程所用的砂料,应为坚硬耐久、粒径在 5mm 以下的天然砂（河砂、海砂、山砂）或为硬质岩石加工制成的机制砂,宜优先选用中砂。

C.1.2 砂的颗粒级配

C.1.2.1 天然砂的颗粒级配应处于表 C-1 的任一级配区以内。

表 C-1 天然砂颗粒级配区

筛孔尺寸(mm) \ 累计筛余(%) \ 级配区	Ⅰ区	Ⅱ区	Ⅲ区
10.0	0	0	0
5.00	10～0	10～0	10～0
2.50	35～5	25～0	15～0
1.25	65～35	50～10	25～0
0.630	85～71	70～41	40～16
0.315	95～80	92～70	85～55
0.160	100～90	100～90	100～90

注：砂的实际颗粒级配应与上表所列累计筛余百分率相比,除 5.00mm 和 0.630mm 筛档外,其余可稍超出分界线,但其总量百分率不应大于 5%。

C.1.2.2 机制砂的颗粒级配应处于表 C-2 的级配范围内。

表 C-2 机制砂颗粒级配区

筛孔尺寸(mm)	10.0	5.00	2.50	1.25	0.630	0.315	0.160
累计筛余(%) <C30	0	10～0	40～15	60～35	75～50	90～65	100～80

C.1.3 砂的坚固性

C.1.3.1 天然砂的坚固性应采用硫酸钠溶液检验,通过试样在硫酸钠饱和溶液中经 5 次循环浸渍后的重量损失率来判定砂的坚固性。天然砂的坚固性指标如表 C-3 所示。

表 C-3 天然砂的坚固性指标

混凝土所处的环境条件	经 5 次循环后的重量损失率(%)
最冷月平均气温低于 0℃ 的地区,并经常处于潮湿或干湿交替状态下的混凝土	<8
其他条件下使用的混凝土	<10

注:对有腐蚀性介质作用或常处于水位变化区,或有抗疲劳、抗磨、抗冲击等要求的混凝土用砂,其重量损失率应小于 8%。

C.1.3.2 机制砂的坚固性采用压碎指标法进行试验。当混凝土强度等级小于 C30,机制砂的压碎指标值(以重量计)应不大于 35%;当混凝土强度等级等于或大于 C30 时,应经试验,确认符合质量要求后方可使用。

C.1.4 砂中不应混有草根、树叶、树枝、塑料、煤块、炉碴等杂物,其含泥量、泥块含量以及有害物质限量如表 C-4 所示。

表 C-4 砂的含泥量、泥块含量及有害物质含量

项 目		指 标
含泥量 (按重量计%)	混凝土强度等级 ≥C30	<3.0
	混凝土强度等级 <C30	<5.0
泥块含量 (按重量计%)	≥C30	<1.0
	<C30	<2.0
有害物质限量	云母含量(按重量计%)	<2.0
	轻物质含量(按重量计%)	<1.0
	硫化物及硫酸盐含量(折算成 SO_3 按重量计%)	<1.0
	有机物含量(用比色法试验)	颜色不应深于标准色,如深于标准色,则应按水泥胶砂强度试验方法进行强度对比试验,抗压强度比不应低于 0.95

C.1.5 砂的表观密度需大于 2 500kg/m³,松散堆积密度大于 1 350kg/m³,空隙率小于 47%。

C.1.6 经碱集料反应试验后,由砂制备的试件无裂缝、酥裂、胶体外溢等现象,在规定的试验龄期膨胀率应小于 0.10%。

C.2 卵石、碎石

C.2.1 地质灾害防治工程所用卵石、碎石应坚硬耐久。当作为混凝土的粗骨料使用时,其最大粒径不得大于板厚的 1/2 或结构截面最小尺寸的 1/4,也不得大于钢筋最小净距的 3/4,且不大于 100mm。

C.2.2 卵石、碎石的粒径尺寸分为单粒粒级和连续粒级,也可根据需要采用不同单粒级卵石、碎石混合成特殊粒级的卵石、碎石。混凝土不宜用单一的单粒级拌制,当必须使用时应做技术经济分析,并通过试验确定。卵石、碎石的颗粒级配范围如表 C-5 所示。

C.2.3 卵石、碎石的强度可用岩石的抗压强度或压碎指标值表示。岩石抗压强度首先应由生产单位提供,工程中可采用压碎指标进行质量控制,按重量损失计量。卵石、碎石的压碎指标如表 C-6 所示。

岩石的抗压强度与混凝土的强度等级之比不应小于 1.5,且深成岩和喷出岩抗压强度不宜小于 80MPa,变质岩抗压强度不宜小于 60MPa,沉积岩抗压强度不宜小于 30MPa。

表 C-5 卵石、碎石的颗粒级配区

级配情况	公称粒径(mm)	累计筛余按重量计(%) 筛孔尺寸(圆孔筛)(mm)											
		2.50	5.00	10.0	16.0	20.0	25.0	31.5	40.0	50.0	63.0	80.0	100
连续粒级	5~10	95~100	80~100	0~15	0	—	—	—	—	—	—	—	—
	5~16	95~100	90~100	30~60	0~10	0	—	—	—	—	—	—	—
	5~20	95~100	90~100	40~70	—	0~10	0	—	—	—	—	—	—
	5~25	95~100	90~100	—	30~70	—	0~5	0	—	—	—	—	—
	5~31.5	95~100	90~100	70~90	—	15~45	—	0~5	0	—	—	—	—
	5~40	—	95~100	75~90	—	30~65	—	—	0~5	0	—	—	—
单粒级	10~20	—	95~100	85~100	—	0~15	—	0~10	0	—	—	—	—
	16~31.5	—	95~100	—	85~100	—	—	0~10	0	—	—	—	—
	20~40	—	—	95~100	—	80~100	—	—	0~10	45~75	0	—	—
	31.5~63	—	—	—	95~100	—	—	75~100	45~75	—	0~10	0	—
	40~80	—	—	—	—	95~100	—	—	70~100	—	30~60	0~10	0

注:公称粒级的上限为粒级的最大粒径。

表 C-6　卵石、碎石的压碎指标

混凝土强度等级	≥C30			<C30		
石料种类　压碎指标(%)　岩石种类	沉积岩	深成岩变质岩	喷出岩	沉积岩	深成岩变质岩	喷出岩
卵　　石	≤10	≤12	≤13	≤13	≤20	≤30
碎　　石	≤9	≤12	—	≤12	≤16	—

注：沉积岩包括石灰岩、砂岩等；深成岩包括花岗岩、正长岩、闪长岩和橄榄岩等；变质岩包括片麻岩、石英岩；喷出岩包括玄武岩、辉绿岩等。

C.2.4　卵石、碎石的坚固性应采用硫酸钠溶液检验，通过试样在硫酸钠饱和溶液中经 5 次循环浸渍后的重量损失率来判定卵石、碎石的坚固性。卵石、碎石的坚固性指标如表 C-7 所示。

表 C-7　卵石、碎石坚固性指标

混凝土所处的环境条件　经5次循环后的重量损失率(%)　结构或构件类型	混凝土结构	预应力混凝土结构
最冷月平均气温低于 0℃ 的地区，并经常处于潮湿或干湿交替状态下的混凝土	≤8	≤5
其他条件下使用的混凝土	≤12	≤8

注：1. 当卵石、碎石未达到本表规定的坚固性指标，但混凝土经试验具有足够的抗冻性时，也可采用；
　　2. 卵石、碎石的吸水率小于 0.5% 时，可不做坚固性试验；
　　3. 对有腐蚀性介质作用或常处于水位变化区，或有抗疲劳、抗磨、抗冲击等要求的混凝土用卵石、碎石，其重量损失率应小于 8%。

C.2.5　卵石、碎石中不应混有草根、树叶、树枝、塑料、煤块、炉渣等杂物，其含泥量、泥块含量以及有害物质限量如表 C-8 所示。

表 C-8　卵石、碎石含泥量、泥块含量及有害物质含量

项目		指标
含泥量（按重量计%）	混凝土强度等级 ≥C30	<1.0
	混凝土强度等级 <C30	<2.0
泥块含量（按重量计%）	混凝土强度等级 ≥C30	<0.5
	混凝土强度等级 <C30	<0.7
有害物质限量	硫化物及硫酸盐含量（折算成 SO_3 按重量计%）	<1.0
	卵石中有机质含量（用比色法试验）	颜色应不深于标准色。如深于标准色，则应配制成混凝土进行强度对比试验，抗压强度比应不低于 0.95

C.2.6 卵石、碎石的针片状颗粒含量如表 C-9 所示。

表 C-9 卵石、碎石针片状颗粒含量

项目	混凝土强度等级	指标
针片状颗粒含量（按重量计%）	≥C30	<15
	<C30	<25

C.2.7 卵石、碎石的表观密度需大于 2 500kg/m³，松散堆积密度大于 1 350kg/m³，空隙率小于 47%。

C.2.8 经碱集料反应试验后，由卵石、碎石制备的试件无裂缝、酥裂、胶体外溢等现象，在规定的试验龄期膨胀率应小于 0.10%。

C.3 石　料

C.3.1 地质灾害防治施工所用石料应为结构紧密强韧、石质均匀、不易风化、无风化剥落和裂纹及结构缺陷的硬质石料。

C.3.2 石料的抗压强度及规格如表 C-10 所示。

表 C-10 石料的抗压强度及规格

石料	抗压强度（不小于）	规格
片石	MU40	形状可不受限制，但其中部厚度不应小于 15cm，其宽度及长度不小于厚度的 1.5 倍
块石	MU40	形状应大致呈立方体，无锋棱凸角，顶面及底面应大致平行；其厚度不宜小于 20cm，长度及宽度不小于其厚度
粗料石	MU60	外形方正，呈六面体，其厚度不应小于 20cm，并不宜小于长度的 1/3，宽度不应小于厚度，长度不得小于厚度的 1.5 倍，表面凹陷深度不大于 2cm
半细料石及细料石（包括拱石）	MU60	规格尺寸同粗料石，但修凿加工程度应比粗料石更细
破冰体镶面石	MU100	中部厚度不得小于 15cm，其中圆蛋形及薄片状者不得使用

注：用于附属工程的片石不应低于 Mu30。

C.3.3 用做镶面石料的要求

C.3.3.1 片石：用做镶面的片石应表面平整，尺寸较大者应稍加修整，严禁大面立砌。

C.3.3.2 块石：块石用做镶面时，外露面应稍加修凿，凹入深度不得大于 2cm；由外露面向内修凿的进深不得小于 7cm；但尾部的宽度和厚度不得大于修凿部分。镶面丁石的长度不得小于顺石宽度的 1.5 倍。

C.3.3.3 粗料石：用做镶面的粗料石，丁石长度应比相邻顺石宽度至少大 15cm，修凿面每 10cm 长须有錾道 4~5 条。当粗料石镶面的外露面有细凿边缘石，中部可不修凿，但突出部分不得大于 2cm，周围细凿边缘的宽度应为 3~5cm；当外露面为无细凿边缘的镶面石时，石料正面应为粗凿面，凹入深度不得大于 1.5cm。

C.3.4 用于清水墙、柱表面的石材，应色泽均匀。

C.3.5 石料强度等级应以边长为 70mm 的立方体试件在浸水饱和状态下的抗压极限强度表示。

当采用边长为 200mm、150mm、100mm、50mm 的立方体试件时,其抗压极限强度应分别乘以 1.43、1.28、1.14、0.86 的换算系数。石料的强度等级分为 MU120、MU100、MU90、MU80、MU70、MU60、MU50、MU40、MU30、MU20、MU15、MU10。

C.3.6 浸水和潮湿地区主体工程的石料软化系数,不应小于 0.8。

C.3.7 当附属工程采用漂石代替片石时,其石质及规格应符合片石规定。

C.4 水 泥

C.4.1 拌制混凝土用的水泥,应根据混凝土结构或构件所处的环境条件和工程需要,分别选用符合现行国家标准的硅酸盐水泥、普通硅酸盐水泥、矿渣硅酸盐水泥、火山灰质硅酸盐水泥、粉煤灰硅酸盐水泥或复合硅酸盐水泥。必要时也可采用快硬硅酸盐水泥。

C.4.2 硅酸盐水泥的强度等级分为 42.5、42.5R、52.5、52.5R、62.5、62.5R 六个等级;普通硅酸盐水泥的强度等级分为 42.5、42.5R、52.5、52.5R 四个等级;矿渣硅酸盐水泥、火山灰质硅酸盐水泥、粉煤灰硅酸盐水泥、复合硅酸盐水泥的强度等级分为 32.5、32.5R、42.5、42.5R、52.5、52.5R 六个等级。可依据上述等级选用合适强度的水泥。

C.4.3 水泥强度等级应根据所配置混凝土的强度等级选定。水泥与混凝土之比,对于 C30 及以下的混凝土宜为 1.1~1.2,对于 C35 及以上的混凝土宜为 0.9~1.5。

C.4.4 水泥化学指标如表 C-11 所示。

表 C-11 水泥化学指标

品种	代号	不溶物(质量分数%)	烧失量(质量分数%)	三氧化硫(质量分数%)	氧化镁(质量分数%)	氯离子(质量分数%)
硅酸盐水泥	P·I	≤0.75	≤3.0	≤3.5	≤5.0[a]	≤0.06[c]
	P·II	≤1.50	≤3.5			
普通硅酸盐水泥	P·O	—	≤5.0			
矿渣硅酸盐水泥	P·S·A	—	—	≤4.0	≤6.0[b]	
	P·S·B	—	—			
火山灰质硅酸盐水泥	P·P	—	—	≤3.5	≤6.0[b]	
粉煤灰硅酸盐水泥	P·F	—	—			
复合硅酸盐水泥	P·C	—	—			

注:a. 如果水泥压蒸试验合格,则水泥中氧化镁的含量(质量分数)允许放宽至 6.0%;b. 如果水泥中氧化镁的含量(质量分数)大于 6.0%,需进行水泥压蒸安定性试验并合格;c. 当有更低要求时,该指标由买卖双方协商确定。

C.4.5 碱含量(选择性指标)

水泥中碱含量按 $Na_2O+0.658K_2O$ 计算值表示。若使用活性骨料,用户要求提供低碱水泥时,水泥中的碱含量应不大于 0.60%或由买卖双方协商确定。

C.4.6 物理指标

C.4.6.1 凝结时间

(1)硅酸盐水泥初凝不小于 45min,终凝不大于 390min;

(2)普通硅酸盐水泥、矿渣硅酸盐水泥、火山灰质硅酸盐水泥、粉煤灰硅酸盐水泥和复合硅酸盐水泥初凝不小于 45min,终凝不大于 600min。

C.4.6.2 水泥需达到沸煮法合格,保证其安定性。

C.4.6.3 不同品种、不同强度等级的通用硅酸盐水泥,其不同各龄期的强度如表 C-12 所示。

表 C-12 水泥强度

品种	强度等级	抗压强度(MPa)		抗折强度(MPa)	
		3d	28d	3d	28d
硅酸盐水泥	42.5	≥17.0	≥42.5	≥3.5	≥6.5
	42.5R	≥22.0		≥4.0	
	52.5	≥23.0	≥52.5	≥4.0	≥7.0
	52.5R	≥27.0		≥5.0	
	62.5	≥28.0	≥62.5	≥5.0	≥8.0
	62.5R	≥32.0		≥5.5	
普通硅酸盐水泥	42.5	≥17.0	≥42.5	≥3.5	≥6.5
	42.5R	≥22.0		≥4.0	
	52.5	≥23.0	≥52.5	≥4.0	≥7.0
	52.5R	≥27.0		≥5.0	
矿渣硅酸盐水泥 火山灰硅酸盐水泥 粉煤灰硅酸盐水泥 复合硅酸盐水泥	32.5	≥10.0	≥32.5	≥2.5	≥5.5
	32.5R	≥15.0		≥3.5	
	42.5	≥15.0	≥42.5	≥3.5	≥6.5
	42.5R	≥19.0		≥4.0	
	52.5	≥21.0	≥52.5	≥4.0	≥7.0
	52.5R	≥23.0		≥4.5	

C.4.7 细度(选择性指标)

(1)硅酸盐水泥和普通硅酸盐水泥以比表面积表示,不小于 300m^2/kg;

(2)矿渣硅酸盐水泥、火山灰质硅酸盐水泥、粉煤灰硅酸盐水泥和复合硅酸盐水泥以筛余表示,80μm 方孔筛筛余不大于 10% 或 45μm 方孔筛筛余不大于 30%。

C.5 砂 浆

C.5.1 选用砂浆时,应根据工程条件、环境条件及重要性等,选用符合现行国家标准的不同强度等级(M25,M20,M15,M10,M7.5,M5 等)的砂浆。

C.5.2 砌筑砂浆宜选用商品砂浆。

C.5.3 水泥砂浆用水泥强度等级不宜大于 32.5 级,水泥混合砂浆用水泥的强度等级不宜大于 42.5 级。

C.5.4 砂浆用砂宜采用中砂,并不得含有草根、树叶、树枝等有害杂质。

C.5.5 砂浆用砂,砂中含泥量,对水泥砂浆和强度等级不小于 M5.0 的水泥混合砂浆,不应超过 5%;对强度等级小于 M5.0 的水泥混合砂浆,不应超过 10%;人工砂、山砂应经试配并能满足要求。

C.5.6 配置水泥石灰砂浆时,不得采用脱水硬化的石灰膏。

C.5.7 砂浆必须具有良好的和易性,其适宜稠度(以标准锤体沉入度表示)为 5~7cm,气温较高时,可适当增加。为改善砂浆和易性可掺入塑化剂或粉煤灰等,其掺入量可视品种经试验确定。

C.5.8 砌筑砂浆应通过试配确定配合比。当砌筑砂浆的组成材料有变更时,其配合比应重新确定。水泥砂浆经验配合比如表 C-13 至表 C-20 所示。

表 C-13 水泥砂浆 M2.5 经验配合比

技术要求	强度等级:M2.5	稠度:50~70(mm)		
原材料	水泥:32.5 级	河砂:中砂		
配合比	每 1m³ 材料用量(kg)	水泥	河砂	水
		200	1 450	300~320
	配合比例	1	7.25	参考用水量

表 C-14 水泥砂浆 M5 经验配合比

技术要求	强度等级:M5	稠度:50~70(mm)		
原材料	水泥:32.5 级	河砂:中砂		
配合比	每 1m³ 材料用量(kg)	水泥	河砂	水
		200	1 450	260~280
	配合比例	1	7.25	参考用水量

表 C-15 水泥砂浆 M7.5 经验配合比

技术要求	强度等级:M7.5	稠度:50~70(mm)		
原材料	水泥:32.5 级	河砂:中砂		
配合比	每 1m³ 材料用量(kg)	水泥	河砂	水
		230	1 450	260~280
	配合比例	1	6.30	参考用水量

表 C-16 水泥砂浆 M10 经验配合比

技术要求	强度等级:M10	稠度:50~70(mm)		
原材料	水泥:32.5 级	河砂:中砂		
配合比	每 1m³ 材料用量(kg)	水泥	河砂	水
		270	1 450	260~280
	配合比例	1	5.37	参考用水量

表 C-17 水泥砂浆 M15 经验配合比

技术要求	强度等级:M15	稠度:50~70(mm)		
原材料	水泥:32.5 级	河砂:中砂		
配合比	每 1m³ 材料用量(kg)	水泥	河砂	水
		320	1 450	260~280
	配合比例	1	4.53	参考用水量

表 C-18 水泥砂浆 M20 经验配合比

技术要求	强度等级:M20		稠度:50～70(mm)	
原材料	水泥:32.5 级		河砂:中砂	
配合比	每 1m³ 材料用量(kg)	水泥	河砂	水
		360	1 450	260～280
	配合比例	1	4.03	参考用水量

表 C-19 水泥砂浆 M25 经验配合比

技术要求	强度等级:M25		稠度:50～70(mm)	
原材料	水泥:32.5 级		河砂:中砂	
配合比	每 1m³ 材料用量(kg)	水泥	河砂	水
		550	1 650	280～300
	配合比例	1	3	参考用水量

表 C-20 水泥砂浆 M30 经验配合比

技术要求	强度等级:M30		稠度:100～120(mm)	
原材料	水泥:42.5 级		河砂:中砂	
配合比	每 1m³ 材料用量(kg)	水泥	河砂	水
		569	1 226	280～300
	配合比例	1	2.15	参考用水量

C.5.9 凡在砂浆中掺入有机塑化剂、早强剂、缓凝剂、防冻剂等,应经检验和试配符合要求后方可使用。有机塑化剂应有砌体强度的型式检验报告。

C.5.10 砂浆现场拌制时,各组分材料应采用重量计量。

C.5.11 砂浆应随拌随用,水泥砂浆和水泥混合砂浆应分别在 3h 和 4h 内使用完毕;当施工期间最高气温超过 30℃时,应分别在拌成后 2h 和 3h 内使用完毕。

C.6 钢筋、钢绞线

C.6.1 热轧光圆钢筋

C.6.1.1 分级及牌号

(1)钢筋按屈服强度特征值分为 235 级、300 级;

(2)钢筋牌号的构成及其含义如表 C-21 所示。

表 C-21 钢筋牌号构成及含义

产品名称	牌号	符号	牌号构成	英文字母含义
热轧光圆钢筋	HPB235	φ	由 HPB+屈服强度特征值构成	HPB—热轧光圆钢筋(Hot rolled Plain Bars)的英文缩写。
	HPB300	φ		

注:据《住房和城乡建设部工业和信息化部关于加快应用高强钢筋的指导意见》(建标[2012]1 号),将逐步淘汰 235MPa 光圆钢筋和 335MPa 螺纹钢筋,推广应用高强钢筋。

C.6.1.2　力学性能、工艺性能

(1)钢筋的屈服强度 R_{eL}、抗拉强度 R_m、断后伸长率 A、最大力总伸长率 A_{gt} 等力学性能特征值如表 C-22 所示。表 C-22 所列各力学性能特征值可作为交货检验的最小保证值。

表 C-22　钢筋力学性能特征值

牌号	R_{eL}(MPa)	R_m(MPa)	A(%)	A_{gt}(%)	冷弯试验 180° d—弯芯直径 a—钢筋公称直径
	不小于				
HPB235	235	370	25.0	10.0	$d=a$
HPB300	300	420			

(2)根据供需双方协议，伸长率类型可从 A 或 A_{gt} 中选定。如伸长率类型未经协议确定，则伸长率采用 A，仲裁检验时采用 A_{gt}。

(3)弯曲性能。按表 C-22 规定的弯芯直径弯曲 180°后，钢筋受弯曲部位表面不得产生裂纹。

C.6.1.3　表面质量

(1)钢筋应无有害的表面缺陷，按盘卷交货的钢筋应将头尾有害缺陷部分切除。

(2)试样可使用钢丝刷清理，清理后的重量、尺寸、横截面积和拉伸性能满足本标准的要求，锈皮、表面不平整或氧化铁皮不作为拒收的理由。

(3)当带有第(2)条规定的缺陷以外的表面缺陷的试样不符合拉伸性能或弯曲性能要求时，则认为这些缺陷是有害的。

C.6.2　热轧带肋钢筋

C.6.2.1　分级及牌号

(1)钢筋按屈服强度特征值分为 335 级、400 级、500 级。

(2)钢筋牌号的构成及其含义如表 C-23 所示。

表 C-23　钢筋牌号构成及含义

产品名称	牌号	牌号表示	符号	牌号构成	英文字母含义
普通热轧钢筋	HRB335	3	Φ	由 HRB+屈服强度特征值构成	HRB—热轧带肋钢筋(Hot rolled Ribbed Bars)的英文缩写
	HRB400	4	Φ		
	HRB500	5	Φ		
细晶粒热轧钢筋	HRBF335	C3	Φ^F	由 HRBF+屈服强度特征值构成	HRBF—在热轧带肋钢筋的英文缩写后加"细"(Fine)的英文
	HRBF400	C4	Φ^F		
	HRBF500	C5	Φ^F		

注：据《住房和城乡建设部工业和信息化部关于加快应用高强钢筋的指导意见》(建标[2012]1 号)，将逐步淘汰 235MPa 光圆钢筋和 335MPa 螺纹钢筋，推广应用高强钢筋。

C.6.2.2　力学性能

(1)钢筋的屈服强度 R_{eL}、抗拉强度 R_m、断后伸长率 A、最大力总伸长率 A_{gt} 等力学性能特征值如表 C-24 所示。表 C-24 所列各力学性能特征值可作为交货检验的最小保证值。

表 C-24 钢筋力学性能特征值

牌号		R_{eL}(MPa)	R_m(MPa)	A(%)	A_{gt}(%)
		不小于			
HRB335	HRBF335	335	455	17	7.5
HRB400	HRBF400	400	540	16	
HRB500	HRBF500	500	630	15	

(2) 直径28～40mm各牌号钢筋的断后伸长率A可降低1%,直径大于40mm各牌号钢筋的断后伸长率A可降低2%。

(3) 有较高要求的抗震结构适用牌号为:在表 C-24 中已有牌号后加 E(如:HRB400E、HRBF400E)的钢筋。该类钢筋除应满足以下 a)、b)、c)的要求外,其他要求与相对应的已有牌号钢筋相同。

a) 钢筋实测抗拉强度与钢筋实测屈服强度之比 R_m^o / R_{eL}^o 不小于1.25(其中,R_m^o 为钢筋实测抗拉强度;R_{eL}^o 为钢筋实测屈服强度)。

b) 钢筋实测屈服强度与表 C-24 规定的屈服强度特征值之比 R_{eL}^o / R_{eL} 不大于1.30。

c) 钢筋的最大力总伸长率 A_{gt} 不小于9%。

(4) 对于没有明显屈服强度的钢,屈服强度特征值 R_{eL} 应采用规定非比例延伸强度 $R_{p0.2}$。

(5) 根据供需双方协议,伸长率类型可从 A 或 A_{gt} 中选定。如伸长率类型未经协议确定,则伸长率采用 A,仲裁检验时采用 A_{gt}。

C.6.2.3 工艺性能

(1) 弯曲性能。按表 C-25 所规定的弯芯直径弯曲180°后,钢筋受弯曲部位表面不得产生裂纹。

表 C-25 钢筋的公称直径与弯芯直径

牌号	公称直径(mm)	弯芯直径
HRB335 HRBF335	6～25	3d
	28～40	4d
	>40～50	5d
HRB400 HRBF400	6～25	4d
	28～40	5d
	>40～50	6d
HRB500 HRBF500	6～25	6d
	28～40	7d
	>40～50	8d

(2) 反向弯曲性能。根据需要,钢筋可进行反向弯曲性能试验,并符合以下规定:

a) 反向弯曲试验的弯芯直径比弯曲试验相应增加一个钢筋公称直径。

b) 反向弯曲试验:先正向弯曲90°后再反向弯曲20°。两个弯曲角度均应在去载之前测量。

c) 经反向弯曲试验后,钢筋受弯曲部位表面不得产生裂纹。

C.6.2.4 疲劳性能

如有需要,可进行疲劳性能试验。疲劳试验的技术要求及试验方法由供需双方协商确定。

C.6.2.5 焊接性能

(1)钢筋的焊接工艺及接头的质量检验与验收应符合相关行业标准的规定。
(2)普通热轧钢筋在生产工艺、设备有重大变化及新产品生产时应进行型式检验。
(3)细晶粒热轧钢筋的焊接工艺应经试验确定。

C.6.2.6 晶粒度

细晶粒热轧钢筋应做晶粒度检验,其晶粒度不粗于9级,如供方能保证可不做晶粒度检验。

C.6.2.7 表面质量

(1)钢筋应无有害的表面缺陷。
(2)试样可使用钢丝刷清理,清理后的重量、尺寸、横截面积和拉伸性能满足本标准的要求,锈皮、表面不平整或氧化铁皮不作为拒收的理由。
(3)当带有第(2)条规定的缺陷以外的表面缺陷的试样不符合拉伸性能或弯曲性能要求时,则认为这些缺陷是有害的。

C.6.3 余热处理钢筋

C.6.3.1 分级及牌号

(1)钢筋混凝土用余热处理钢筋按屈服强度特征值分为400级、500级,按用途分为可焊和非可焊。
(2)钢筋牌号的构成及其含义如表C-26所示。

表 C-26 钢筋牌号构成及含义

类别	牌号	牌号表示	符号	牌号构成	英文字母含义
余热处理钢筋	RRB400	K4	ϕ^R	由RRB+规定的屈服强度特征值构成	RRB—余热处理筋的英文缩写,W—焊接的英文缩写
	RRB500	K5	ϕ^R		
	RRB400W	KW4	ϕ^{RW}	由RRB+规定的屈服强度特征值+可焊构成	
	RRB500W	KW5	ϕ^{RW}		

C.6.3.2 力学性能

(1)力学性能试验条件为交货状态或人工时效状态。在有争议时,试验条件按人工时效进行。
(2)钢筋的屈服强度R_{eL}、抗拉强度R_m、断后伸长率A、最大力总伸长率A_{gt}等力学性能特征值如表C-27所示。表C-27所列各力学性能特征值可作为交货检验的最小保证值。

表 C-27 钢筋力学性能特征值

牌号	R_{eL}(MPa)	R_m(MPa)	A(%)	A_{gt}(%)
	不小于			
RRB400	400	540	14	5.0
RRB500	500	630	13	
RRB400W	430	570	14	
RRB500W	530	660	13	

注:时效后检验结果。

(3)对于没有明显屈服强度的钢筋,屈服强度特征值R_{eL}应采用规定非比例延伸强度$R_{p0.2}$。

(4)根据供需双方协议,伸长率类型可从 A 或 A_{gt} 中选定。如伸长率类型未经协议确定,则伸长率采用 A,仲裁检验时采用 A_{gt}。

C.6.3.3　工艺性能

(1)弯曲性能。按表 C-28 所规定的弯芯直径弯曲 180°后,钢筋受弯曲部位表面不得产生裂纹。

表 C-28　钢筋的公称直径与弯芯直径

牌号	公称直径(mm)	弯芯直径
RRB400	8~25	4d
RRB400W	28~40	5d
RRB500	8~25	6d
RRB500W	28~40	7d

(2)反向弯曲性能。根据需要,钢筋可进行反向弯曲性能试验,并符合以下规定:
a)反向弯曲试验的弯芯直径比弯曲试验相应增加一个钢筋公称直径。
b)反向弯曲试验:先正向弯曲 90°后再反向弯曲 20°。
c)经反向弯曲试验后,钢筋受弯曲部位表面不得产生裂纹。

C.6.3.4　疲劳性能

如有需要,可进行疲劳性能试验。疲劳试验的技术要求及试验方法由供需双方协商确定。

C.6.3.5　焊接性能

钢筋的焊接工艺及接头的质量检验与验收应符合相关行业标准的规定。

C.6.3.6　表面质量

(1)钢筋应无有害的表面缺陷。氧化铁皮、表面不平整若未导致尺寸、拉伸或弯曲性能不符合本标准要求,则不作为拒收理由。当带有除氧化铁皮、表面不平整外的表面缺陷的试样不符合尺寸、拉伸或弯曲性能要求时,则认为这些表面缺陷是有害的。

(2)钢筋表面凸块不得超过横肋的高度。钢筋表面上其他缺陷的深度和高度不得大于所在部位尺寸的允许偏差。

C.6.4　冷轧带肋钢筋

C.6.4.1　分级及牌号

(1)钢筋混凝土用冷轧带肋钢筋按抗拉强度最小值分为 550 级、650 级、800 级、970 级。
(2)钢筋牌号的构成及其含义如表 C-29 所示。

表 C-29　钢筋牌号构成及含义

类别	牌号	符号	牌号构成	英文字母含义
冷轧带肋钢筋	CRB550	ϕ^R	由 CRB+规定的抗拉强度最小值构成	CRB—冷轧带肋钢筋(Cold Rolled Ribbed Bar)的英文缩写
	CRB650	ϕ^R		
	CRB800	ϕ^R		
	CRB970	ϕ^R		

C.6.4.2　力学性能和工艺性能

(1)钢筋的力学性能和工艺性能应符合表 C-30 的规定。

表 C-30 钢筋力学性能和工艺性能

牌号	$R_{p0.2}$ (MPa) 不小于	R_m (MPa) 不小于	伸长率(%)不小于		弯曲试验 180°	反复弯曲次数	应力松弛(初始应力应相当于公称抗拉强度的70%) 1 000h松弛率(%) 不大于
			$A_{11.3}$	A_{100}			
CRB550	500	550	8.0	—	$D=3d$	—	—
CRB650	585	650	—	4.0	—	3	8
CRB800	720	800	—	4.0	—	3	8
CRB970	875	970	—	4.0	—	3	8

注：$R_{p0.2}$为规定非比例延伸强度；R_m为抗拉强度；$A_{11.3}$、A_{100}为试样原始标距为11.3mm、100mm的拉伸试验断后伸长率；D为弯心直径；d为钢筋公称直径。

(2)当进行弯曲试验时，受弯曲部位不得产生裂纹。反复弯曲试验的弯曲半径应符合表 C-31 的规定。

表 C-31 反复弯曲试验的弯曲半径

钢筋公称直径(mm)	4	5	6
弯曲半径(mm)	10	15	15

(3)钢筋的强屈比 $R_m / R_{p0.2}$ 应不小于 1.03。经供需双方协议可用 $A_{gt} \geq 2.0\%$ 代替 A。
(4)供方在保证 1 000h 松弛合格率的基础上，允许使用推算法确定 1 000h 松弛率。

C.6.4.3 表面质量
(1)钢筋表面不得有裂纹、折叠、结疤、油污及其他影响使用的缺陷。
(2)钢筋表面可有浮锈，但不得有锈皮及目视可见的麻坑等腐蚀现象。

C.6.5 钢绞线

C.6.5.1 制造钢绞线用钢由供方根据产品规格和力学性能确定。所用盘条的牌号及化学成分应符合相关规范的规定。

C.6.5.2 钢绞线的分类及代号如表 C-32 所示。

表 C-32 钢绞线的分类及代号

钢绞线类别	代号
用两根钢丝捻制的钢绞线	1×2
用三根钢丝捻制的钢绞线	1×3
用三根刻痕钢丝捻制的钢绞线	1×3I
用七根钢丝捻制的标准型钢绞线	1×7
用七根钢丝捻制又经模拔的钢绞线	(1×7)C

C.6.5.3 制造

(1)制造钢绞线用盘条应为索氏体化盘条,经冷拉后捻制成钢绞线。

(2)钢绞线的捻距为钢绞线公称直径的12~16倍。模拔钢绞线其捻距应为钢绞线公称直径的14~18倍。钢绞线内不应有折断、横裂和相互交叉的钢丝。

(3)钢绞线的捻向一般为左(S)捻,右(Z)捻需在合同中注明。

(4)捻制后,钢绞线应进行连续的稳定化处理。

(5)成品钢绞线应用砂轮锯切割,切断后应不松散,如离开原来位置,可以用手复原到原位。

(6)成品钢绞线只允许保留拉拔前的焊接点。

C.6.5.4 力学性能

(1)1×2结构钢绞线的力学性能应符合表C-33的规定。

(2)1×3结构钢绞线的力学性能应符合表C-34的规定。

(3)1×7结构钢绞线的力学性能应符合表C-35的规定。

表 C-33 1×2结构钢绞线的力学性能

钢绞线结构	钢绞线公称直径 D_n(mm)	抗拉强度 R_m(MPa) 不小于	整根钢绞线的最大力 F_m(kN) 不小于	规定非比例延伸力 $F_{p0.2}$(kN) 不小于	最大力总伸长率 ($L_0 \geq 400$mm) A_{gt}(%) 不小于	应力松弛性能 初始负荷相当于公称最大力的百分数(%)	应力松弛性能 1 000h后应力松弛率 r(%) 不大于
1×2	5.00	1 570	15.4	13.9	对所有规格	对所有规格	对所有规格
		1 720	16.9	15.2			
		1 860	18.3	16.5			
		1 960	19.2	17.3			
	5.80	1 570	20.7	18.6	3.5	60	1.0
		1 720	22.7	20.4			
		1 860	24.6	22.1			
		1 960	25.9	23.3			
	8.00	1 470	36.9	33.2		70	2.5
		1 570	39.4	35.5			
		1 720	43.2	38.9			
		1 860	46.7	42.0			
		1 960	49.2	44.3			
	10.00	1 470	57.8	52.0		80	4.5
		1 570	61.7	55.5			
		1 720	67.6	60.8			
		1 860	73.1	65.8			
		1 960	77.0	69.3			
	12.00	1 470	83.1	74.8			
		1 570	88.7	79.8			
		1 720	97.2	87.5			
		1 860	105	94.5			

注:规定非比例延伸力 $F_{p0.2}$ 值不小于整根钢绞线的最大力 F_m 90%。

表 C-34 1×3 结构钢绞线的力学性能

钢绞线结构	钢绞线公称直径 D_n(mm)	抗拉强度 R_m(MPa) 不小于	整根钢绞线的最大力 F_m(kN) 不小于	规定非比例延伸力 $F_{p0.2}$(kN) 不小于	最大力总伸长率 ($L_0 \geq 400$mm) A_{gt}(%) 不小于	应力松弛性能 初始负荷相当于公称最大力的百分数(%)	应力松弛性能 1000h 后应力松弛率 r(%) 不大于
1×3	6.20	1570	31.1	28.0	对所有规格	对所有规格	对所有规格
		1720	34.1	30.7			
		1860	36.8	33.1			
		1960	38.8	34.9			
	6.50	1570	33.3	30.0		60	1.0
		1720	36.5	32.9			
		1860	39.4	35.5			
		1960	41.6	37.4			
	8.60	1570	59.2	53.3			
		1720	64.8	58.3			
		1860	70.1	63.1			
		1960	73.9	66.5	3.5	70	2.5
	8.74	1570	60.6	54.5			
		1670	64.5	58.1			
		1860	71.8	64.6			
	10.80	1470	86.6	77.9			
		1570	92.5	83.3		80	4.5
		1720	101	90.9			
		1860	110	99.0			
		1960	115	104			
	12.90	1470	125	113			
		1570	133	120			
		1720	146	131			
		1860	158	142			
		1960	166	149			
1×31	8.74	1570	60.6	54.5			
		1670	64.5	58.1			
		1860	71.8	64.6			

注：规定非比例延伸力 $F_{p0.2}$ 值不小于整根钢绞线的最大力 F_m 90%。

（4）供方交货每一批钢绞线的实际强度不能高于其抗拉强度级别的 200MPa。
（5）钢绞线弹性模量为 (195±10)GPa，但不作为交货条件。
（6）据供货协议，可以提供表 C-33、表 C-34、表 C-35 以外强度级别的钢绞线。

(7)允许使用推算法确定1 000h松弛率。

表 C-35 1×7结构钢绞线的力学性能

钢绞线结构	钢绞线公称直径 D_n(mm)	抗拉强度 R_m(MPa) 不小于	整根钢绞线的最大力 F_m(kN) 不小于	规定非比例延伸力 $F_{p0.2}$(kN) 不小于	最大力总伸长率 ($L_0 \geqslant 400$mm) A_{gt}(%) 不小于	应力松弛性能 初始负荷相当于公称最大力的百分数(%)	应力松弛性能 1 000h后应力松弛率 r(%) 不大于
1×7	9.50	1720	94.3	84.9	对所有规格	对所有规格	对所有规格
	9.50	1860	102	91.8			
	9.50	1960	107	96.3			
	11.10	1720	128	115	3.5	60	1.0
	11.10	1860	138	124			
	11.10	1960	145	131			
	12.70	1720	170	153		70	2.5
	12.70	1860	184	166			
	12.70	1960	193	174			
	15.20	1470	206	185		80	4.5
	15.20	1570	220	198			
	15.20	1670	234	211			
	15.20	1720	241	217			
	15.20	1860	260	234			
	15.20	1960	274	247			
	15.70	1770	266	239			
	15.70	1860	279	251			
	17.80	1720	327	294			
	17.80	1860	353	318			
(1×7)C	12.70	1860	208	187			
	15.20	1820	300	270			
	18.00	1720	384	346			

注:规定非比例延伸力 $F_{p0.2}$ 值不小于整根钢绞线的最大力 F_m 90%。

C.6.5.5 表面质量

(1)除非需方有特殊要求,钢绞线不得有油、润滑脂等物质。钢绞线允许有轻微的浮锈,但不得有目视可见的锈蚀、麻坑。

(2)钢绞线表面允许存在回火颜色。

C.6.5.6 钢绞线的伸直性

取弦长为1m的钢绞线,放在一平面上,其弦与弧内侧最大自然矢高不大于25mm。

C.6.5.7 疲劳性能和偏斜拉伸性能

经供需双方协商,并在合同中注明,可对产品进行疲劳性能试验和偏斜拉伸试验。

表 C-36 钢板的拉伸、冲击、弯曲性能

牌号	质量等级	屈服强度 R_{eL} (MPa) 钢板厚度 (mm)				抗拉强度 R_m (MPa)	伸长率 A (%)	冲击功 (纵向) A_{kv} (J)		180°弯曲试验 $d=$ 弯心直径 $a=$ 试样厚度 钢板厚度 (mm)		屈强比 不大于
		6~16	>16~35	>35~50	>50~100			温度 (℃)	不小于	≤16	>16	
Q235GJ	B	≥235	235~355	225~345	215~335	400~510	≥23	20		$d=2a$	$d=3a$	0.80
	C							0	34			
	D							−20				
	E							−40				
Q345GJ	B	≥345	345~465	335~455	325~445	490~610	≥22	20		$d=2a$	$d=3a$	0.83
	C							0	34			
	D							−20				
	E							−40				
Q390GJ	C	≥390	390~510	380~500	370~490	490~650	≥20	0	34	$d=2a$	$d=3a$	0.85
	D							−20				
	E							−40				
Q420GJ	C	≥420	420~550	410~540	400~530	520~680	≥19	0	34	$d=2a$	$d=3a$	0.85
	D							−20				
	E							−40				
Q460GJ	C	≥460	460~600	450~590	440~580	550~720	≥17	0	34	$d=2a$	$d=3a$	0.85
	D							−20				
	E							−40				

注：拉伸试样采用系数为 5.65 的比例试样。

C.6.6 钢板

C.6.6.1 分级及牌号

(1)钢板按屈服强度可分为235级、345级、390级、420级、460级。

(2)钢板的牌号由代表屈服强度的汉语拼音字母(Q)、屈服强度数值、代表高性能建筑结构用钢的拼音字母(GJ)、质量等级符号(B、C、D、E)组成,如 Q345GJC;对于厚度方向性能钢板,在质量等级后加上厚度方向性能级别(Z15、Z25 或 Z35),如 Q345GJCZ25。

C.6.6.2 力学性能和工艺性能

(1)钢板的拉伸、冲击、弯曲性能如表 C-36 所示。

(2)若供方能保证弯曲性能符合表 C-36 的规定,可不做弯曲试验。

(3)当厚度不小于 15mm 的钢板要求厚度方向性能时,其厚度方向性能级别的断面收缩率应符合表 C-37 的规定。

(4)冲击功值按一组一个试样算术平均值计算,允许其中一个试样值低于表 C-36 的规定值,但不得低于规定值的 70%。

(5)厚度小于 12mm 的钢板应采用小尺寸试样进行夏比(V 型缺口)冲击试验。钢板厚度大于 8~12mm 时,试样尺寸为 7.5mm×10mm×55mm;钢板厚度为 6~8mm 时,试样尺寸为 5mm×10mm×55mm。其试验结果应分别不小于表 C-36 规定值的 75% 和 50%。

C.6.6.3 表面质量

(1)钢板表面不允许存在裂纹、气泡、结疤、折叠、夹杂和压入的氧化铁皮,钢板不得有分层。

(2)钢板表面允许有不妨碍检查表面缺陷的薄层氧化铁皮、铁锈,以及由压入氧化铁皮脱落所引起的不显著的表面粗糙、划伤、压痕及其他局部缺陷,但其深度不得大于厚度公差的一半,并应保证钢板的最小厚度。

(3)钢板表面缺陷允许修磨清理,但应保证钢板的最小厚度。修磨清理处应平滑无棱角。

C.6.6.4 超声波检验

厚度方向性能钢板应逐张进行超声波检验,检验方法按《厚钢板超声波检验方法》(GB/T 2970)的规定,其验收级别应在合同中注明。其他牌号的钢板根据用户要求,并在合同中注明,也可进行超声波检验。

表 C-37 厚度方向性能级别的断面收缩率

厚度方向性能级别	断面收缩率 Z(%)	
	三个试样平均	单个试样值
Z15	≥15	≥10
Z25	≥25	≥15
Z35	≥35	≥25

附录 D （资料性附录）

混凝土拌制、运输和拆模时限

表 D-1 混凝土最短搅拌时间 （单位：s）

坍落度(cm)	搅拌机类型	搅拌机容积(L)		
		≤400	400～1 000	≥1 000
小于及等于3	自落式	90	120	150
	强制式	60	90	120
大于3	自落式	90	90	120
	强制式	60	60	90

注：掺有外加剂时，搅拌时间应适当延长 30～50s。

表 D-2 混凝土拌合物运输时间限制 （单位：min）

气温(℃)	无搅拌设备运输	有搅拌设备运输
20～30	30	60
10～19	45	75
5～9	60	90

注：使用快硬水泥及掺用缓凝剂或粉煤灰的混凝土，其时间应根据试验确定。

表 D-3 侧模拆除时限表

水泥品种	混凝土强度等级	混凝土平均硬化强度(C)					
		5	10	15	20	25	30
		混凝土强度达到2.5MPa所需天数(d)					
普通水泥	C10	5	4	3	2	1.5	1
	C15	4.5	3	2.5	2	1.5	1
	≥C20	3	2.5	2	1.5	1	1
矿渣水泥 火山灰质水泥	C10	8	6	4.5	3.5	2.5	2
	C15	6	4.5	3.5	2.5	2	1.5

表 D-4 混凝土拌制用水标准

项目	钢筋混凝土	素混凝土
pH 值	≥4.5	≥4.5
不溶物(mg/L)	≤2 000	≤5 000
可溶物(mg/L)	≤5 000	≤10 000
Cl^-(mg/L)	≤1 000	≤3 500
SO_4^{2-}(mg/L)	≤2 000	≤2 700
碱含量(mg/L)	≤1 500	≤1 500

注:碱含量按 $Na_2O+0.658K_2O$ 计算值来表示。采用非碱活性集料时,可不检验碱含量。

附录 E （资料性附录）

钢筋连接方法

表 E-1 钢筋焊接方法

焊接方法		定义	特点	适用范围	
				钢筋牌号	钢筋直径 (mm)
电阻点焊		将两钢筋安放成交叉叠接形式，压紧于两电极之间，利用电阻热熔化母材金属，加压形成焊点的一种压焊方法	钢筋混凝土结构中的钢筋焊接骨架和焊接网，宜采用电阻点焊制作。以电阻点焊代替绑扎，可以提高劳动生产率，骨架和网的刚度以及钢筋（钢丝）的设计计算强度相应提高	HPB235	8～16
				HRB335	6～16
				HRB400	6～16
				CRB550	4～12
闪光对焊		将两钢筋安放成对接形式，利用电阻热使接触点金属熔化，产生强烈飞溅，形成闪光，迅速施加顶锻力完成的一种压焊方法	具有生产效益高、操作方便、节约能源、节约钢材、接头受力性能好、焊接质量高等很多优点，故钢筋的对接连接宜优先采用闪光对焊	HPB235	8～20
				HRB335	6～40
				HRB400	6～40
				RRB400	10～32
				HRB500	10～40
				Q235	6～14
电弧焊	帮条焊	电弧焊是以焊条作为一极，钢筋作为另一极，利用焊接电流通过产生的电弧热进行焊接的一种熔焊方法	轻便、灵活，可用于平、立、横、仰全位置焊接以及钢筋与钢筋、钢筋与钢板、钢筋与型钢的焊接，适应性强，应用范围广	HPB235	10～20
				HRB335	10～40
				HRB400	10～40
				RRB400	10～25
	搭接焊			HPB235	10～20
				HRB335	10～40
				HRB400	10～40
				RRB400	10～25
	熔槽帮条焊			HPB235	20
				HRB335	20～40
				HRB400	20～40
				RRB400	20～25
	坡口焊			HPB235	18～20
				HRB335	18～40
				HRB400	18～40
				RRB400	18～25
	钢筋与钢板搭接焊			HPB235	8～20
				HRB335	8～40
				HRB400	8～25
	窄间隙焊			HPB235	16～20
				HRB335	16～40
				HRB400	16～25
	预埋件电弧焊 角焊			HPB235	8～20
				HRB335	6～25
				HRB400	6～25
	预埋件电弧焊 穿孔塞焊			HPB235	20
				HRB335	20～25
				HRB400	20～25

续表 E-1

焊接方法	定义	特点	适用范围	
			钢筋牌号	钢筋直径（mm）
电渣压力焊	将两钢筋安放成竖向对接形式，利用焊接电流通过两钢筋端面间隙，在焊剂层下形成电弧过程和电渣过程，产生电弧热和电阻热，熔化钢筋，加压完成的一种压焊方法	操作方便、效率高。适用于现浇竖向受力的钢筋混凝土结构中竖向或斜向（倾斜度在 4∶1 范围内）钢筋的连接	HPB235 HRB335 HRB400	14～20 14～32 14～32
气压焊	采用氧乙炔火焰或其他火焰对两钢筋对接处加热，使其达到塑性状态（固态）或熔化状态（熔态）后，加压完成的一种压焊方法	设备轻便，可进行钢筋在水平位置、垂直位置、倾斜位置等全位置焊接	HPB235 HRB335 HRB400	14～20 14～40 14～40
埋弧压力焊	将钢筋与钢板安放成 T 型接头形式，利用焊接电流通过，在焊剂层下产生电弧，形成熔池，加压完成的一种压焊方法	生产效率高，质量好，适用于各种预埋件 T 型接头钢筋与钢板的焊接，预制厂大批量生产时，经济效益尤为显著	HPB235 HRB335 HRB400	8～20 6～25 6～25

注：1. 电阻点焊时，适用范围的钢筋直径指两根不同直径钢筋交叉叠接中较小钢筋的直径；2. 钢筋闪光对焊含封闭环式箍筋闪光对焊。

表 E-2 钢筋机械连接方法

连接方法		定义	特点	适用范围
套筒挤压连接	径向挤压连接	将一个钢套筒套在两根带肋钢筋的端部，用超高压液压设备（挤压钳）沿钢套筒径向挤压钢套管，在挤压钳挤压力作用下，钢套筒产生塑性变形与钢筋紧密结合，通过钢套筒与钢筋横肋的咬合，将两根钢筋牢固连接在一起的机械连接方法	接头强度高，性能可靠，可与母材等强，能够承受高应力反复拉压载荷及疲劳载荷，对现场条件和接头部位没有要求，但施工工人工作强度大，综合成本较高，适用于要求高的结构和部位	适用于 Φ18～50mm 的 HRB335、HRB400、HRB500 级带肋钢筋（包括焊接性差的钢筋），相同直径或不同直径钢筋之间的连接
	轴向挤压连接	采用挤压机的压膜，沿钢筋轴线冷挤压专用金属套筒，把插入套筒里的两根热轧带肋钢筋紧固成一体的机械连接方法	操作较简单，连接速度快，无明火作业，可全天候施工，对现场条件和接头部位没有要求，但综合成本较高，现场施工不方便，接头质量不够稳定，未得到推广应用	适用于按一、二级抗震设防要求的钢筋混凝土结构中 Φ20～32mm 的 HRB335、HRB400 级热轧带肋钢筋现场连接施工
锥螺纹连接		利用锥螺纹能承受拉、压两种作用力及自锁性、密封性好的原理，将钢筋的连接端加工成锥螺纹，按规定的力矩值与连接件咬合形成接头的机械连接方法	工艺简单，可以预加工、连接速度快、同心度好，综合成本较低，不受钢筋含碳量和有无螺纹限制，但锥螺纹接头质量不够稳定，同时加工螺纹的小径降低了母材的横截面积，降低了接头强度	适用于工业与民用建筑及一般构筑物的混凝土结构中，钢筋直径为 Φ16～40mm 的 HRB335、HRB400 级竖向、斜向或水平钢筋的现场连接施工

续表 E-2

连接方法		定义	特点	适用范围
直螺纹连接	镦粗直螺纹连接	通过钢筋端头镦粗后制作的直螺纹和连接件螺纹咬合形成接头的机械连接方法	接头质量稳定可靠、连接速度快、套筒成本低、质量检验直观，克服了锥螺纹削弱钢筋截面而造成钢筋接头处强度下降的缺点，但在镦粗过程中易出现镦偏现象，一旦镦偏必须将镦偏部位切掉重镦，螺纹加工增加了工序，成本增高	适用于一切抗震设防和非抗震设防的混凝土结构工程，尤其适用于要求充分发挥钢筋强度和延性的重要结构
	滚压直螺纹连接	通过钢筋端头直接滚压或挤（碾）压肋滚压或剥肋后滚压制作的直螺纹与连接件螺纹咬合形成接头的机械连接方法	可分为直接滚压螺纹、挤（碾）压肋滚压螺纹、剥肋滚压螺纹。直接滚压螺纹加工简单，设备投入少，但螺纹精度差，存在虚假螺纹现象；挤（碾）压肋滚压螺纹成型螺纹精度相对直接滚压有一定提高，但仍不能从根本上解决钢筋直径大小不一致对成型螺纹精度的影响，而且螺纹加工需要两道工序、两套设备完成；剥肋滚压螺纹牙型好、精度高、连接质量稳定可靠，具优良的抗疲劳、抗低温性能	不仅适用于直径为 Φ12～50mm HRB335、HRB400 级钢筋在任意方向和位置的相同直径、不同直径连接，而且还可应用于要求充分发挥钢筋强度和对接头延性要求高的混凝土结构以及对疲劳性能要求高的混凝土结构中

附录 F （规范性附录）

通用制作与安装工程施工质量检验

F.1 预应力筋加工与张拉

F.1.1 基本要求
(1) 预应力筋的各项技术指标、性能必须符合国家现行标准和设计要求。
(2) 预应力钢绞线应顺直，不得有缠绞。
(3) 单根钢绞线不允许断丝。
(4) 同一截面预应力钢筋接头面积不得超过预应力钢筋总面积的25%，接头质量应满足施工规范的要求。
(5) 加工好的锚索要做好现场防护，不得有任何变形、锈蚀。
(6) 孔管道安装应牢固，接头应密合，弯曲圆顺。锚垫板平面应与孔道轴线垂直。
(7) 张拉设备及仪器（表）经检定校正后才能使用。
(8) 锚具经检验合格后方可使用。
(9) 压浆工作在5℃以下进行时，应采取防冻或保温措施。
(10) 孔道压浆的水泥浆强度必须符合设计要求，压浆时出浆管应有水泥浓浆溢出。

F.1.2 检验项目
检验项目如表 F-1 所示。

表 F-1 锚索张拉检验项目表

序号	检验项目	规定值或允许偏差	检验方法和频率	规定分
1	单根预紧力	符合规范要求	查张拉记录	10
2	张拉力	符合设计要求	查张拉记录	30
3	张拉锁定力	符合设计要求	查张拉记录	30
4	张拉伸张率	10%，-5%	查张拉记录	10
5	锚墩位移量(mm)	<2	查张拉记录	15
6	微缩值(mm)	<6	查张拉记录	5

F.1.3 外观鉴定
预应力筋应除锈，并做好现场临时防护，不得变形。不符合要求的扣3～5分。

F.2 钢筋加工和安装

F.2.1 基本要求。
(1) 钢筋、焊条品种、规格和技术性能应符合国家现行标准规定和设计要求。

(2)冷拉钢筋的机械性能必须符合规范要求,钢筋平直,表面不应有裂皮和油污。
(3)受力钢筋同一截面的接头数量、搭接长度和焊接、机械接头质量应符合规范要求。
(4)加工好的钢筋构件安装前不得有任何变形、锈蚀。

F.2.2 检验项目

检验项目如表F-2、表F-3所示。

表F-2 钢筋加工及安装检验项目表

序号	检验项目			规定值或允许偏差	检验方法和频率	规定分
1	受力钢筋间距(mm)	两排以上排距		±5	用尺量,每构件检查两个断面	30
		同排	梁板、拱肋	±10		
			基础、锚碇、墩台、柱	±20		
		灌注桩		±20		
2	箍筋、横向水平钢筋、螺旋筋间距(mm)			+0,-20	每构件检查5～10个间距	15(25)
3	钢筋骨架尺寸(mm)	长		±10	按骨架总数30%抽查	20(25)
		宽、高或直径		±5		
4	弯起钢筋位置(mm)			±20	每骨架抽查30%	20(0)
5	保护层厚度(mm)	桩、柱、梁、拱肋		±5	每构件沿模板周边检查8处	15(20)
		基础、锚碇、墩台		±10		
		板		±3		

注:不设弯起钢筋时,可按括弧内规定分评定。

表F-3 钢筋网检验项目表

序号	检验项目	规定值或允许偏差	检验方法和频率	规定分
1	网的长、宽(mm)	±10	用尺量	35
2	网眼尺寸(mm)	±10	用尺量,抽查3个网眼	35
3	对角线差(mm)	10	用尺量,抽查3个网眼对角线	30

F.2.3 外观鉴定

(1)钢筋表面无铁锈及焊渣。不符合要求的扣3～5分。
(2)多层钢筋网要有足够的钢筋支撑,保证骨架的施工刚度。不符合要求的扣1～3分。

F.3 混凝土构件预制

F.3.1 基本要求

(1)混凝土所用原材料的品种、规格、强度等必须符合设计要求。
(2)钢筋混凝土构件所用钢筋必须符合设计要求,钢筋制作与安装按F.2检查评定。
(3)预制构件模板必须牢固,严禁跑模。
(4)混凝土浇注必须振捣密实,不得出现露筋和空洞,混凝土配合比和强度必须符合设计要求。
(5)混凝土构件应平整,不得有断裂、破损。

F.3.2 检验项目

检验项目如表F-4至表F-6所示。

表F-4 预制桩(柱)检验项目表

序号	检验项目	规定值或允许偏差	检验方法和频率	规定分
1	长度(mm)	±50	用尺量	25
2	横截面尺寸(mm)	±5	检查3个断面(每批检查10%)	30
3	桩尖对桩的纵轴线(mm)	10	抽查10%	15
4	桩纵轴线弯曲矢高(mm)	0.1%的桩长,且不大于20	沿桩长拉线量,取最大矢高	15
5	桩顶面与桩纵轴线倾斜偏差(mm)	1%桩径或边长,且不大于3	用垂线测量,抽检10%	15

表F-5 预制加筋土面板检验项目表

序号	检验项目	规定值或允许偏差	检验方法和频率	规定分
1	边长(mm)	±5或0.5%边长	用尺量,长、宽各量1次,每批抽查10%	30
2	两对角线差(mm)	10或0.7%最大对角线	用尺量,每批抽查10%	15
3	厚度(mm)	+5,-3	用尺量,量2次,每批抽查10%	30
4	表面平整度(mm)	4或0.3%边长	用直尺量,长、宽各量1次,每批抽查10%	10
5	预埋件位置(mm)	5	用尺量,每批抽查10%	15

表F-6 混凝土预制块检验项目表

序号	检验项目	规定值或允许偏差	检验方法和频率	规定分
1	边长(mm)	±5或0.5%边长	用尺量,长、宽各量1次,每批抽查10%	30
2	厚度(mm)	+5,-3	用尺量,量2次,每批抽查10%	30
3	两对角线差(mm)	10或0.7%最大对角线	用尺量,每批抽查10%	20
4	表面平整度(mm)	+5,-3	用直尺量,长、宽各量1次,每批抽查10%	20

F.3.3 外观鉴定

(1)混凝土表面平整,蜂窝、麻面面积不超过受检面积的0.5%,深度不超过10mm,每超过0.5%扣5分。

(2)混凝土表面出现非受力裂缝扣1~3分,缝宽大于0.15mm的必须处理。

(3)构件外形轮廓清楚,线条顺直,不得翘曲。不符合要求的扣3~5分,严重的要整修。

附录 G （规范性附录）

锚杆试验

G.1 一般规定

G.1.1 锚杆试验适用于岩土层中的锚杆试验。软土层中的锚杆试验应符合现行有关标准的规定。

G.1.2 加载装置（千斤顶、油泵）和计量仪表（压力表、传感器和位移计等）应在试验前进行计量检定合格，且应满足测试精度要求。

G.1.3 锚固体灌浆强度达到设计强度的90%后，可进行锚杆试验。

G.1.4 反力装置的承载力和刚度应满足最大试验荷载要求。

G.1.5 锚杆试验记录表可参照表G-1制定。

表 G-1 锚杆试验记录表

工程名称：
施工单位：

试验类别		试验日期		砂浆强度等级		设计	
试验编号		灌浆日期				实际	
岩土性状		灌浆压力		杆体材料		规格	
锚固段长度		自由段长度				数量	
钻孔直径		钻孔倾角				长度	

序号	荷载(kN)	百分表位移(mm)			本级位移量(mm)	增量累计(mm)	备注
		1	2	3			

校核：　　　　　　　　　　　　　　　试验记录：

G.2 基本试验

G.2.1 锚杆基本试验的地质条件、锚杆材料和施工工艺等应与工程锚杆一致。

G.2.2 基本试验时最大的试验荷载不宜超过锚杆杆体承载力标准值的0.9倍。

G.2.3 基本试验主要目的是确定锚固体与岩土层间粘结强度特征值、锚杆设计参数和施工工艺。试验锚杆的锚固长度和锚杆根数应符合下列规定：

(1)当进行确定锚固体与岩土层间粘结强度特征值、验证杆体与砂浆间粘结强度设计值的试验时，为使锚固体与地层间首先破坏，可采取增加锚杆钢筋用量(锚固段长度取设计锚固长度)或减短锚固长度(锚固长度取设计锚固长度的0.4~0.6倍，硬质岩取小值)的措施。

(2)当进行确定锚固段变形参数和应力分布的试验时，锚固段长度应取设计锚固长度。

(3)每种试验锚杆数量均不应少于3根。

G.2.4 锚杆基本试验应采用循环加、卸荷法，并应符合下列规定：

(1)每级荷载施加或卸除完毕后，应立即测读变形量；

(2)在每次加、卸荷时间内应测读锚头位移两次，连续两次测读的变形量：岩石锚杆均小于0.01mm，砂质土、硬黏性土中锚杆小于0.1mm时，可施加下一级荷载。

(3)加、卸荷等级、测读间隔时间宜按表G-2确定。

表G-2 锚杆基本试验循环加、卸荷等级与位移观测间隔时间

加荷标准循环数	预估破坏荷载的百分数(%)											
	每级加载量						累计加载量	每级卸载量				
第一循环	10	20	20				50			20	20	10
第二循环	10	20	20	20			70		20	20	20	10
第三循环	10	20	20	20	20		90	20	20	20	20	10
第四循环	10	20	20	20	20	10	100	10	20	20	20	20	10
观测时间(min)	5	5	5	5	5	5		5	5	5	5	5	5

G.2.5 锚杆试验中出现下列情况之一时可视为破坏，应终止加载：

(1)锚头位移不收敛，锚固体从岩土层中拔出或锚杆钢筋从锚固体中拔出；

(2)锚头总体位移量超过设计允许值；

(3)土层锚杆试验中后一级荷载产生的锚头位移增量超过上一级荷载位移增量的2倍。

G.2.6 试验完成后，应根据试验数据绘制荷载-位移(Q-s)曲线、荷载-弹性位移(Q-s_F)曲线和荷载-塑性位移(Q-s_p)曲线。

G.2.7 锚杆弹性变形不应小于自由段长度变形计算值的80%，且不应大于自由段长度与1/2锚固段长度之和的弹性变形计算值。

G.2.8 锚杆极限承载力基本值取破坏荷载前一级的荷载值。在最大试验荷载作用下未达到G.2.5规定的破坏标准时，锚杆极限承载力取最大荷载值为基本值。

G.2.9 当锚杆试验数量为3根，各根极限承载力值的最大差值小于30%时，取最小值作为锚杆的极限承载力标准值；若最大差值超过30%，应增加试验数量，按95%的保证概率计算锚杆极限承载力标准值。

锚固体与地层间极限粘结强度标准值除以2.2~2.7(对硬质岩取大值，对软岩、极软岩和土取小值；当试验的锚固长度与设计长度相同时取小值，反之取大值)为粘结强度特征值。

G.2.10 基本试验的钻孔，应钻取芯样进行岩石力学性能试验。

G.3 验收试验

G.3.1 锚杆验收试验目的是检验施工质量是否达到设计要求。

G.3.2 验收试验锚杆的数量取每种类型锚杆总数的5%～10%,且均不得少于5根。

G.3.3 验收试验的锚杆应随机抽样。质监、监理、业主或设计单位对质量有疑问的锚杆也应抽样作验收试验。

G.3.4 试验荷载值对永久性锚杆为$1.1\xi_2 A_s f_y$,对监时性锚杆为$0.95\xi_2 A_s f_y$[注]。

G.3.5 前三级荷载可按试验荷载值的20%施加,以后按10%施加,达到试验荷载后观测10min,然后卸荷到试验荷载的0.1倍并测出锚头位移。加载时的测读时间可按表G-2确定。

G.3.6 锚杆试验完成后应绘制锚杆荷载-位移(Q-s)曲线图。

G.3.7 满足下列条件时,试验的锚杆为合格:

(1)加载到设计荷载后变形稳定;

(2)符合G.2.7条规定。

G.3.8 当验收锚杆不合格时应按锚杆总数的30%重新抽检;若再有锚杆不合格时应全数进行检验。

G.3.9 锚杆总变形量应满足设计允许值,且应与地区经验基本一致。

注:ξ_2——锚杆抗拉工作条件系数,永久性锚杆取0.69,临时性锚杆取0.92;A_s——锚杆钢筋总截面面积(m^2);f_y——锚筋抗拉强度设计值(kPa)。

(本附录基本引用 GB 50330—2002,仅 G.3.2 稍有不同)

附录 H （规范性附录）

水泥砂浆强度评定

H.1 评定水泥砂浆的强度，应以标准养护 28d 的试件为准。试件为边长 7.07cm 的立方体。试件 6 件为 1 组，所取组数应符合下列规定：

H.1.1 不同强度等级和不同配合比的水泥砂浆应分别制取试件，试件应随机制取，不得挑选。

H.1.2 重要及主体砌筑物，每工作班制取 2 组。

H.1.3 一般及次要砌筑物，每工作班可制取 1 组。

H.1.4 高大挡土墙砂浆应同时制取与砌体同条件养护的试件，以检查各施工阶段砂浆的强度。

H.2 水泥砂浆强度的合格标准：

1.2.1 同标号试件的平均强度不低于设计强度等级。

1.2.2 任意一组试件的强度最低值不低于设计强度等级的 85%。

附录 I （规范性附录）

水泥混凝土抗压强度评定

I.1 评定水泥混凝土的抗压强度，应以标准养护 28d 龄期的试件为准。试件为边长 15cm 的立方体。试件 3 件为 1 组，制取组数应符合下列规定：

I.1.1 不同强度等级和不同配合比的混凝土，应在浇筑地点或拌合地点分别随机制取试件。

I.1.2 浇筑一般体积的结构物时，每一单元结构物应制取 2 组。

I.1.3 连续浇筑大体积结构时，每 80～100m³ 或每一工作班应制取 2 组。

I.1.4 每根桩至少应制取 2 组；桩长 20m 以上者不少于 3 组；桩径大、浇筑时间很长时，不少于 4 组。若换工作班，每工作班应制取 2 组。

I.1.5 构筑物（挡土墙）每座、每处或每工作班制取不少于 2 组。当原材料和配合比相同，并由同一拌合站拌制时，可以几座或几处合并制取 2 组。

I.1.6 应根据施工需要，另制取几组与结构物同条件养护的试件，作为拆模、吊装、张拉预应力、承受荷载等施工阶段的强度依据。

I.2 水泥混凝土抗压强度的合格标准

I.2.1 试件不少于 10 组时，应以数理统计方法按下述条件评定：

$$R_n - K_1 S_n \geq 0.9R$$
$$R_{min} \geq K_2 R$$

式中：n——同批混凝土试件组数；

R_n——同批几组试件强度的平均值（MPa）；

S_n——同批几组试件强度的标准差（MPa），当 $S_n < 0.06R$ 时，取 $S_n = 0.06R$；

R——混凝土设计强度等级（或标号）（MPa）；

R_{min}——n 组试件中强度最低一组的值（MPa）；

K_1、K_2——合格判定系数，如表 I-1 所示。

I.2.2 试件少于 10 组时，可用非统计方法按下述条件进行评定：

$$R_n \geq 1.15R$$
$$R_{min} \geq 0.95R$$

表 I-1 K_1、K_2 值表

n	10～14	15～24	≥25
K_1	1.70	1.65	1.60
K_2	0.9	0.85	

附录 J （规范性附录）

喷射混凝土抗压强度评定

J.1 喷射混凝土抗压强度系指在喷射混凝土板件上，切割制取边长为 10cm 的立方体试件，在标准养护条件下养护 28d，用标准试验方法测得的极限抗压强度，乘以 0.95 的系数。

J.2 每喷射 50~100m³ 混合料或小于 50m³ 混合料的独立工程，试件不得少于一组。材料或配合比变更时需要取试件。

J.3 喷射混凝土抗压强度的合格标准

同附录 I 第 I.2 条。